国家自然科学基金面上项目(51774116)资助
国家自然科学基金联合基金(U1504403)资助
河南省博士后基金(001703031)资助
安全工程国家级实验教学示范中心资助
煤炭安全生产河南省协同创新中心资助

煤矿硫化氢
危害、成因及防治

邓奇根 著

中国矿业大学出版社

内容提要

硫化氢(H_2S)是仅次于氰化物的剧毒气体,煤矿高含硫化氢气体的异常涌出和伤人事故越来越严重。H_2S不仅严重地威胁人们的生命安全、污染环境,同时对煤矿金属设备、管网设施及工具等也将造成严重的腐蚀破坏。

本书共7章,主要内容包括:煤矿硫化氢的危害,煤矿硫化氢成因及识别,煤的硫化氢形成模拟,煤矿硫化氢富集控制因素,煤矿硫化氢防治技术,硫化氢个体防护技术以及应急预案等。

本书具有较强的针对性、实用性和可操作性,可供硫化氢异常富集矿井灾害防治第一线技术人员、作业人员,以及高等院校研究生和科研院所的科技工作者、工程技术人员等参考使用。

图书在版编目(CIP)数据

煤矿硫化氢危害、成因及防治/邓奇根著. —徐州:中国矿业大学出版社,2019.5

ISBN 978-7-5646-4418-5

Ⅰ. ①煤… Ⅱ. ①邓… Ⅲ. ①矿井空气—硫化氢—防治 Ⅳ. ①TD711

中国版本图书馆CIP数据核字(2019)第083049号

书　　名　煤矿硫化氢危害、成因及防治
著　　者　邓奇根
责任编辑　陈红梅
出版发行　中国矿业大学出版社有限责任公司
　　　　　　(江苏省徐州市解放南路　邮编221008)
营销热线　(0516)83884103　83885307
出版服务　(0516)83995789　83884920
网　　址　http://www.cumtp.com　**E-mail**:cumtpvip@cumtp.com
印　　刷　徐州中矿大印发科技有限公司
开　　本　787×1092　1/16　**印张** 12.5　**字数** 312千字
版次印次　2019年5月第1版　2019年5月第1次印刷
定　　价　36.00元

前　言

在煤矿开采过程中，高含硫化氢(H_2S)气体的异常涌出和伤人事故在国内外经常发生。波兰、乌克兰、俄罗斯、印度、澳大利亚及北美部分国家已经发生过多起该类灾害事故。更为严重的是，我国煤矿由硫化氢导致的灾害事故呈快速上升趋势。目前，我国已有十几个省份、50多个煤矿发生过硫化氢气体突然涌出，并造成了众多人员伤亡事故。同时，还有相当多的一批低浓度(含量)硫化氢气体异常富集矿井，虽然目前暂时还没有造成人员伤亡事故，但对井下作业职工中枢神经系统造成不可逆转的破坏，使多人中毒，造成部分矿工留下严重的后遗症，对矿工的身心健康构成极大的威胁。此外，我国诸多区域赋存有高硫煤层，随着生产技术的不断提高，高硫煤开采势在必行，而高硫煤中含高硫化氢气体的可能性会大增。

硫化氢是仅次于氰化物的剧毒气体，一旦发生硫化氢涌出事故，将会引起灾难性的后果。硫化氢气体不仅严重地威胁着人们的生命安全、污染环境，对金属设备、管网等也将造成严重的破坏。

煤矿硫化氢成因模式的研究远不如油气田深入，特别是低、微(贫)硫化氢型油气田，其研究成果可为煤矿硫化氢成因模式提供良好的借鉴。

硫化氢的特性决定了煤矿硫化氢赋存的不均匀性。虽然诸多学者在油气田H_2S存储方面开展了大量的研究，认为成油环境、储集层特性、膏岩分布、地下水化学性质、地下水运移特征、埋藏深度及温度是油气田硫化氢成生及富集的关键因素，但目前国内外对煤矿硫化氢气体异常富集的控制因素研究还甚少。

目前，在油气方面国内外学者们进行了大量的TSR(硫酸盐热化学还原)模拟，但对煤的TSR热演化模拟、BSR(硫酸盐生物还原)形成硫化氢及煤的硫化氢BSR、TSR成生机理研究还较少。

在硫化氢防治方面，目前对于巷道高浓度硫化氢气体尚未找到有效、可行的治理方案，只能通过通风加以治理。加强通风只能在硫化氢体积浓度较低时才能起到稀释作用，对于硫化氢体积浓度较高的，如果要降低到安全值以下，其风量往往需要成倍、甚至十几倍增长，不仅不经济，还可能导致风速、风压过高，进而从技术、经济上不可行。治理煤层中的硫化氢方法通常是采用碱性化学药剂，该方法属于主动防治措施，但由于部分化学药剂用量大，因而治理成本高，且有引起二次污染及破坏的可能。常用单一的碳酸钠和碳酸氢钠溶液吸收硫化氢的中和反应是可逆的，生成的硫氢化钠又可与二氧化碳反应释放出硫化氢气体。然而，碳酸氢钠对硫化氢的吸收效果不如碳酸钠，会降低对硫化氢的吸收效果。另外，对碱性溶液中添加碱性溶质和强氧化剂比例的关系没有明确进行研究。在巷道风流中，喷洒碱液属于被动防治方法，只能临时解决已涌出的硫化氢，不能从根本上对硫化氢进行防治。煤岩层中硫化氢主要是以吸附状态存在的，其吸附能力很强，所以采用抽采瓦斯或压注二氧化碳驱气的办法来抽采硫化氢，往往导致不能彻底根治硫化氢，且容易造成环境污染和设备腐蚀。

基于此，本书以目前国内硫化氢异常富集典型矿井(区)为研究对象，以区域特征和煤的地球化学为研究手段。首先，查明煤岩层硫化氢的来源、异常富集控制因素；其次，类比油气田硫化氢成生识别模式，并结合煤在不同介质条件下 BSR、TSR 模拟硫化氢生成测试，研究煤矿硫化氢成生模式；最后，通过实验室模拟，试验优选化学吸收药剂及添加剂，开展现场工业性试验，从而达到治理井下硫化氢的目的。

本书在编写和出版的过程中，河南理工大学刘明举教授给予了全过程的指导和帮助；硕士研究生魏俊杰、张剑辉、郁海涛、张赛、吴喜发、王颖南等为本书的编写做了大量基础性工作，在此一并表示衷心的感谢；本书在编写过程中参阅并引用了大量文献，在此对文献的作者表示最诚挚的谢意。

本书由国家自然科学基金面上项目(51774116)、国家自然科学基金联合基金(U1504403)、河南省博士后基金(001703031)，安全工程国家级实验教学示范中心及煤炭安全生产河南省协同创新中心等共同资助。

由于作者水平有限，书中疏漏在所难免，敬请广大读者批评指正。

邓奇根

2018 年 7 月

于河南理工大学

目　录

1　绪论 …… 1
1.1　硫化氢成因研究现状 …… 1
1.2　煤的 TSR、BSR 硫化氢形成模拟研究现状 …… 3
1.3　煤矿硫化氢异常富集控制因素研究现状 …… 5
1.4　煤矿硫化氢防治研究现状 …… 7
本章参考文献 …… 10

2　煤矿硫化氢危害 …… 13
2.1　硫化氢理化特性 …… 13
2.2　硫化氢对人体的危害 …… 15
2.3　硫化氢对设备的危害 …… 19
2.4　其他危害 …… 24
本章参考文献 …… 25

3　煤矿硫化氢成因及识别 …… 26
3.1　煤矿硫化氢成因模式 …… 26
3.2　煤矿硫化氢成因途径 …… 41
3.3　区域煤层气地球化学特征 …… 41
3.4　煤矿硫化氢成因识别 …… 53
本章参考文献 …… 62

4　煤的硫化氢形成模拟 …… 64
4.1　煤的 TSR 硫化氢形成模拟 …… 64
4.2　煤的 BSR 硫化氢形成模拟 …… 76
本章参考文献 …… 79

5　煤矿硫化氢富集控制因素 …… 81
5.1　准噶尔盆地南缘中段区域特征 …… 81

5.2 煤对硫化氢的吸附特性及煤矿硫化氢赋存特征 …… 96
5.3 煤矿硫化氢异常富集控制因素 …… 97
5.4 煤岩层硫化氢聚集模式 …… 119
本章参考文献 …… 120

6 煤矿硫化氢防治技术 …… 122
6.1 硫化氢含量(浓度)测试技术 …… 122
6.2 巷道风流中硫化氢防治模拟实验 …… 129
6.3 煤矿硫化氢防治技术 …… 148
本章参考文献 …… 159

7 硫化氢个体防护技术及应急预案 …… 161
7.1 硫化氢个体防护技术 …… 161
7.2 硫化氢中毒自救与急救 …… 171
7.3 硫化氢中毒应急预案 …… 179
本章参考文献 …… 190

1 绪 论

在煤矿开采过程中，煤矿高含硫化氢(H_2S)气体的异常涌出和伤人事故在国内外经常发生。在波兰、乌克兰、俄罗斯、印度、澳大利亚及北美部分国家已发生多起该类灾害事故。我国情况更为严重，随着我国矿井开采深度的逐年增加，一些煤矿中的硫化氢气体异常已经越来越严重。目前，我国已有十几个省份、50多个煤矿发生过硫化氢气体突然涌出，并造成了众多人员伤亡事故。更为严重的是，还有相当多的一批低浓度(含量)硫化氢气体异常富集矿井，虽然目前暂时还没有造成人员伤亡事故，但对井下作业职工中枢神经系统造成不可逆转的破坏，使多人中毒，造成部分矿工留下严重的后遗症，对矿工的身心健康构成极大威胁。此外，我国诸多区域赋存有高硫煤层，随着生产技术的不断提高，高硫煤开采势在必行，而高硫煤中含高硫化氢气体的可能性会大增。

1.1 硫化氢成因研究现状

1.1.1 煤矿硫化氢成因

煤矿硫化氢具有组分(含量)低的特点。根据戴金星院士对硫化氢的类别划分，煤矿硫化氢应该属于低硫化氢型(0.5%～2.0%)和微(贫)硫化氢型(0～0.5%)有害气体。其中，苏联奥尔忠尼启则矿务局“南方共产主义”矿井、澳大利亚的科林斯维尔(Collinsville)矿，以及我国广安市的广安煤矿、洛阳市的新安煤矿、枣庄市的八一煤矿、晋城市的凤凰山煤矿等均属于微(贫)硫化氢型；而枣庄市的崔庄煤矿和乌鲁木齐市的西山煤矿则属于低硫化氢型。

目前，国内外对煤矿硫化氢成因研究还较少，国外史密斯(Simith)等根据煤层 H_2S 气体特征、各种硫同位素组成特征，推测地下岩浆侵入活动是导致煤层硫化氢富集异常的原因。史密斯和菲利浦(Philips)以煤中硫的同位素组成为特征，确定了奥凯科瑞克(Oaky Creek)及南方(Southern Colliery)矿二叠系德国湾(German Creek)煤岩层的中硫化氢为有机硫热分解成因。

傅雪海教授研究了位于山东省滕州市官桥镇境内的枣庄矿业集团八一煤矿三采区3号煤层 H_2S 异常区段的地质构造背景、瓦斯气体组分、浓度及硫同位素特征等，认为煤层中的硫化氢系由于燕山晚期辉岩浆入侵的绿岩岩墙的热力作用使煤和围岩中含硫有机质和硫酸盐岩发生热化学还原和热化学分解作用形成的。刘明举教授认为，煤层硫化氢主要成因类型有 BSR、TSR 和岩浆成因，生物化学降解和热裂解对煤层硫化氢成因的贡献甚微。从已有的研究证据和全球含硫化氢矿井的分布特征来看，BSR、TSR、TDS(含硫化合物热裂解)和岩浆活动是煤矿硫化氢形成的主要成因类型。

1.1.2 油气田硫化氢成因

国内外学者通过对西加拿大泥盆地和密西西比酸性气田、美国的侏罗纪斯马科弗(Smackover)组，以及我国的川东北地区、塔里木盆地、吐哈盆地、松辽盆地、鄂尔多斯盆地和赵兰庄地区等开展油气田中硫化氢成因研究，认为油气中的硫化氢主要是硫酸盐热化学还原(TSR)成因，部分低含量是BSR成因。

国内外学者普遍认为，泥炭堆积早期的生物同化还原作用、泥炭堆积期和成煤岩阶段的硫酸盐生物还原作用，煤演化过程中的硫酸盐热化还原作用，含硫化合物热裂解作用及岩浆活动(火山喷发)均可产生硫化氢气体。

(1) BSR成因

硫酸盐还原菌在无氧还原条件下吸收硫酸盐，氧化有机化合物获取能量并将硫酸盐还原形成硫化氢的代谢过程称为硫酸盐生物还原(BSR)。

通过生物还原方式形成的硫化氢，其途径主要有以下两种方式。

① 通过微生物同化还原作用和植物等的吸收作用形成含硫有机化合物，在腐败作用主导下形成硫化氢。这种方式形成的硫化氢规模和含量都较小，但分布较广，主要集中分布在埋藏较浅的地层中。

② 通过硫酸盐还原菌(SRB)对硫酸盐的异化还原代谢而实现，硫酸盐还原菌利用各种有机质(以C代表)或烃类(以 $\sum$ CH代表)作为给氢体来还原硫酸盐，在异化作用下直接生成硫化氢气体。其化学反应式如下：

$$\sum CH[或\ C]+SO_4^{2-}\xrightarrow{硫酸盐还原作用}H_2S\uparrow \tag{1-1}$$

这种异化作用是在严格的还原环境中进行，故有利于所生成硫化氢的富集。但是，硫化氢的形成丰度较小，一般不会超过3.0%～5.0%，且地层介质条件必须有适宜硫酸盐还原菌生长和繁殖的环境。硫酸盐还原菌可在60～80 ℃的无氧还原环境中繁殖，最适宜的温度为20～40 ℃，因此由BSR成因形成的硫化氢主要发生在埋深较浅的地层中。按照地温梯度大概为3 ℃/hm计算，则BSR作用主要发生在埋深小于2 500 m的煤岩层中，在泥炭化阶段和成岩初期阶段较为普遍。

硫化氢是煤岩层中部分有机硫和黄铁矿生成的中间产物，煤岩层中有机硫和黄铁矿含量高是硫酸盐生物还原作用生成的硫化氢的有力证据；我国煤中硫的同位素组成普遍较轻，诸多地区中、高硫煤层(全硫含量≥0.91%)的有机硫、黄铁矿的硫同位素为负值，表现出硫酸盐生物还原分馏的特征。

(2) TSR成因

硫酸盐热化学还原(TSR)是指硫酸盐在热化学的作用下被还原形成硫化氢的过程。其反应原理为：在较高的温度条件下，溶解状态下的硫酸盐与烃源岩有机物发生还原反应，生成硫化氢和二氧化碳等的过程。近年来，诸多学者对TSR反应的起始温度、反应机理、TSR的反应物与产物及TSR反应过程中的碳、硫同位素分馏作用等进行了大量的研究。普遍认为，较高的温度、充足的烃类有机质和丰富溶解状的硫酸盐是形成硫化氢所需的三个必要条件。已有研究发现，TSR是生成高含硫化氢天然气和硫化氢型天然气的主要成因模式，其他低硫化氢型和微(贫)硫化氢型天然气也被证实是由TSR作用形成的。

公认的TSR发生的温度下限应该为120 ℃，而对TSR反应的反应物及产物之间还没有建立一个被广泛接受的化学方程式。一般认为，参与硫酸盐热化学反应的硫酸根主要为溶解的硫酸盐或含有硫酸根的地层流体，有机质主要来自于干酪根、热解气、原油或煤炭等。重烃具有优先发生TSR作用的可能，而甲烷性质稳定，最不可能参与TSR作用。

TSR模拟实验的生成物除了H_2S、CO_2、CH_4和SO_2之外，还有金属氧化物、金属硫化物、轻烃、氮气、氢气、乙烷及丙烷等。加西亚(Garcia)煤在缓慢升温过程中，煤中有机硫生成硫化氢在300～450 ℃时大量释放。孙林兵等认为，煤热解时各种形态硫反应产生的气体主要以H_2S、CH_3SH和CS_2的形式存在。由TSR作用形成的H_2S与硫酸盐的硫同位素比较接近，普遍在10.0 ‰以上。

目前，煤矿硫化氢气体由TSR成因的研究还甚少，但仍可以根据区域地质演化特征，结合煤岩学、煤的镜质体反射率、硫化氢丰度、碳硫同位素组成特征、流体包裹体特征和磷灰石裂变径迹方法测温等煤层热演化史，综合识别其成因类型。

(3) TDS成因

烃源岩中如果硫含量足够高，含硫有机化合物在热力作用下，含硫杂环断裂就会分解产生大量的H_2S。它是由煤与腐泥型干酪根裂解，形成碳残渣、水、二氧化碳和硫化氢等的过程，这种成因的H_2S含量一般低于3.0%。在热解过程中，含硫有机质先转化为含硫烃类或含硫干酪根，当温度升高到一定程度(大约80 ℃)，干酪根中的杂原子逐渐断裂，便可以形成少量的硫化氢气体；当温度继续升高，达到深成热解作用阶段(大约120 ℃)时，开始发生含硫有机化合物热裂解，H_2S将大量产生，其反应式如下：

$$RCH_2CH_2SH \longrightarrow RCHCH_2 + H_2S\uparrow \quad (1\text{-}2)$$

(4) 岩浆成因

岩浆成因的硫化氢主要是指火山喷发时高温的岩浆使地球内部的岩石熔融并产生的、后来运移进入煤岩层的硫化氢，不包括由于岩浆烘烤使煤岩层升温而发生TDS或TSR作用形成的硫化氢。由于地球内部硫的丰度要远高于地壳，所以火山喷发物中通常含有硫化氢，准噶尔盆地南缘乌苏市白杨沟泥火山群，喷发的气体中含有大量的硫化氢气体；苏联克柳切夫火山喷发出的气体组分中硫化氢含量高达74.0%；墨西哥、埃尔奇琼(Chichon)火山喷发的气体中硫化氢含量达3.21%。从岩浆中分离出来的硫化氢气体丰度主要取决于岩浆中的硫含量及地壳深处硫化氢气体的运移条件等，通常CO_2含量高于SO_2和H_2S，且硫化氢气体只有在特定的运、储条件下才能够保存下来。因此，硫化氢丰度一般小于3.0%～3.5%，平均在1.0%以下。再加上后来运移过程中的各种反应及损失，实际煤岩层中岩浆成因的硫化氢组分应该更低。岩浆成因的硫化氢硫的同位素$\delta^{34}S$平均值接近陨铁硫同位素，介于±5‰。

1.2 煤的TSR、BSR硫化氢形成模拟研究现状

1.2.1 煤的TSR硫化氢形成模拟研究现状

在煤热解过程中，对于硫化氢气体的析出规律，国内外学者已开展了相关研究。

伊瓦拉(Ibarra)等探讨了9种低变质程度煤的热解过程，认为500～560 ℃和630～

700 ℃的硫化氢峰值分别是由有机硫和黄铁矿的分解导致的。

陈皓侃等把红庙及兖州高硫煤作为考察对象，通过原煤、HCl/HF 酸洗脱灰和 $CrCl_2$ 脱黄铁矿 3 种样品析出含硫气体的比较，研究了煤中矿物质对热解及加氢热解过程中含硫气体析出规律的影响。研究结果发现，煤中矿物质的碱性组分在热解过程中具有固硫作用，可以抑制 H_2S 气体产生，而酸性组分可以促进煤中有机硫热解产生大量的 H_2S。研究还认为，含硫煤热解时硫化氢气体低温峰出现在 300～400 ℃，主要是脂肪族含硫物提供了硫源，稍后约在 550 ℃时出现了高温峰，则来源于黄铁矿的分解。

索奈达(Soneda)对几种煤样以及用 HNO_3 处理后的煤样的 H_2S 析出曲线进行了对比，发现经过处理后煤的 H_2S 析出量在低温区间降低，而在高温区间明显升高，认为硝酸的氧化作用使煤中有机硫的结构发生了改变，同时在热解时原煤中的钙有明显的固硫作用。

吴保祥等利用高温高压多冷阱装置，在 50 MPa 恒压以及不同温度、不同速率下考察了泥炭在热解中的生气能力，实验产物主要为二氧化碳，甲烷和重烃含量也较大，同时热解产物中发现有少量的硫化氢气体生成，高峰值主要出现在 500 ℃以后，认为这些硫化氢气体主要来源于泥炭中干酪根所含有的不稳定含硫化合物的裂解造成的。

孙庆雷等利用 TG-151 热天平对兖州煤进行了热解试验，使用在线质谱仪对原煤以及其镜质组和惰质组在热解时硫化氢的析出规律进行了研究。兖州煤在 400 ℃时开始生成第一个硫化氢逸出峰，在 473 ℃左右达到最大值，在 580 ℃左右时逸出峰结束；第二个硫化氢逸出峰在 520 ℃左右开始生成，在 600 ℃左右达到最大值，在700 ℃左右时逸出峰结束。研究认为，第一个逸出峰来源于脂肪族含硫化合物的热分解，第二个逸出峰来源于黄铁矿的分解。

邓奇根在高温、真空环境下，对煤加水反应系列中 H_2S 含量的变化特征进行了模拟实验，研究结果表明：在低温阶段（小于 300 ℃时），物理脱吸附作用占主导，H_2S 生成量特别小；在 300～550 ℃时，煤中有机硫可分解释放大量的硫自由基，为 H_2S 气体主要生成阶段，生成量急剧上升，且在 450 ℃时浓度达到最大值。

邓奇根在研究准噶尔盆地南缘中段侏罗系煤层硫化氢气体生成模式时，利用含硫酸根的地下水与区域内西山气煤、不黏煤以及硫磺沟长焰煤进行了热解试验，其硫化氢含量最高超过了 1%，为今后的相关研究提供了借鉴。

1.2.2 煤的 BSR 硫化氢形成模拟研究现状

向廷生等研究了 SRB 对原油的降解作用和硫化氢的生成规律。翁焕新等研究了污泥硫酸盐还原菌与硫化氢释放。刘海洪研究了硫酸盐还原菌生长限制因素及硫化氢的释放速率。吴迪研究了污水管道中硫化氢的形成试验及数学模型。张鑫等进行了硫酸盐还原菌及其代谢物的接触作用影响石膏分解的试验研究。

以上研究普遍认为，由微生物作用产生的硫化氢有两个主要来源：一是无机硫酸盐、亚硫酸盐等在微生物的作用下形成硫化氢；二是有机硫化物如硫氨基酸、磺胺酸、磺化物等在厌氧菌作用下降解生成硫化氢。SRB（硫酸盐还原菌）活性很强，某些菌种可以在－5 ℃以下生长，某些菌种可以耐受 80 ℃高温，大多数中温性 SRB 最适宜的生长温度为 28～38 ℃，最高生长温度为 45 ℃。适合 SRB 生存的 pH 值为 5～9.5，最适宜 SRB 生长的 pH 值为7.0～7.8。

在塔里木盆地一些油气藏地层水中检测到硫酸盐还原菌的含量高达 10^4 个/mL，在新疆乌鲁木齐小龙口煤矿地下水体中检测到硫酸盐还原菌数高达 3 500 个/g 样品。可见，这些油气藏、煤层中的 H_2S 主要以 BSR 成因为主。

具有硫酸盐还原功能的微生物主要是细菌，也有少量的古菌，二者都是严格的厌氧微生物。硫酸盐还原细菌主要以 δ-变形菌纲（革兰氏阴性菌）为主，含有少量的革兰氏阳性菌和嗜热细菌。

目前，对煤的 BSR 硫化氢形成模拟还甚少。

1.3 煤矿硫化氢异常富集控制因素研究现状

由于硫化氢的特性（为极性分子，极其容易与各种物质发生化学反应），决定了煤矿硫化氢赋存的不均匀性。虽然诸多学者在油气田 H_2S 存储方面开展了大量的研究，认为成油环境、储集层特性、膏岩分布、地下水化学性质、地下水活动特征、埋藏深度及温度是油气田硫化氢成因及富集的关键因素，但是目前国内外对煤矿硫化氢气体异常富集的控制因素研究还甚少。

1.3.1 油气硫化氢异常富集控制因素研究现状

在油气硫化氢形成的控制因素方面，不少学者开展了相关研究并认为：

(1) 地层中富含石膏层或含膏泥岩、含膏碳酸盐岩，这是硫化氢生成的物质基础。

(2) 充足的烃类物质。

(3) 较高的地温。

(4) 地层水。硫化氢的生成实际经历了一个烃类溶入水中、与硫酸根反应生成硫化氢、硫化氢从水中脱出的过程。气-水、油-水接触界面通常是热还原反应最为活跃的场所。

(5) 三度空间均严格密封的圈闭。这是硫化氢得以保存的重要条件，否则硫化氢将被氧化。

通常情况下，高含硫化氢现象出现在气藏边、底水附近和在密封条件极好的岩性、构造气藏当中，以及在构造低部位或气藏下倾方向。

1.3.2 煤矿硫化氢异常富集控制因素研究现状

在煤矿方面，区域构造、煤层围岩特性、储层性质、地下水活动及地层水化学组成等，对 H_2S 形成与保存都具有重要作用。

(1) 区域构造

区域构造控制 H_2S 分布的构造因素主要有古构造和新构造。其中，古构造决定了蒸发岩-碳酸盐地层的形成与分布，并且控制着硫化物的产生；新构造决定区域地质地形以及覆盖的性能则决定了煤岩层含 H_2S 的聚集位置和保存条件。断陷盆地有利于厚层蒸发岩地层发育，被动大陆边缘最适合大量碳酸盐台地类型生物礁发育。通常情况下，这两种古构造的垂向叠合处都会形式并富集较多的 H_2S 气体。

(2) 煤层围岩特性的控制作用

煤层围岩主要指煤层直接顶、基本顶和直接底板等在内的一定厚度范围的层段。围岩

对 H_2S 控制的影响决定了它的隔气和透气性能，而煤层围岩的封锁机能则是决定煤层 H_2S 气体的保存前提及富集程度的关键条件之一。影响煤层围岩隔气和透气性能的主要因素有煤层围岩的孔隙性、渗透性及空隙结构。一般来说，当煤层顶板岩性为致密完整的岩石（如油母页岩、页岩）时，煤层中的 H_2S 气体容易被保存下来；当煤层顶板为多孔隙（空隙）或脆性裂隙发育的岩石（如砂岩、砾岩）时，煤层中的 H_2S 气体就容易逸散。H_2S 之所以能够封存于煤层中的某个部位，这与该部位围岩透气性低、造成有利于封存 H_2S 的条件有密切关系。煤层围岩的透气性不仅与岩性特征有关，还与一定范围内的岩性组合以及变形特点有关。

八一煤矿由于TSR作用在岩墙附近形成的 H_2S 气体以及煤层围岩特性的控制作用，导致 H_2S 气体异常只出现在岩墙的西侧。在岩墙东侧3号煤层顶板、底板中发育2条小断层及诸多裂隙，顶板砂岩中局部含水，因硫化氢气体极易溶于水，硫化氢气体在水文地质作用下产生逸散。造成岩墙西侧 H_2S 气体异常的关键因素在于3号煤层顶板、底板中没有发现断层，且只有一处存在裂隙淋水现象，由岩浆活动（岩墙）导致的TSR作用所形成的硫化氢气体得以保存，从而导致岩墙西侧煤层 H_2S 气体异常。

(3) 地下水的控制作用

地下水与 H_2S 共存于含煤岩系及围岩之中，运移和赋存与煤层和岩层的孔隙、裂隙通道有关。由于地下水的运移，一方面驱动着裂隙和孔隙中 H_2S 的运移，另一方面又带动溶解于水中的 H_2S 一起流动。因此，地下水的流动有利于 H_2S 的逸散。地下水和 H_2S 占有的空间是互补的，这种相逆的关系表现为水流动大或活动频繁的地方，硫化氢不容易富集；反之，水流动小或无水的地方，硫化氢更容易富集。因此，水、气运移和分布特征可作为认识矿床水文地质和 H_2S 赋存条件的共同规律并加以运用。

索科洛夫（в. А. Соколов）指出，H_2S 和 CO_2 均属于酸性水溶气体。在0 ℃和0.1 MPa条件下，H_2S 的溶解系数为2.67 m^3/m^3，在水中的溶解度随温度升高而降低，随压力升高而增加，符合气体水溶的一般规律。在71～171 ℃和20 MPa条件下，水溶量可达138.1～149.3 m^3/m^3。

唐家河煤矿位于四川省广元市旺苍县以西16 km，属于川西气田区域，区域内油气田赋存丰富。矿区出露了中生界侏罗纪和三叠纪陆相沉积的砂岩、砾岩、砂质泥岩、泥岩等，呈单斜构造，褶皱轻微，断层稀少。煤层顶板、底板以粉砂岩及裂隙发育的砂岩为主，裂隙或孔隙发育。井下硫化氢主要来源于封闭在岩层裂隙中的裂隙水及浅层天然气。矿井以砂岩裂隙含水层为主的中等水文地质条件。煤岩层涌出的裂隙水具有较大的压力，溶解于水中的 H_2S 含量超过常温状态的若干倍。在封闭受压状态下，含 H_2S 的裂隙水是不饱和的，属于静储量较丰富的承压裂隙水。在掘进过程中，当封闭裂隙水的围岩被破坏后，含一定压力的裂隙水迅速降到常温常压。此时，溶解在高压状态的 H_2S 就逸散在巷道空气中，造成突发性 H_2S 异常涌出。

(4) 地层水化学组成的控制作用

地层水的成分和离子浓度以及矿化度等对硫化氢的形成与保存具有重要影响，硫酸根离子（SO_4^{2-}）是 H_2S 生成的重要元素。一般来说，碳酸盐岩地层 SO_4^{2-} 含量往往较高，而碎屑岩地层 SO_4^{2-} 含量较低。例如，我国海相含硫化氢煤田储层中地层水中 SO_4^{2-} 含量均较高。

西山煤矿+745 m水平轨道上山揭露 B_{19} 煤层后，该煤层发生异常涌水导致硫化氢及甲烷气体异常超标现象。煤层含水丰富，水质属硫酸盐、氯化物～钾钠类型，矿化度高达6 144 mg/L。临近矿区的大泉河距离工作区较近，水质属硫酸盐、氯化物、重碳酸盐——钾钠钙型，矿化度为1 140～1 246 mg/L，总硬度为120～200 mg/L(以$CaCO_3$计)，对区内地下水有直接补给作用。矿区经历火烧烘烤，火烧范围主要分布于矿区北部，煤层露头地貌显示为砖红色烧变岩，主要是B_8煤以上，即B_{10}～B_{19}煤层火烧深度基本与地表侵蚀深度一致，东低西高。煤层中有充足的烃类有机质，且煤层含水丰富，水质富含硫酸盐，在还原环境中，硫酸盐还原菌繁衍激烈，经历BSR作用，形成H_2S。

(5) 埋深及盖层

在气体的保存方面，H_2S应该与其他气体，特别是甲烷，具有相似的规律，随煤层埋藏深度的增加而增加。近年来，我国由于煤矿H_2S气体突发性涌出，而导致的伤亡事故和生产事故越来越多，这与H_2S气体含量与矿井开采深度同趋势增加有关。

另外，良好的盖层是H_2S气体保存的基础。由于H_2S的化学活性极强，很容易与地层水中的重金属离子发生反应，消耗硫化氢。这就要求储层具有很好的封闭性，能阻止地表水把大量的重金属离子带入地层水中。

(6) 温度

温度是H_2S生成的一个重要因素，它与各种成因的H_2S都有重大关联。BSR一般发生在0～80 ℃的低温成煤环境中，最适宜的温度为20～40 ℃，对应的镜质体反射率为0.2%～0.3%；TSR一般发生在80～120 ℃或150～180 ℃的高温成煤环境中，对应的镜质体反射率为1.0%～4.0%，其公认的温度下限应该在120 ℃以上；由TDS成因，其最低温度应大于80 ℃，当温度大约为120 ℃时，H_2S会大量产生。

(7) 岩浆(火成岩)侵入

岩浆(火成岩)侵入可把地下岩浆中挥发成分脱气分离形成的H_2S气体运移进入煤岩层中，也可以由岩浆(火成岩)的烘烤使煤层升温热裂解或TSR作用形成H_2S。岩浆(火成岩)侵入含煤岩系、煤层，使煤、岩层产生胀裂及压缩。岩浆的高温烘烤可使煤的变质程度升高。另外，岩浆岩体有时使煤层局部补充覆盖或封闭，但有时因岩脉蚀变带裂隙增加，造成风化作用加强，逐渐形成裂隙通道。所以，岩浆侵入煤层对硫化氢气体赋存既有形成、保存硫化氢的作用，在某些条件下又有使H_2S逸散的可能。

岩浆(火成岩)侵入煤层对H_2S生成和保存的有利影响比较普遍。山东崔庄煤矿三采区$33_上$受火成岩侵入的影响，煤的炭化程度高，由于岩浆岩侵入造成煤体覆盖或封闭，生成的硫化氢得以较好地保存，导致该区域硫化氢气体涌出异常。

在某些矿区和矿井，由于岩浆侵入煤层，亦可能造成H_2S逸散或H_2S浓度降低的情形。如岩脉直通地表，巷道揭开岩浆岩时有淋水现象，反映裂隙通道良好，有利于H_2S逸散。

1.4 煤矿硫化氢防治研究现状

H_2S在煤矿主要存在于含煤岩层及地下水体中。根据H_2S在煤岩层中的分布特征、赋存形式和涌出形态，其防治技术通常可分为以下几类。

1) 含煤地层中硫化氢防治技术

因硫化氢分子的极化率比较大，郦宗元等认为，硫化氢在煤体中主要以吸附态的形式存在，其吸附性能超过甲烷、氮气和二氧化碳。因此，提出了硫化氢与瓦斯不一样，不宜采用类似抽采瓦斯的方法抽采硫化氢。傅雪海等认为，可根据煤层硫化氢含量大小，结合煤层瓦斯抽采工艺，高体积分数的硫化氢可以采用类似瓦斯抽采的方法先将 H_2S 从煤层中抽出并送到井上，然后采用物理法、化学法或生物法来治理。

赵义胜等通过采用深孔脉冲动压注碱方法，对西曲煤矿 9 号煤层 H_2S 进行了治理。施钻封孔后，采用脉冲式高压(4.0～5.0 MPa)向煤层单孔连续 2～3 d 注入浓度为1.13%的碳酸钠溶液，在正巷煤层平均吨煤注水量为 10.65 kg，吨煤注碱量为 0.12 kg。治理后硫化氢由最高浓度为 350×10^{-6} 降低到平均为 3.6×10^{-6}。袁欣鹏等根据山西某煤矿 E902 工作面 H_2S 动态涌出规律，通过对煤层注入 $NaHCO_3$ 溶液，注碱 57 h 后监测发现，注碱影响半径达 6 m，其范围内硫化氢体积分数平均降至 0.001 5%以下，相对未治理前可降低 0.001%～0.003%，降幅达 40%～75%。陕西长武亭南煤矿 201 工作面采用高压注浆泵通过深孔预裂爆破进行采前煤体注石灰浆水，并结合通风、排水、硫化氢抽采等措施对煤体中的硫化氢进行治理，达到了理想的效果。孙维吉等采用质量分数为 0.5%～1.0%的碳酸氢钠溶液，通过布置孔距 8 m、孔径 75 mm、孔深 60 m 的钻孔，超前工作面注液对硫化氢进行治理。单孔注碱液量为 2.5～2.75 m^3，超前工作面在 25～50 m 时，其硫化氢防治效果较好。张天祥等根据山西凤凰山矿 15 号煤层 155301 首采工作面的硫化氢涌出情况，通过采用个体防护、加强通风、煤层注水、洒水喷雾等综合措施，对硫化氢进行治理，取得了较好的效果。程元祥根据乌东矿区碱沟煤矿东翼 B_{1+2} 煤层 H_2S 气体来源和涌出源特征，结合急倾斜煤层赋存状态，分别采用了上部负压抽采、中部注碱液和负压抽采、下部注碱液 3 种同时治理硫化氢的措施，取得了较好的效果。

在注碱过程中，使用碳酸钠或碳酸氢钠作为碱性吸收液时，其发生的化学反应方程式为：

$$Na_2CO_3 + H_2S \longrightarrow NaHS + NaHCO_3 \tag{1-3}$$

$$NaHCO_3 + H_2S \longrightarrow NaHS + H_2O + CO_2 \tag{1-4}$$

$$Na_2CO_3 + CO_2 + H_2O \longrightarrow 2NaHCO_3 \tag{1-5}$$

硫化氢反应产物为 HS^-，而 HS^- 性质不稳定，往往在煤层采掘、瓦斯抽采及水流的扰动作用下，会从溶液中或反应产物中重新逸出而再次扩散到煤岩体或空气中。由于不同矿区煤的变质程度、构成组分、裂隙发育等因素不同，导致煤体润湿效果差异较大，而添加表面活性剂可以有效降低吸收液的表面张力，增加液体的渗透半径，从而可提高对煤体内部吸附 H_2S 的去除效率。因此，在采用碱性试剂作为吸收液的同时，往往加入一种有效并且稳定的添加剂或表面活性剂，来增加煤体内部硫化氢的吸收效率，同时把 H_2S 氧化成单质硫或者价态更高的硫化合物，从而促使反应向正反应方向发展。

芦志刚等通过沿掘进工作面周边，沿巷道轴向方向外倾 6°均匀布置 3 排、8 个深 30 m 的注碱孔。首先，沿轴向注碱 30 m，掘进 20 m，留 10 m 安全距离，然后循环注浆及掘进；其次，采用的碱液配方为：碳酸钠质量分数为 1.0%，十二烷基苯磺酸钠和次氯酸钠的质量分数都为 0.1%，可有效确保掘进巷道周围形成一定距离的、碱液润湿的安全帷幕，减少掘进时 H_2S 的涌出量。掘进工作面注碱孔布置及注碱开挖工艺如图 1-1 所示。

梁冰等根据铁新煤矿 H_2S 赋存特征和注碱参数，采用数值模拟和现场试验相结合的方

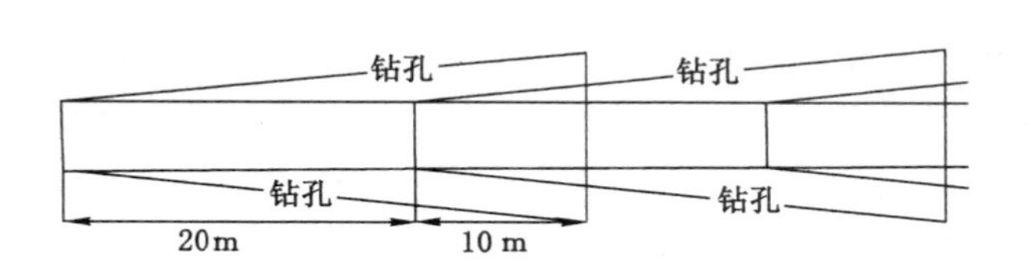

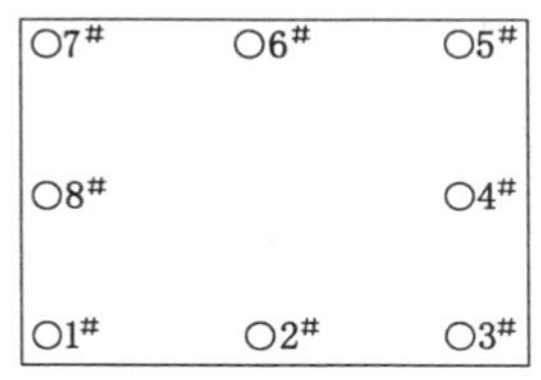

图 1-1　掘进工作面注碱孔布置及注碱开挖工艺图

式对该矿井 H_2S 进行了治理研究。设定碱液在煤岩裂隙中的流动满足纳维—斯托克斯（N-S）方程，在微孔中的流动满足布润克曼（Brinkman）方程，并且反应物质变化满足对流扩散方程。研究结果表明：注碱影响范围随注碱时长增加而扩大，距孔 7～9 m 连续注碱 18 h，H_2S 体积分数降幅高于51.3%，7 m 以内煤层中 H_2S 几乎完全被中和。根据模拟结果，采用注碱孔距为 8 m 进行了试验，注碱后回风流中 H_2S 浓度最高为 5.6×10^{-6}，表明模拟结果可指导煤层注碱工作。

2）巷道风流中硫化氢防治技术

近年来，在矿井巷道风流中的硫化氢防治通常是采用串联通风、均压通风、加大风量、改变通风方式或采用喷洒碱液化学中和法等。其中，喷洒碱液是目前常用到的措施之一，常用的药剂有碳酸氢钠、石灰、碳酸钠等。

在矿井风流中硫化氢浓度不大，且技术和经济可行的条件下，可通过在 H_2S 影响区域改进通风系统，包括增大通风量，改变通风方式等方法进行防治。邓奇根等提出并建立了一种巷道风流中自动脱除硫化氢的装置及方法，可根据巷道风流中 H_2S 浓度及风量的大小，实现药剂浓度的自动配备和喷洒的自动定量，从而安全、高效地解决巷道风流中硫化氢的脱除问题，并有效节省成本和人工投入。余玉江等设计了一种快速去除高硫煤矿井下 H_2S 的药剂及设备，以碳酸钠为碱性吸收剂，以氯胺-T 为催化氧化剂，按照碳酸钠质量分数为 0.15%～0.30%，氯胺-T 质量分数为 0.3%～0.5%配制成溶液。其装置可实现自动喷雾，喷雾量为 2.5 L/min，弥散距离可达 15～20 m。张戈结合乌东矿北采区特厚煤层放顶煤时硫化氢的扩散特征，提出并实施了采用正对支架放煤口喷洒吸收液、放煤口下风侧拦截喷洒吸收液的防治措施。设定喷雾压力为 8.0 MPa，吸收液质量分数为 0.9%，放煤口碱液喷洒流量为 70 L/min 左右，放煤口下风流布置 3 道拦截喷洒装置，单道喷雾流量为40 L/min。通过治理，H_2S 浓度可降低 84%以上。

哈维（Harvey）等根据 H_2S 的性质，通过采用 NaOH 药剂，控制溶液 pH 值为 12.4，添加次氯酸钠氧化 H_2S，该方法最佳效果可降低 91%的 H_2S 浓度。

3）地下水体中硫化氢防治技术

H_2S 在水中的溶解度很大，其在水体中的溶解度是 CH_4 的 93 倍，是 CO_2 的 2.7 倍。位于四川华蓥山煤田的广安煤矿，在＋497.5 m 水平北西翼装车站施工过程中，探穿最高流量达 40 m^3/h、质量浓度为 180 mg/L 的含硫化氢水，涌出到工作面空气中的 H_2S 浓度高达 700×10^{-6}。通过采用串联通风、增大风量，在井下撒石灰辅助治理，对含硫化氢水进行“堵、疏、排”综合治理及负压通风等相结合的治理措施，取得了较好的效果。四川斌郎煤矿在±0 m水平石门掘进时，遭遇突水并伴随喷出来自雷口坡组高含硫化氢气藏。气体涌出量稳定在 2 m^3/min左右，在运输石门内 CH_4 浓度最高达 43 %，H_2S 浓度达 240×10^{-6}，突水点涌水量为 105 m^3/h，具有气源补给丰富、涌水量大的特点。通过采用长抽长压通风方式，结合引导、隔离排水，并采用浓度为 3%～5%的碳酸钠溶液喷雾方法吸收空气中的 H_2S，并对硫化氢涌出巷道段采用全断面帷幕预注浆堵水，通过综合治理，硫化氢浓度降低到了 6×10^{-6}。林海等通过实验芬顿试剂处理含硫化氢的水体。研究表明，采用"0.67 g/L 的 $FeSO_4\cdot7H_2O$+0.67 mL/L的 H_2O_2 芬顿试剂"处理含 H_2S 浓度为 140 mg/L 的水溶液效果最佳，pH 值为 6～10。在介质温度为 25 ℃时，反应 10 min 后，药剂对水体中的 H_2S 的最大去除率为 93.14%。王小军等发明了一种井下出水点硫化氢治理装置，通过设计一种定量投加粉体和吸收溶液的自动喷雾装置，从而实现涌水点硫化氢上下一体化治理。

本章参考文献

[1] SMITH J W ,GOULD K W,RIGBY D. The stable isotope geochemistry of Australian coals[J]. Organic Geochemistry,1982,3(2):111-131.

[2] 朱光有，张水昌，张斌，等. 中国中西部地区海相碳酸盐岩油气藏类型与成藏模式[J]. 石油学报，2010，31(6)：871-878.

[3] 张水昌，朱光有，何坤，等. 硫酸盐热化学还原作用对原油裂解成气和碳酸盐岩储层改造的影响及作用机制[J]. 岩石学报，2011，27(3)：809-826.

[4] 戴金星. 中国含硫化氢的天然气分布特征、分类及其成因探讨[J]. 沉积学报，1985，3(4)：109-120.

[5] 傅雪海，王文峰，岳建华，等. 枣庄八一矿瓦斯中 H_2S 气体异常成因分析[J]. 煤炭学报，2006，31(2)：206-210.

[6] LIU MINGJU, DENG QIGEN, ZHAO FAJUN. Origin of hydrogen sulfide in coal seams in China[J]. Safety Science, 2012, 50(4): 668-673.

[7] ORR W L. Changes in sulfur content and isotopic ratios of sulfur during petroleum maturation-Study of Big Horn Basin Palaeozoic oils[J]. American Association of Petroleum Geologists Bulletin, 1974, 58(11part1): 2295-2318.

[8] MACHEL H G, KROUSE H R, SASSEN R. Products and distinguishing criteria of bacterial and thermochemical sulfate reduction[J]. Applied Geochemistry, 1995, 10: 373-389.

[9] CHAMBERS L A, TRUDINGER P A. Microbiological fractionation of stable sulphur isotopes: A review and critique[J]. Geomicrobiology, 1979, 1(3): 249-293.

[10] 王一刚，窦立荣，文应初，等. 四川盆地东北部三叠系飞仙关组高含硫气藏 H_2S 成因研究[J]. 地球化学，2002，31(6)：517-524.

[11] DESROCHER S, HUTCHEON I, KIRSTE D, et al. Constraints on the generation of H_2S and CO_2 in the subsurface Triassic, Alberta Basin[J]. Canada, Chemical Geology, 2004, 204(3-4): 237-254.

[12] SEAL R R. Sulfur isotope geochemistry of sulfide minerals[J]. Mineralogy & Geochemistry. 2006, 61(1): 633-677.

[13] WORDEN R H, SMALLEY P C. H_2S-producing reactions in deep carbonate gas reservoirs: Khuff Formation, Abu Dhabi[J]. Chemical Geology, 1996, 133(1-4): 157-171.

[14] CODY J D, HUTCHEON I E, KROUSE H R. Fluid flow, mixing and the origin of CO_2 and H_2S by bacterial sulphate reduction in the Mannville Group, Southern Alberta, Canada. Marine[J]. Marine & Petroleum Geology, 1999, 16(6): 495-510.

[15] DAI S F, REN DY, TANG Y G. Distribution, isotopic variation and origin of sulfur in coals in the Wuda coalfield, Inner Mongolia, China[J]. International Journal of Coal Geology, 2002, 51(4): 237-250.

[16] RYE R O. A review of the stable-isotope geochemistry of sulfate minerals in selected igneous environments and related hydrothermal systems isotope properties of sulfur compounds in hydrothermal processes[J]. Chemical Geology, 2005, 215(1): 5-36.

[17] 赵兴齐，陈践发，郭望，等. 川东北飞仙关组高含 H_2S 气藏油田水地球化学特征[J]. 中南大学学报(自然科学版)，2014，45(10)：3477-3488.

[18] BILDSTEIN O, WORDEN R H, BRDSSE E. Assessment of anhydrite dissolution as the rate limiting step during thermochemical sulfate reduction[J]. Chemical Geology, 2001, 176(1): 173-189.

[19] 蔡春芳，李宏涛. 沉积盆地热化学硫酸盐还原作用评述[J]. 地球科学进展，2005，20(10)：1100-1105.

[20] AIUPPA A, INGUAGGIATO S, MCGONIGLE A J S, et al. H_2S fluxes from Mt. Etna, Stromboli, and Vulcano (Italy) and implications for the sulphur budget at volcanoes[J]. Geochimica et Cosmochimica Acta., 2005, 69(7): 1861-1871.

[21] 吴保祥，段毅，王传远，等. 泥炭的热模拟实验及其在煤层气研究中的应用[J]. 煤田地质与勘探，2005，33(2)：21-25.

[22] 孙庆雷，林云良，祝贺，等. 煤岩显微组分热解过程中硫化氢的逸出特性[J]. 山东科技大学学报(自然科学版)，2013，32(1)：32-37.

[23] 邓奇根. 准噶尔盆地南缘中段侏罗纪煤层硫化氢成生模式及异常富集控制因素研究[D]. 焦作：河南理工大学，2015.

[24] 向廷生，万家云，蔡春芳. 硫酸盐还原菌对原油的降解作用和硫化氢的生成[J]. 天然气地球科学，2004，15(2)：171-173.

[25] 翁焕新，高彩霞，刘瓒，等. 污泥硫酸盐还原菌(SRB)与硫化氢释放[J]. 环境科学学报，2009，29(10)：2094-2102.

[26] 刘海洪. 硫酸盐还原菌生长限制因素及释放硫化氢速率的研究[D]. 西安：西北大学，1999.

[27] 吴迪. 污水管道中硫化氢的形成实验及数学模型[D]. 西安：西安建筑科技大学，2016.

[28] 张鑫，周跃飞，陈天虎，等. 硫酸盐还原菌及其代谢物的接触作用影响石膏分解的实验研究[J]. 岩石矿物学杂志，2015，34(6)：932-938.

[29] 赵义胜，张崇智，赵俊田，等. 利用高压脉冲注液治理煤矿硫化氢技术：中国，200810079921.6[P]，2009-05-27.

[30] 袁欣鹏，梁冰，孙维吉，等. 煤层注碱治理矿井硫化氢涌出危害研究[J]. 中国安全科学

学报,2015,25(5):114-119.
[31] 王岩,梁冰,袁欣鹏.深孔控制预裂爆破在高硫化氢矿井瓦斯强化抽采中的应用[J].重庆大学学报,2013,36(5):101-106+118.
[32] 孙维吉,王俊光,袁欣鹏,等.一种动态注碱治理煤层硫化氢的方法:中国,201410318746.7[P],2014-10-22.
[33] 张天祥.煤矿硫化氢治理技术及实践[J].山西焦煤科技,2012,09:37-40.
[34] 程元祥.碱沟煤矿东翼 B_{1+2} 煤层 H_2S 气体异常涌出综合治理[J].煤矿安全,2014,04:135-137.
[35] 林海,韦威,王亚楠,等.煤矿井下硫化氢气体的快速控制实验研究[J].煤炭学报,2012,37(12):2065-2069.
[36] 芦志刚,吴鑫,张永斌,等.高硫化氢煤层巷道掘进超前注碱工艺及碱液配方:中国,201510095707.X[P],2015-06-03.
[37] 梁冰,袁欣鹏,孙维吉,等.煤层注碱治理硫化氢数值模拟与应用[J].中国矿业大学学报,2017,46(2):244-249.
[38] 邓奇根,刘明举,王燕,等.巷道风流中自动脱除硫化氢装置:中国,201510082360.5[P],2015-05-27.
[39] 林海,王亚楠,陈月芳,等.一种用于处理煤矿矿井水中硫化氢的药剂及方法:中国,201110205591.0[P],2011-12-14.
[40] 张戈,刘奎,孙秉成,等.急倾斜特厚煤层硫化氢涌出影响因素分析及控制技术[J].煤矿安全,2016,47(4):80-84.
[41] HARVEY T,CORY S,KIZIL M,et al. Mining through H_2S seam gas zones in underground coal mines[C]. Proceedings Council Min. Metall. Congress,Montreal,Can. Inst. Min. Metall.,Toronto,1998.
[42] 吴怀林.广安煤矿建井高浓度硫化氢治理[J].煤炭技术,2015,34(5):224-226.
[43] 林海,王亚楠,韦威,等.芬顿试剂处理煤矿矿井水中硫化氢技术[J].煤炭学报,2012,37(10):1760-1764.
[44] 王小军,宋超,陈通,等.一种井下出水点硫化氢治理装置:中国,201420622944.8[P],2015-03-18.
[45] 梁冰,袁欣鹏,孙福玉,等.钻屑法测定煤层 H_2S 含量[J].中国安全科学学报,2015,25(2):101-105.
[46] 刘明举,邓奇根,王燕,等.煤层硫化氢含量测定装置:中国,201410220716.2[P],2016-04-13.

2　煤矿硫化氢危害

在标准状态下，硫化氢是一种易燃的酸性气体，无色，低浓度时有臭鸡蛋气味，属于2.1类易燃气体和2.3类毒性气体，且有剧毒。硫化氢对煤矿井下工人身心健康、设备及环境都有危害作用。它对人体是强烈的神经毒素，对黏膜有强烈刺激作用，吸入少量高浓度硫化氢可于短时间内致命，低浓度的硫化氢对眼、呼吸系统及中枢神经都有影响；同时，对煤矿开采用的钻具、支护、电器及抽采等金属及管线设备，H_2S对其表现出极强的腐蚀性。硫化氢的存在也容易诱导煤层自然发火，其对环境都有重要的破坏作用。

2.1　硫化氢理化特性

硫化氢是硫的氢化物中最简单的一种，其分子的几何形状和水分子相似，为弯曲形，中心原子S原子采取sp^3杂化，电子对构型为正四面体形，分子构型为V形，H—S—H键角为92.1°，电偶极矩为：0.97D，如图2-1所示。

H_2S为极性分子，相对分子质量为34.076，密度为1.539 kg/m^3，具有刺激性气味（臭鸡蛋味）的无色气体。相对于空气的密度为1.19，易挥发，蒸汽分压：2 026.5 kPa/25.5 ℃，闪点：<－50 ℃，熔点：－85.5 ℃，沸点：－60.4 ℃，自燃点：260 ℃。H_2S能溶于水，易溶于醇类、石油溶剂和原油等，H_2S在水中的溶解度很大，20 ℃时水中的溶解比例为1∶2.6，是CO_2的2.7倍、CH_4的93倍多，溶于水称为氢硫酸（硫化氢未跟水反应），水溶液具有弱酸性。在760 mmHg（101.325 kPa）、30 ℃时，硫化氢在水中的饱和浓度大约为3 580 mg/L，溶液的pH值大约为4，硫化氢在水中的溶解度随着温度升高而降低。硫化氢为易燃危化品，与空气混合能形成爆炸性混合物，遇明火、高热能引起燃烧爆炸，空气中的爆炸极限为4.3%～45.5%（体积分数）。在标准状态（SPT，0 ℃和101.325 kPa）下，气体中H_2S浓度与体积分数的对应关系见表2-1。

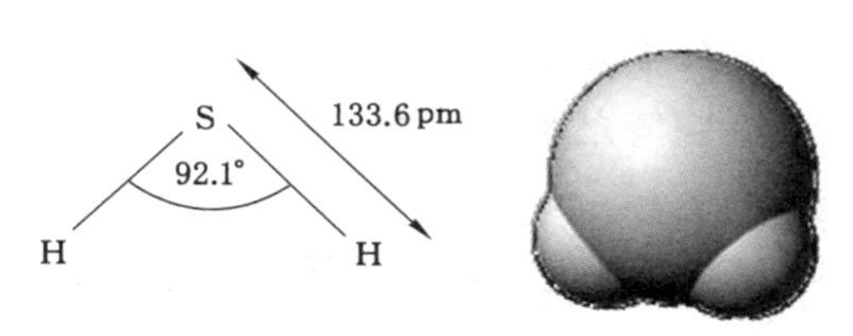

图2-1　H_2S分子结构示意图

表2-1　　标准状态下气体中H_2S浓度与体积分数的对应关系

体积分数/%	1	0.1	0.064 97	0.01	0.004 538～0.009 745	0.001 299	0.000 66
体积浓度/10^{-6}	10 000	1 000	649.7	100	4.538～9.745	12.99	6.6
质量浓度/(mg·m^{-3})	15 392	1 539.2	1 000	153.92	70～150	20	8.576

硫化氢具有以下特性：

（1）不稳定性（分解性）

硫化氢在较高温度时，直接分解成氢气和硫，即：

$$\overset{+1}{H_2}\overset{-2}{S} = \overset{0}{H_2} + \overset{0}{S}\downarrow \text{（加热，可逆）} \tag{2-1}$$

（2）酸性

H_2S 水溶液又称为氢硫酸，是一种二元酸，即：

$$2NaOH + H_2S = Na_2S + 2H_2O \tag{2-2}$$

（3）还原性

H_2S 中 S 是 −2 价，有较强的还原性，而且从标准电极电势看来，无论在酸性还是碱性介质中，H_2S 都具有较强的还原性。H_2S 能被 I_2、Br_2、SO_2、O_2、Cl_2 等氧化剂氧化成单质 S，甚至氧化成硫酸，即：

$$H_2S + I_2 = 2HI + S \tag{2-3}$$

$$H_2S + Br = 2HBr + S \tag{2-4}$$

$$H_2S + Cl_2 = 2HCl + S \tag{2-5}$$

硫化氢能使银、铜制品表面发黑。它与许多金属离子作用，可生成不溶于水或酸的硫化物沉淀，即：

$$CuSO_4 + H_2S = CuS + H_2SO_4 \tag{2-6}$$

（4）可燃性

硫化氢气体的热稳定性很好，在 1 700 ℃时才能分解。完全干燥的硫化氢在室温下不与空气发生反应，但点火后能在空气中燃烧。

在空气充足时，硫化氢与氧气发生化学反应，生成 SO_2 和 H_2O，即：

$$2H_2S + 3O_2 = 2SO_2 + 2H_2O \tag{2-7}$$

若空气不足或温度较低时，则生成游离态的 S 和 H_2O，即：

$$2H_2S + O_2 = 2S + 2H_2O \tag{2-8}$$

（5）腐蚀性

硫化氢溶于水后，形成弱酸，对金属的腐蚀形式有电化学腐蚀和硫化物应力腐蚀开裂，以硫化物应力腐蚀开裂为主。

（6）可溶性

硫化氢气体能溶于水、乙醇及甘油中，在 20 ℃时 1 体积水能溶解 2.6 体积的硫化氢，生成的水溶液称为氢硫酸，浓度为 0.1 mol/L。氢硫酸比硫化氢更具有还原性，易被空气氧化而析出硫，使溶液变浑浊。

有微量水存在时硫化氢能使 SO_2 还原为 S。清澈的氢硫酸置放一段时间后会变得浑浊，这是因为氢硫酸会和溶解在水中的氧缓慢反应，产生不溶于水的单质硫。

硫化氢的溶解度与温度、气压有关。只要条件适当，轻轻地振荡含有硫化氢的液体，就可以使硫化氢气体挥发到大气中。硫化氢的水溶液呈弱酸性，它可以在水中电离：

$$H_2S = H^+ + HS^-,\ HS^- = H^+ + S^{2-} \tag{2-9}$$

2.2 硫化氢对人体的危害

2.2.1 硫化氢毒理学

根据《职业性接触毒物危害程度分级》(GB 230—2010)的相关分类,硫化氢是强烈的神经毒物(毒害分级:高危毒物,Ⅱ级)。低浓度时,对呼吸道及眼的局部刺激作用明显,浓度越高,全身性作用越明显,表现为中枢神经系统症状和窒息症状。高浓度时,可直接抑制呼吸中枢,引起迅速窒息而死亡。而长期接触低浓度的硫化氢,引起神经衰弱征候群及植物神经紊乱等症状。慢性作用对眼的影响表现为结膜炎、角膜损害等。

硫化氢经呼吸道吸收很快,在血中一部分很快被氧化为无毒的硫酸盐和硫代硫酸盐等经尿液排出,另一部分游离的硫化氢经肺排出,体内无积蓄作用。

人体对硫化氢的嗅觉阈为0.012～0.03 mg/m^3,远低于引起危害的最低浓度。起初,臭味的增强与浓度的升高成正比,当浓度超过10 mg/m^{3}时,浓度继续升高而臭味反而减弱。在高浓度时,因很快引起嗅觉疲劳而不能察觉硫化氢的存在,故不能依靠其臭味强烈与否来判断有无危险浓度的表现。

人体接触H_2S而引起的反应取决于其浓度和所接触时间的长短。空气中含不同浓度的H_2S对人体的相应危害程度见表2-2。

表2-2　空气中含不同浓度的H_2S对人体的相应危害程度

空气中的H_2S气体浓度		主要毒性反应
体积浓度/10^{-6}	质量浓度/(mg·m^{-3})	
0.02～4.6	0.03～6.0	空气中H_2S浓度为0.03 mg/m^{3}时,人体能够闻到,当浓度为4.6 mg/m^{3}时,气味相当激烈
10～20	14.41～28.83	允许暴露8 h,即安全临界浓度值,超过安全临界浓度必须戴上防毒面具。美国标准10×10^{-6},中国煤矿标准6.6×10^{-6},日本标准15×10^{-6}
50	72.07	暴露15 min后嗅觉将丧失,如果超过1 h,可能导致头痛、头晕和或摇晃,超过50 mg/m^{3}将会出现肺浮肿,对眼睛产生严重刺激或伤害
100	144.14	3～15 min内会损伤嗅觉神经并损坏眼睛,在5～20 min后,呼吸会变样、眼睛就会疼痛并昏昏欲睡。1 h后就会刺激咽喉,损伤眼睛,表现为流泪、眼痛、畏光、视物模糊和流涕、咳嗽、咽喉灼热
200	285.61	立即破坏嗅觉系统,眼睛、咽喉有灼烧感。长时间接触,会使眼睛和喉咙遭到灼伤并可能导致死亡
500	720.49	短期暴露就会不省人事,如不迅速处理就会停止呼吸,失去理智和平衡感,如果不及时采取抢救措施,可能导致中毒者死亡
760	1 008.55	意识快速丧失,如果不迅速营救,呼吸将停止并导致死亡
≥1 000	≥1 440.98	在数秒内发生突发性死亡

H_2S对人体的危害与其浓度和接触时间有密切的关联。不同浓度的H_2S与接触时间

对人体的影响如图 2-2 所示。

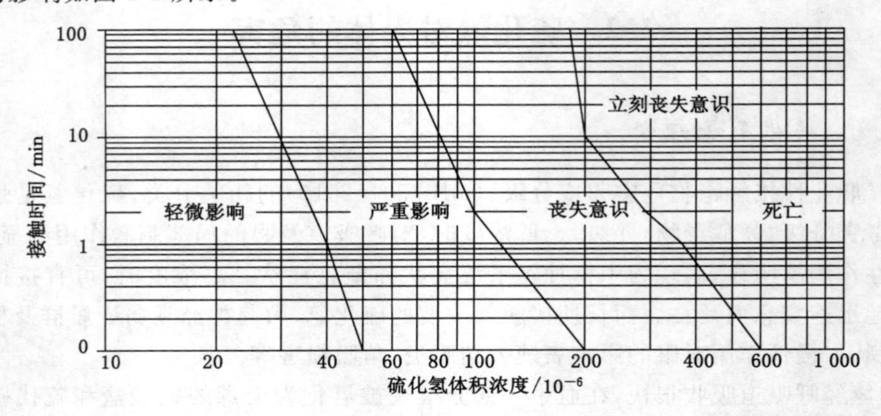

图 2-2　不同体积浓度的 H_2S 与接触时间对人体的影响

各个国家对硫化氢的环境标准有所不同，见表 2-3。

表 2-3　　硫化氢的环境标准

特征界限		气体浓度	来源
嗅觉	刺激阈	0.012～0.03 mg/m³（0.007 5～0.019 mg/m³）	卫生学（第五版）
	适度臭味	3～4.60×10⁻⁶	
卫生标准	车间	10 mg/m³(6.5×10⁻⁶)	《工业企业设计卫生标准》(GBZ1—2010)
	居住区	0.01 mg/m³(0.006 5×10⁻⁶)	
	工作场所最高允许浓度(MAC)	10 mg/m³(6.5×10⁻⁶)	《工作场所有害因素职业接触限值》(GBZ2—2007)
	煤矿	6.6×10⁻⁶	《煤矿安全规程》
	美国	10×10⁻⁶(15 min)	美国卫生局(1975)
	日本	15×10⁻⁶(15 min)	日本产业卫生学会(1975)

硫化氢与其他气体毒性特征，见表 2-4。

表 2-4　　硫化氢与其他气体毒性特征

名称	分子式	质量浓度/(g·cm⁻³)	临界限量/10⁻⁶	危险限量/10⁻⁶	致命限量/10⁻⁶
氰化物	HCN	0.940	10	150	300
硫化氢	H_2S	1.190	20	250	600
二氧化硫	SO_2	2.210	5		1 000
氯气	Cl_2	2.450	1	4	1 000
一氧化碳	CO	0.970	50	400	1 000
二氧化碳	CO_2	1.520	5 000	500	1 000
甲烷	CH_4	0.550	900	超过 50 000 燃烧	

2.2.2 硫化氢中毒发病机制

(1) 血中高浓度硫化氢可直接刺激颈动脉窦和主动脉区的化学感受器,致反射性呼吸抑制。

(2) 硫化氢可直接作用于脑,低浓度起兴奋作用;高浓度起抑制作用,引起昏迷、呼吸中枢和血管运动中枢麻痹。硫化氢是细胞色素氧化酶的强抑制剂,能与线粒体内膜呼吸链中的氧化型细胞色素氧化酶中的三价铁离子结合,从而抑制电子传递和氧的利用,引起细胞内缺氧,造成细胞内窒息。因脑组织对缺氧最敏感,故最易受损。

以上两种作用发生快,均可引起呼吸骤停,造成"电击样"死亡。在发病初如能及时停止接触,则许多病例可迅速完全恢复。

(3) 继发性缺氧是由于硫化氢引起呼吸暂停或肺水肿等因素所致血氧含量降低,可使病情加重,神经系统症状持久及发生多器官功能衰竭。

(4) 硫化氢遇眼和呼吸道黏膜表面的水分后分解,并与组织中的碱性物质反应产生氢硫基、硫和氢离子、氢硫酸和硫化钠,对黏膜有强刺激和腐蚀作用,引起不同程度的化学性炎症反应。加之细胞内窒息,对较深的组织损伤最重,易引起肺水肿。

(5) 心肌损害,尤其是迟发性损害的机制尚不清楚。急性中毒出现心肌梗死样表现,可能由于硫化氢的直接作用使冠状血管痉挛、心肌缺血、水肿、炎性浸润及心肌细胞内氧化障碍所致。

急性硫化氢中毒致死病例的尸体解剖结果常与病程长短有关,常见脑水肿、肺水肿,其次为心肌病变。一般可见尸体明显发绀,解剖时发出硫化氢气味,血液呈流动状,内脏略呈绿色。脑水肿最常见,脑组织有点状出血、坏死和软化灶等,可见脊髓神经组织变性。"电击样"死亡的尸体解剖呈非特异性窒息现象。

2.2.3 硫化氢中毒临床表现

按吸入硫化氢浓度及时间不同,临床表现轻重不一。低浓度接触仅有呼吸道及眼的局部刺激作用,高浓度时全身作用较明显,表现为中枢神经系统症状和窒息症状。

(1) 轻度中毒

煤矿企业采掘过程中的硫化氢中毒多属于此类。较低浓度(30～40 mg/m^3)引起眼结膜及上呼吸道刺激症状。症状为畏光、流泪、眼刺痛、灼热、异物感、视力模糊、流涕、角膜水肿等及鼻咽喉灼热感。检查可见眼结膜充血,经数小时或数天能自愈。

(2) 中度中毒

接触浓度在200～300 mg/m^3时即可出现中枢神经系统症状,有头痛、头晕、乏力、动作失调、烦躁、呕吐等;同时引起上呼吸道发炎或支气管炎,有咳嗽、喉部发痒、胸部压迫感等。眼刺激症状强烈,有流泪、眼刺痛、眼睑痉挛,患者看光源时周围有色环存在,视觉模糊,这是眼角膜水肿的征兆。

(3) 重度中毒

接触浓度在700 mg/m^3以上时,以中枢神经系统的症状最为突出。患者可首先发生头晕、心悸、呼吸困难、行动迟钝,如继续接触,则出现烦躁、意识模糊、呕吐、腹泻、腹痛和抽搐,陷入昏迷状态,最后可因呼吸麻痹而死亡。昏迷和抽搐持续较久者可发生中毒性肺炎、肺水肿和脑水肿。

(4) 慢性中毒

慢性接触低浓度硫化氢可致嗅觉减退、结膜炎、角膜损害等。一部分接触者有神经衰弱症状，有的尚有植物神经功能障碍，如腱反射增强、多汗、手掌潮湿、持久的红色皮肤划痕等，偶尔也能引起多发性神经炎。

(5)“电击样”中毒

在毫无防备的情况下，贸然进入硫化氢浓度极高(1 000 mg/m^3以上)的环境中，还未等上述症状出现，就像遭受电击一样突然中毒死亡，即在接触后数秒或数分钟内呼吸骤停，数分钟后可发生心跳停止，也可立即或数分钟内昏迷，并呼吸骤停而死亡。死亡可在无警觉的情况下发生，当察觉到硫化氢气味时可立即嗅觉丧失，少数病例在昏迷前瞬间可嗅到令人作呕的甜味。死亡前一般无先兆症状，可先出现呼吸深而快，随之呼吸骤停。

2.2.4 硫化氢中毒损伤系统出现的症状

(1) 中枢神经系统损害

接触较高浓度硫化氢后以脑病表现为显著，出现头痛、头晕、易激动、烦躁、意识模糊、癫痫样抽搐等症状，可突然发生昏迷，也可发生呼吸困难或呼吸停止后心跳停止。眼底检查，个别病例可见视神经乳头水肿，部分病例可同时伴有肺水肿。脑病症状常较呼吸道症状的出现为早，可能因为黏膜刺激作用需要一定时间。

急性中毒多在事故现场发生昏迷，其程度因接触硫化氢的浓度和时间而异，偶尔伴有或无呼吸衰竭。部分病例在脱离事故现场或转送医院途中即可复苏。到达医院时仍维持生命体征的患者，如无缺氧性脑病，多恢复较快。昏迷时间较长者在复苏后可有头痛、头晕、视力或听力减退、定向障碍、癫痫样抽搐等，绝大部分病例可完全恢复。

中枢神经系统症状通常极严重，而黏膜刺激症状往往不明显。

急性中毒早期或仅有脑功能障碍而无形态学改变，患者对脑电图和脑解剖结构成像术，如电子计算机断层扫描(CT)和核磁共振成像(MRI)的敏感性较差，而单光子发射电子计算机扫描(SPECT)/正电子发射扫描(PET)异常与临床表现和神经电生理检查的相关性好。

(2) 呼吸系统损害

硫化氢通过呼吸道进入机体与呼吸道内水分接触后很快溶解并与钠离子结合成硫化钠，对眼和呼吸道黏膜产生强烈的刺激作用，可出现化学性支气管炎、肺炎、肺水肿、急性呼吸道窘迫综合征等。少数中毒病例以肺水肿的临床表现为主，而神经系统症状较轻，可伴有眼结膜炎、角膜炎。

胸部X线检查：在呼吸系统损伤的不同阶段，胸部X线检查对肺部炎症或水肿的诊断颇有帮助，而且对治疗效果的判断亦有很大的价值。

(3) 心肌损害

在中毒过程中，部分病例可发生心悸、气急、胸闷或者心绞痛等症状；少数病例在昏迷恢复、中毒症状好转1周后发生心肌梗死样现象。心电图呈急性心肌梗死样图形，但很快消失。其病情较轻，病程较短，预后良好，诊疗方法与冠状动脉样硬化性心脏病所致的心肌梗死不同，故考虑为弥散性中毒性心肌损害。心肌酶谱检查可有不同程度异常。

(4) 肝脏损害

肝脏受损可有乏力、食欲不振、恶心、呕吐、肝功能检查指标异常。

(5) 肾脏受损

肾脏损害主要发生于高浓度硫化氢中毒病例中,尿常规检查较易做出诊断。

2.3 硫化氢对设备的危害

H_2S 不仅对煤矿工人的身心健康有很大的危害性,同时由于 H_2S 极大的化学活性,对钻具、支护、电器及抽采等金属及管线系统都有极强的腐蚀作用,对煤炭工业装备的安全运转存在很大的危害。煤矿硫化氢对设备的危害主要表现在腐蚀方面。

干燥的 H_2S 对金属材料无腐蚀破坏作用,H_2S 只有溶解在水中才具有腐蚀性。

金属与周围介质发生化学或电化学作用而导致的变质和破坏称为腐蚀。单位时间内单位质量的物质变质和破坏的量称为腐蚀速度,单位为 g/(kg・h)或 mg/(kg・h)。

2.3.1 硫化氢腐蚀机理

1) 湿硫化氢环境的定义

(1) 国际上湿硫化氢环境的定义

美国腐蚀工程师协会(NACE)的《油田设备抗硫化物应力开裂金属材料》(MR0175—1997)标准:

① 酸性气体系统:气体总压≥0.4 MPa,并且 H_2S 分压≥0.000 3 MPa。

② 酸性多相系统:当处理的原油中有两相或三相介质(油、水、气)时,条件可放宽为:气相总压≥1.8 MPa 且 H_2S 分压≥0.000 3 MPa;当气相压力≤1.8 MPa 且 H_2S 分压≥0.07 MPa;或气相 H_2S 含量超过 15%。

(2) 国内湿硫化氢环境的定义

在同时存在水和硫化氢的环境中,当硫化氢分压大于或等于 0.000 35 MPa 时,或在同时存在水和硫化氢的液化石油气中,当液相的硫化氢体积浓度大于或等于 10×10^{-6}时,则称为湿硫化氢环境。

2) 硫化氢的电离及电化学腐蚀过程

在含 H_2S 环境中金属的各种腐蚀过程中,阳极反应是铁作为离子铁进入溶液的,而阴极反应,特别是无氧环境中的阴极反应是源于 H_2S 中的 H^+ 的还原反应。总的腐蚀速率随着 pH 值的降低而增加,这归于金属表面硫化铁活性的不同而产生。在 30 ℃且 H_2S—CO_2—H_2O 系统中碳钢腐蚀反应时,在 H_2S 分压低于 0.1 Pa 时,金属表面会形成包括 FeS_2、FeS、$Fe_{1-x}S$ 在内的具有保护性的硫化物膜。当 H_2S 分压介于 0.1~4.0 Pa 时,会形成以 $Fe_{1-x}S$ 为主的包括 FeS、FeS_2在内的非保护性膜。此时,腐蚀速率随 H_2S 浓度的增加而迅速增长,同时腐蚀速率也表现出随 pH 降低而上升的趋势。当 pH 值为 6.5~8.8 时,表面只形成非保护性的 $Fe_{1-x}S$;当 pH 值为 4~6.3 时,观察到有 FeS_2,FeS,$Fe_{1-x}S$ 形成。而 FeS 保护膜形成之前,首先是形成 FeS_{1-x}。因此,即使在低 H_2S 浓度下,当 pH 值为 3~5 时,在铁刚浸入溶液的初期,H_2S 也只起加速腐蚀的作用,而非抑制作用。只有在电极浸入溶液足够长的时间后,随着 FeS_{1-x}逐渐转变为 FeS_2和 FeS,抑制腐蚀的效果才表现出来。

H_2S 在水中的离解释放出的氢离子是强去极化剂,极易在阴极夺取电子,促进阳极铁溶解反应而导致钢铁的全面腐蚀。H_2S 水溶液在呈酸性时，对钢铁的电化学腐蚀过程如下反应式表示。

阳极反应：

$$Fe - 2e \longrightarrow Fe^{2+} \tag{2-10}$$

阴极反应：

$$2H^+ + 2e \longrightarrow H_{ad}(\text{钢中扩散}) + H_{ad} \rightarrow H_2 \uparrow \tag{2-11}$$

阳极反应的产物：

$$Fe^{2+} + S^{2-} \longrightarrow FeS \downarrow \tag{2-12}$$

总反应式：

$$Fe + H_2S(+H_2O) \longrightarrow FeS + 2H^+ \tag{2-13}$$

式中 H_{ad}——钢表面上吸附的氢原子；

H_{ab}——钢中吸收(扩散)的氢原子。

腐蚀产物主要有 Fe_9S_8、Fe_3S_4、FeS_2、FeS 等，最终产物就是硫化亚铁，该产物通常是一种有缺陷的结构，它与金属表面的黏结力差，易脱落，易氧化，且电位较低，因而作为阴极与钢铁基体构成一个活性的微电池，对钢基体继续进行腐蚀。

生成何种腐蚀产物取决于 pH 值、H_2S 浓度等。当 H_2S 浓度较低时，能够生成致密的 FeS，该膜较致密，能够阻止铁离子通过，可显著降低金属的腐蚀速率，甚至可使金属达到近钝化状态。但是，如果浓度很高，则生成黑色疏松分层状或粉末状的硫化铁膜，该膜不但不能阻止铁离子通过，反而与钢铁形成宏观原电池，加速金属腐蚀。

2.3.2 硫化氢腐蚀类型

在煤矿开采过程中，伴生气中除了含 H_2S 外，通常还有水、CO_2、盐类、残酸以及开采过程进入的氧等腐蚀性杂质，所以它比单一的 H_2S 水溶液的腐蚀性要强得多。煤矿设施因 H_2S 引起的腐蚀破坏主要表现有：

1）均匀腐蚀

在煤炭开采系统的腐蚀中，H_2S 除作为阳极过程的催化剂，促进铁离子的溶解，加速钢材质量损失外，同时还为腐蚀产物提供 S^{2-}，在钢表面生成硫化铁腐蚀产物膜。对钢铁而言，硫化铁为阴极，它在钢表面沉积，并与钢表面构成电偶，使钢表面继续被腐蚀。这类腐蚀破坏主要表现为局部壁厚减薄、蚀坑或穿孔是 H_2S 腐蚀过程阳极铁溶解的结果。

2）局部腐蚀

在湿 H_2S 条件下，H_2S 对钢材的局部腐蚀是煤矿开采过程中最危险的腐蚀。局部腐蚀包括点蚀、蚀坑及局部剥落形成的台地侵蚀、氢致开裂（HIC）、硫化物应力腐蚀开裂(SSCC)、氯化物应力分离腐蚀开裂及微生物诱导腐蚀(MIC)等形式的破坏。

(1) 点蚀。在 H_2S 环境中，均匀腐蚀形成的 FeS 鳞皮与基体 Fe 形成电极对。这主要是由于具有半保护性的 FeS 膜自身对基体覆着不完整造成的，这种电极会对钢材形成镀点腐蚀，严重时会导致穿孔，这主要是腐蚀过程中钢基体形成镀点处腐蚀介质 pH 值降低造成的。

(2) 蚀坑及台地侵蚀。点腐蚀发展到较大区域，形成肉眼可以看到的材料表面的腐蚀坑，台地侵蚀是成片的点腐蚀连成片，出现局部腐蚀加快形成的较大面积的腐蚀台阶状的表面形貌。

(3) 氢致开裂(HIC)。通过对低合金高强度钢在湿硫化氢环境中开裂机理的研究,一般认为湿硫化氢引起的氢致开裂有以下 4 种形式:

① 氢鼓泡(HB)。钢材在硫化氢腐蚀过程中,表面的水分子中产生大量氢原子,析出的氢原子向钢材内部扩散,在缺陷部位(如杂质、夹杂界面、位错、蚀坑或非金属夹杂物、分层和其他不连续处)聚集,结合成氢分子。氢分子所占据的空间为氢原子的 20 倍,由于氢分子较大难以从钢的组织内部逸出,从而使钢材内部形成很大的内压,导致其周围组织屈服,使钢材的脆性增加。当内部压力达到 $10^3 \sim 10^4$ MPa,就会引起界面开裂,形成表面层下的平面孔穴结构,称为氢鼓泡。氢鼓泡常发生于钢中夹杂物与其他的冶金不连续处,其分布平行于钢板表面。氢鼓泡的发生并不需要外加应力,与材料中的夹杂物等缺陷密切相关。

② 氢致开裂(HIC)。在钢的内部发生氢鼓泡区域,当氢的压力继续增高时,不同层面上的相邻氢鼓泡裂纹相互连接,形成阶梯状特征的内部裂纹(称为氢致开裂),裂纹有时也可扩展到金属表面。氢致开裂的发生也无需要外加应力,一般与钢中高密度的大平面夹杂物或合金元素在钢中偏析产生的不规则微观组织有关。

③ 应力导向氢致开裂(SOHIC)。应力导向氢致开裂是在应力引导下,使在夹杂物与缺陷处因氢聚集而形成的成排的小裂纹沿着垂直于应力的方向发展,即钢板的壁厚方向发展。其典型特征是裂纹沿"之"字形扩展。SOHIC 常发生在焊接接头的热影响区及高应力集中区,与通常所说的 SSCC 不同的是,SOHIC 对钢中的夹杂物比较敏感。应力集中常为裂纹状缺陷或应力腐蚀裂纹所引起。

④ 硫化物应力腐蚀开裂(SSCC)。湿 H_2S 环境中腐蚀产生的氢原子渗入钢的内部,溶解于晶格中,使钢的脆性增加,在外加拉应力或残余应力作用下形成的开裂,称为硫化物应力腐蚀开裂。工程上有时也把受拉应力的钢及合金在湿 H_2S 及其他硫化物腐蚀环境中产生的脆性开裂,称为硫化物应力腐蚀开裂。SSCC 通常发生在中高强度钢中或焊缝及其热影响区等硬度较高的区域。

a. 硫化物应力腐蚀开裂的特征。在含 H_2S 酸性油气系统中,SSCC 主要出现于高强度钢、高内应力构件及硬焊缝上。SSCC 是由 H_2S 腐蚀阴极反应所析出的氢原子,在 H_2S 的催化下进入钢中后,在拉伸应力作用下,通过扩散在冶金缺陷提供的三向拉伸应力区富集从而导致开裂,并垂直于拉伸应力方向。

b. 硫化物应力腐蚀开裂的本质。SSCC 的本质属氢脆,SSCC 属低应力破裂,发生 SSCC的应力值通常远低于钢材的抗拉强度。SSCC 具有脆性机制特征的断口形貌。穿晶和沿晶破坏均可观察到,一般高强度钢多为沿晶破裂。SSCC 破坏多为突发性,裂纹产生和扩展迅速。对 SSC 敏感的材料在含 H_2S 酸性油气中,经短暂暴露后,就会出现破裂。

硫化氢应力腐蚀和氢致开裂是一种低应力破坏,甚至在很低的拉应力下都可能发生开裂。一般来说,随着钢材强度(硬度)的提高,硫化氢应力腐蚀开裂越容易发生,甚至在百分之几屈服强度时也会发生开裂。

硫化物应力腐蚀和氢致开裂均属于延迟破坏,开裂可能在钢材接触 H_2S 后很短时间内(如几小时、几天)发生,也可能在数周、数月或几年后发生。无论破坏发生迟早,往往事先无明显预兆。

⑤ 氯化物应力腐蚀开裂。此开裂由氯离子诱发产生,硫离子的存在对氯离子有促进作

用,加速金属的腐蚀。

⑥ 微生物诱导腐蚀(MIC)。在含 H_2S 的湿环境中,微生物尤其是硫酸盐厌氧还原菌的活动,促使钢材产生阳极极化,诱发严重的点蚀,且促进与氢相关的氢致开裂及含硫化物的应力腐蚀发生(SSCC)。

2.3.3 硫化氢腐蚀的影响因素

1) 材料因素

在煤矿开采过程中各种管网可能发生的腐蚀类型中,以硫化氢腐蚀时材料因素的影响作用最为显著,材料因素中影响钢材抗硫化氢应力腐蚀性能的主要有材料的显微组织、强度、硬度以及合金元素等。

(1) 显微组织

对应力腐蚀开裂敏感性按下述顺序升高:

铁素体中球状碳化物组织→完全淬火和回火组织→正火和回火组织→正火后组织→淬火后未回火的马氏体组织。

注:马氏体对硫化氢应力腐蚀开裂和氢致开裂非常敏感,但在其含量较少时,敏感性相对较小,随着含量的增多,敏感性增大。

(2) 强度和硬度

随屈服强度的升高,临界应力和屈服强度的比值下降,即应力腐蚀敏感性增加。材料硬度的提高,有利于硫化物应力腐蚀的敏感性提高。材料的断裂大多出现在硬度大于 HRC22 的情况下。因此,通常 HRC22 可作为判断钻柱材料是否适合于含硫油气井钻探的标准。

(3) 合金元素及热处理

金属中的有害元素包括 C、Ni、Mn、S、P;而有利元素包括 Cr、Ti。

碳(C):增加钢中碳的含量,会提高钢在硫化物中的应力腐蚀破裂的敏感性。

镍(Ni):提高低合金钢的镍含量,会降低它在含硫化氢溶液中对应力腐蚀开裂的抵抗力,因为镍含量的增加,可能形成马氏体相。所以镍在钢中的含量,即使其硬度小于 22 时,也不应该超过 1%。含镍钢之所以有较大的应力腐蚀开裂倾向,是因为镍对阴极过程的进行有较大的影响。在含镍钢中可以观察到最低的阴极过电位,其结果是钢对氢的吸留作用加强,导致金属应力腐蚀开裂的倾向性提高。

铬(Cr):一般认为在含硫化氢溶液中使用的钢,含铬 0.5%~13%是完全可行的,因为它们在热处理后可得到稳定的组织。

钼(Mo):钼含量≤3%时,对钢在硫化氢介质中的承载能力的影响不大。

钛(Ti):钛对低合金钢应力腐蚀开裂敏感性的影响也类似于钼。试验证明,在硫化氢介质中,含碳量低的钢(0.04%)加入钛(0.09%Ti),对其稳定性有一定的改善作用。

锰(Mn):锰元素是一种易偏析的元素,研究锰在硫化物腐蚀开裂过程的作用十分重要。当偏析区 Mn 和 C 含量一旦达到一定比例时,在钢材生产和设备焊接过程中,产生出马氏体/贝氏体高强度、低韧性的显微组织,表现出很高的硬度,对设备抗 SSCC 是不利的。对于碳钢一般限制锰含量小于 1.6%。少量的 Mn 能将硫变为硫化物并以硫化物形式排出,同时钢在脱氧时使用少量的锰,也会形成良好的脱氧组织而起积极作用。在石油工业中,油管和套管大都采用含锰量较高的钢。

硫(S):硫对钢的应力腐蚀开裂稳定性是有害的。随着硫含量的增加,钢的稳定性急剧恶化,主要原因是硫化物夹杂是氢的积聚点,使金属形成有缺陷的组织;同时,硫也是吸附氢的促进剂。因此,非金属夹杂物尤其是硫化物含量的降低、分散化以及球化均可以提高钢(特别是高强度钢)在引起金属增氢介质中的稳定性。

磷(P):除了形成可引起钢红脆(热脆)和塑性降低的易熔共晶夹杂物外,还对氢原子重新组合过程($H_{ad}+H_{ad}\longrightarrow H_2\uparrow$)起抑制作用,使金属增氢效果增加,从而也就会降低钢在酸性的、含硫化氢介质中的稳定性

(4) 冷加工

经冷轧制、冷锻、冷弯或其他制造工艺以及机械咬伤等产生的冷变形,不仅使冷变形区的硬度增大,还产生一个很大的残余应力,有时可高达钢材的屈服强度,从而导致对 SSCC 敏感。一般来说,钢材随着冷加工量的增加,硬度增大,SSCC 的敏感性增强。

2) 环境因素的影响

(1) 硫化氢浓度

从对钢材阳极过程产物的形成来看,硫化氢浓度越高,钢材的失重速度也越快。

对应力腐蚀开裂的影响:高强度钢即使在溶液中硫化氢浓度很低(10^{-3} mL/L)的情况下仍能引起破坏,硫化氢浓度为 $5\times10^{-2}\sim6\times10^{-1}$ mL/L 时,能在很短的时间内引起高强度钢的硫化物应力腐蚀破坏,但这时硫化氢的浓度对高强度钢的破坏时间已经没有明显的影响了。硫化物应力腐蚀的下限浓度值与使用材料的强度(硬度)有关。

碳钢在硫化氢浓度小于 5×10^{-2} mL/L 时破坏时间都较长。NACE MR0175—88 标准认为,发生硫化氢应力腐蚀的极限分压为 0.34×10^{-3} MPa(水溶液中 H_2S 浓度约 20 mg/L),低于此分压不发生硫化氢应力腐蚀开裂。

(2) pH 值对硫化物应力腐蚀的影响

H_2S 水溶液的 pH 值将直接影响钢铁的腐蚀速率。通常表现在 pH 值为 6 时是一个临界值。当 pH 值小于 6 时,钢的腐蚀率高,腐蚀液呈黑色、浑浊;当 pH 值小于 6 时,管路的寿命很少超过 20 a。

pH 值将直接影响着腐蚀产物硫化铁膜的组成、结构及溶解度等。通常在低 pH 值、H_2S溶液中,生成的是以含硫量不足的硫化铁,如 Fe_9S_8 为主的无保护性的膜,于是腐蚀加速;随着 pH 值的增加,FeS_2 含量也随之增多,于是在高 pH 值下生成的是以 FeS_2 为主的具有一定保护效果的膜。随着 pH 值的增加,钢材发生硫化物应力腐蚀的敏感性下降。

当 pH≤6 时,硫化物应力腐蚀很严重;当 6<pH≤9 时,硫化物应力腐蚀敏感性开始显著下降,但达到断裂所需的时间仍然很短;当 pH>9 时,很少发生硫化物应力腐蚀破坏。

(3) 温度

温度对腐蚀的影响较复杂。钢铁在 H_2S 水溶液中的腐蚀率通常是随温度升高而增大。有实验表明,在 10% 的 H_2S 水溶液中,当温度从 55 ℃升至 84 ℃时,腐蚀速率大约增大 20%。但温度继续升高,腐蚀速率将下降,在 110～200 ℃时的腐蚀速率最小。

温度影响硫化铁膜的成分。通常情况下,在室温下的湿 H_2S 气体中,钢铁表面生成的是无保护性的 Fe_9S_8。在 100 ℃含水蒸气的 H_2S 中,生成的也是无保护性的 Fe_9S_8 和少量 FeS。在饱和 H_2S 水溶液中,碳钢在 50%下生成的是无保护性的 Fe_9S_8 和少量的 FeS;当温度升高到 100～150 ℃时,生成的是保护性较好的 FeS 和 FeS_2。

对煤矿钻头来说，由于井底钻头的温度较高，因此发生电化学失重腐蚀严重。而根部温度较低，且钻头上部承受的拉应力最大，故而钻柱上部容易发生硫化物应力腐蚀开裂。

(4) 流速

流体在某特定的流速下，碳钢和低合金钢在含 H_2S 流体中的腐蚀速率随着时间的增长而逐渐下降，平衡后的腐蚀速率均很低。

如果流体流速较高或处于湍流状态时，由于钢铁表面上的硫化铁腐蚀产物膜受到流体的冲刷而被破坏或黏附不牢固，钢铁将一直以初始的高速腐蚀，从而使设备、管线、构件很快受到腐蚀破坏。

(5) 氯离子

在酸性油环境中，带负电荷的氯离子，基于电价平衡，它总是争先吸附到钢铁的表面。因此，氯离子的存在会阻碍保护性的硫化铁膜在钢铁表面的形成。但氯离子可以通过钢铁表面硫化铁膜的细孔和缺陷渗入其膜内，使膜发生显微开裂，于是形成孔蚀核。由于氯离子的不断移入，在闭塞电池的作用下，加速了孔蚀破坏。在含硫化氢煤矿中，与矿化水接触的管路设备套管腐蚀严重，穿孔速率快，与氯离子的作用有着十分密切的关系。

(6) CO_2

CO_2溶于水便形成碳酸，于是使介质的pH值下降，增加了介质的腐蚀性。

2.4 其他危害

2.4.1 诱致煤层自燃倾向性

由于硫化氢的存在，井下或工作面的硫化氢酸性气体与氧化铁等氧化物发生复杂的物理及化学反应并最终生成三硫化二铁、硫化铁、硫化亚铁等多种化学物质组成的混合物。这些硫化铁的混合物在煤矿井下复杂的环境中，可在周围环境提供的条件下与空气中的氧气接触，并发生缓慢氧化还原反应，在氧化还原反应的过程中放出大量的热量，而煤矿井下由于空间受限等影响导致散热受到阻碍，局部区域热量容易积蓄。积蓄的热量导致部分煤炭温度逐渐达到自燃点，从而引发煤炭自然发火事故。

2.4.2 对水产养殖及微生物的危害

硫化氢进入鱼体后与鱼类血液中铁离子结合，使血红蛋白减少，降低血液载氧功能，导致鱼呼吸困难缺氧而死。当水中硫化氢浓度达到 0.15 mg/m^3，会影响新放养鱼苗的生长和鱼卵的成活。养殖池塘中硫化氢主要由池塘底泥中含有的硫酸盐，在厌氧条件下分解产生及养殖过程中产生的残饵及鱼类粪便中的有机硫化物分解产生。硫化氢与金属盐结合生成黑色金属硫化物，这也是池塘底泥多成黑色的原因。

在废水的厌氧生物处理中，硫化物的量达到致害浓度时，将造成厌氧氨氧化菌的活性下降、生长率降低，降解有机物的速率变慢，使厌氧生物处理系统恶化，导致非竞争性抑制。硫化物对硫细菌的抑制可能是硫化物与细胞色素中的铁和含铁物质的结合，导致电子传递链条失活造成的。当硫化物浓度大于 200 mg/L 时，系统将被破坏；当硫化物浓度超过 900 mg/L 时，硫酸盐还原作用受到明显的影响。

本章参考文献

[1] 王李仁,张忠,张淑新.低浓度硫化氢对作业工人健康的影响[J].海峡预防医学杂志,2006,12(4):36-37.

[2] 杨英.低浓度硫化氢对鼻咽黏膜损害的临床分析[J].青海医药杂志,2003,33(9):29-30.

[3] 国家煤矿安全监察局.煤矿安全规程[M].北京:中国法制出版社,2016.

[4] 马金秋,赵东风,酒江波,等.改炼高硫原油典型炼油装置危险性分析及对策研究[J].安全与环境工程.2010,17(4):55-59.

[5] 卜全民,温力,姜红,等.炼制高硫原油对设备的腐蚀与安全对策[J].腐蚀科学与防护技术.2002,14(6):362-364.

[6] 丁洁瑾.我国硫化氢职业中毒状况研究[J].中国安全生产科学技术,2008,4(6):152-154.

[7] 汪东红,李宗宝.硫化氢中毒及预防[M].北京:中国石化出版社,2008.

[8] 赵文芳.高硫油炼制企业 H_2S 中毒风险分析[J].中国安全生产科学技术,2010,6(4)135-139.

[9] BABICH I V, MOULIJN J A. Science and technology of Novel processes for deep desulfurization of oil refinery stream:a review[J]. Fuel,2003,82(6):607-631.

3 煤矿硫化氢成因及识别

煤矿硫化氢成因类别较多，泥炭堆积早期生物化学降解作用、泥炭堆积期和成岩阶段的硫酸盐生物还原作用、煤变质过程中热化学分解和硫酸盐热化学还原均可产生 H_2S 气体。另外，岩浆活动也可产生 H_2S 气体。为了有效且准确地对煤矿硫化氢成因类别进行识别，应结合区域特征、硫酸盐生物菌活动特征、地下水运移及化学特征、煤的地球化学特征和碳、硫同位素组成，以及流体包裹体特征、煤的镜质体反射率大小等进行综合识别。

3.1 煤矿硫化氢成因模式

3.1.1 BSR 成因

硫酸盐还原菌(SRB)是一种能够利用硫酸盐、亚硫酸盐、硫代硫酸盐、单硫或者其他氧化态硫化物作为电子受体来异化有机物质，并形成 H_2S 的厌氧菌。已分离研究的 SRB 有 18 属、40 多种，见表 3-1。常见的有 9 属，主要为不产芽孢的脱硫弧菌属和产芽孢的脱硫肠状菌属。前者一般呈中温或低温性，超过 43 ℃时容易死亡；后者呈中温或高温性。

SRB 是异养、混合营养菌群，在兼性厌氧环境下生存，繁衍生息适应性很强。适宜在 −5～75 ℃条件下生存，某些菌种可以在 −5 ℃以下生长，具有芽孢的种可以耐受 80 ℃的高温，大多数中温性 SBR 最适宜生长温度为 28～38 ℃，最高生长温度为 45 ℃。SBR 的生存 pH 值为 4～9.5；SRB 多数都是嗜中性，最适宜的 pH 值为 6.5～7.8。SRB 可在盐度大于1 g/L水体中生存，最佳的生长盐度为 100 g/L，上限为 240 g/L。一些 SRB 呈现嗜盐性，在一些高盐(如盐湖、死海)的生态环境中，也能检测到它们的存在。在实验室中，分离到的嗜盐菌多数是轻度嗜盐菌(适宜盐度范围为 1%～4%)，分离到的中度嗜盐菌很少。SRB 的生长 E_h 普遍低于 −150 mV。Fe^{2+} 是 SRB 细胞中各种酶的活性基成分，降低 Fe^{2+} 离子浓度可以降低 SRB 的生长速度。

SRB 的不同菌属生长所利用的碳源是不同的，碳源既增加生物能源量所需，又供电子体对硫酸盐进行还原异化。其最普遍的是利用 C_3、C_4 脂肪酸，此外可以利用一些挥发性脂肪酸和容易发酵的物质。斯蒂芬森(Stephenson)等发现，SRB 中含有氢化酶；西斯勒(Sisler)等发现，在 39 种 SRB 中，有 33 种在 28 ℃下能够吸收氢。

SRB 可通过同化硫酸盐，或降解含硫有机物(主要为半胱氨酸)形成 H_2S。前者产量少，且很快被同化成有机含硫化合物；后者产量较大，是 H_2S 的主要形成方式。

1）以硫酸盐为硫源的代谢机理

SRB 以硫酸盐为硫源的代谢过程可以划分为分解、电子转移和氧化 3 个阶段，如图 3-1 所示。

表 3-1　　SRB 分类及特征

菌属	名称	特征	运动性	生长温度/℃
革兰阴性 SRB	脱硫弧菌属 *Desulfovibrio*	无孢芽，弯曲杆状	+	25～40
	脱硫微菌属 *Desulfomicrobium*	杆状，无芽孢	+/−	25～40
	Desulfobollus	弧形	+/−	
	脱硫肠状菌属 *Desulfotomaculum*	直杆或曲杆状	+	25～40，40～65
	脱硫菌属 *Desulfobacter*	圆型、杆状，无芽孢	+/−	20～23
	脱硫球菌属 *Desulfococcus*	球形，无芽孢	−/+	28～35
	脱硫八叠球菌属 *Desulfosarcina*	堆积状（八叠球排列），无芽孢	+/−	33
	Desulfoarculus	弧形	+/−	
	脱硫念珠菌属 *Desulfomonile*	杆状、球形	−	37
	脱硫叶菌属 *Desulfobulbus*	卵圆、柠檬形，无芽孢	−/+	25～40
	脱硫状菌属 *Desulfacinum*	球形或卵圆形		
	嗜热脱硫杆菌属 *Thermodesul fobocterium*	形状小，弧形、杆状		65～70
	Desulfobacula	卵圆形		
革兰阳性 SRB	脱硫线菌属 *Desul fonema*	螺丝状，无芽孢	滑行	28～32
	脱硫杆菌属 *Desulfobacterium*	圆形、杆状	+/−	20～35

（1）分解阶段

SO_4^{2-} 热稳定性很强，在厌氧状态下，SO_4^{2-} 首先在细胞体外积累，再进入 SRB 的细胞体内，而有机物通过底物水平磷酸化产生三磷酸腺苷（ATP）和高能电子；此后，SO_4^{2-} 在 ATP 硫激酶作用下活化，活化生成焦磷酸（PPi）及腺苷 5′-磷酸硫酸酐还原酶（APS），PPi 很快分解为无机磷酸（Pi），分反应见式（3-1）和式（3-2），总反应见式（3-3）。

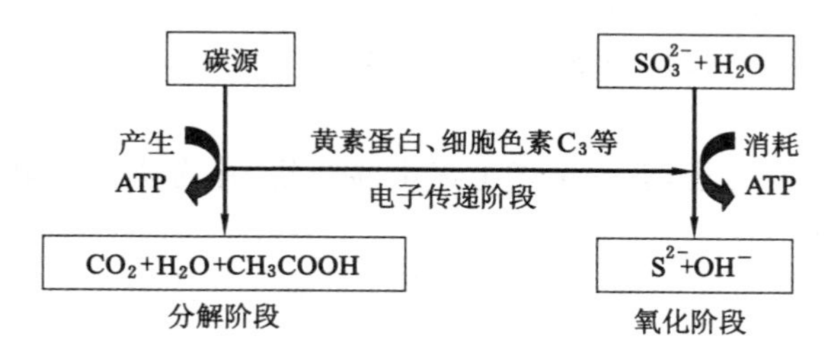

图 3-1　SRB 以硫酸盐为硫源的代谢过程

$$\begin{cases} SO_4^{2-}+ATP+2H^+ \xrightarrow{\text{ATP 硫激酶}} APS+PPi \\ \Delta G_0{}'=46\ \text{kJ/mol} \end{cases} \tag{3-1}$$

$$PPi+H_2O \xrightarrow{\text{焦磷酸酶}} 2Pi,\Delta G_0{}'=-22\ \text{kJ/mol} \tag{3-2}$$

$$SO_4^{2-}+ATP+2H^+ + H_2O \longrightarrow APS+2Pi,\Delta G_0{}'=24\ \text{kJ/mol} \tag{3-3}$$

（2）电子转移阶段

在上一阶段伴随着能源中释放出来的高能电子通过 SRB 特有的电子传递链（如黄素蛋

白、细胞色素 C_3 等)中逐级传递,在 APS 还原酶的作用下,APS 继续分解成亚硫酸盐和磷酸腺苷(AMP),亚硫酸盐脱水后变成偏亚硫酸盐($S_2O_5^{2-}$)。$S_2O_5^{2-}$ 极不稳定,很快转化为中间产物连二亚硫酸盐($S_2O_4^{2-}$),$S_2O_4^{2-}$ 又迅速转化为连三硫酸盐($S_3O_6^{2-}$),$S_2O_6^{2-}$ 则分解成硫代硫酸盐($S_2O_3^{2-}$)和亚硫酸盐(SO_3^{2-})。电子传递如图 3-2 所示;其反应式如下:

$$\text{E-FAD}+\text{电子载体(RED)}\rightleftharpoons\text{电子载体(OX)}+\text{E-FADH}_2 \tag{3-4}$$

$$\text{E-FADH}_2+\text{APS}\rightleftharpoons\text{E-FADH}_2(SO_3^{2-})+\text{AMP} \tag{3-5}$$

$$\text{E-AD H}_2(SO_3)\rightleftharpoons\text{E-FAD}+SO_3^{2-} \tag{3-6}$$

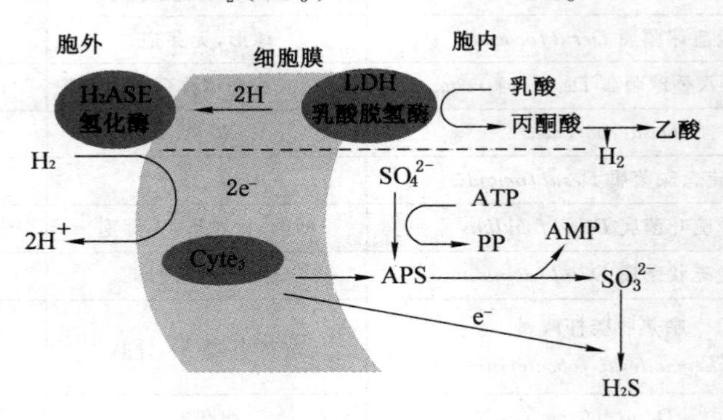

图 3-2 SRB 中的电子传递过程

(3) 氧化阶段

电子转移给氧化态的硫元素($S_2O_3^{2-}$、SO_4^{2-}、SO_3^{2-}),消耗大量 ATP。从 SO_4^{2-} 到 S^{2-},有 8 个电子的转移,ATP 硫激酶催化 SO_4^{2-} 吸附到 ATP 的磷酸酶上,进而形成 APS。APS 的硫酸根部分直接被还原成亚硫酸盐,并释放出 AMP,硫酸盐还原的初始产物是亚硫酸盐,亚硫酸盐一旦形成便可进行如图 3-3 所示的反应进程,最终形成 H_2S。其反应式如下:

$$SO_4^{2-}+8e^-+10H^+\longrightarrow H_2S\uparrow+4H_2O \tag{3-7}$$

由 SO_3^{2-} 形成 H_2S 的反应途径可能有:

① 3 个连续的双电子传递,形成 $S_3O_6^{2-}$ 和硫代硫酸盐($SO_3^{2-}\rightarrow S_3O_6^{2-}\rightarrow S_2O_3^{2-}\rightarrow S^{2-}\rightarrow H_2S$)。

② SO_3^{2-} 直接失去 6 个电子,并不形成上述中间产物,称为协调 6 电子反应,即 $SO_3^{2-}+6e^-+8H^+\longrightarrow H_2S+3H_2O$。

③ 在连续的双电子传递过程中,还可能发生逆反应。其反应式如下:

$$SO_3^{2-}\cdots\rightarrow S_3O_6^{2-}\xrightarrow{2e}S_2O_3^{2-}\rightarrow S^{2-};\quad S_3O_6^{2-}\rightarrow SO_3^{2-};\quad S_2O_3^{2-}\rightarrow SO_3^{2-}\rightarrow SO_3^{2-} \tag{3-8}$$

SO_3^{2-} 还原为 S^{2-} 的过程中有 3 种酶参与还原过程,即 $S_3O_6^{2-}$ 形成酶、$S_3O_6^{2-}$ 还原酶或硫代硫酸盐形成酶和硫代硫酸盐还原酶。SRB 在发生 BSR 时,在其细胞内产生和累积大量的 S^{2-} 或 HS^-。当细胞内的 S^{2-} 或 HS^- 浓度达到一定值时,将通过细胞膜释放到溶液中,使周围环境中 S^{2-} 的浓度增加,从而引起环境中氧化还原电位及各相关离子浓度的变化。SRB 代谢形成 H_2S 流程如图 3-4 所示。

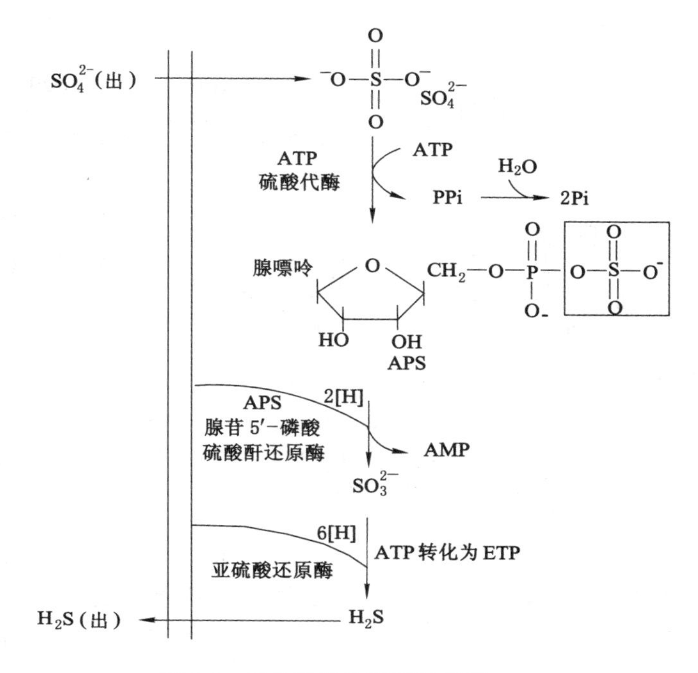

图 3-3 异化硫酸盐还原示意图

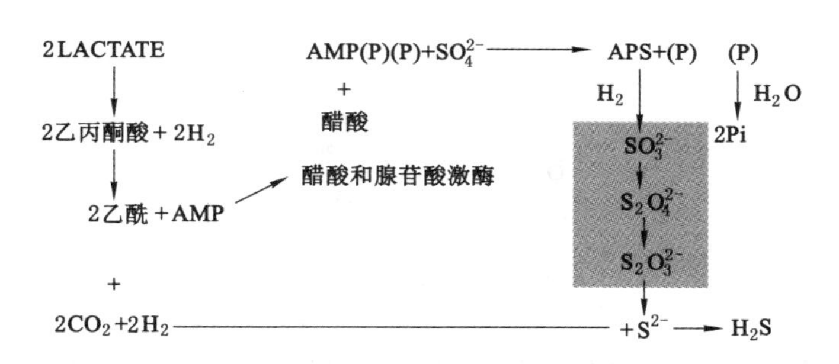

图 3-4 SRB 代谢形成 H_2S 流程图

SRB 以二苯并噻吩(DBT)中的碳为代谢原料,使其芳环结构分解,形成含硫化合物的过程如图 3-5 所示的 Kodama 途径。

2) 以含硫有机物为硫源的代谢机理

SRB 以含硫有机物(如硫氨基酸、胱氨酸、半胱氨酸、磺氨酸、蛋氨酸、磺化物、谷胱甘肽等)为硫源进行降解作用产生 H_2S。其降解过程因 SRB 的种类不同而不同,通常部分 SRB 将一些高分子含硫有机物进行完全降解,产生 H_2S;部分则只能将它们降解为硫醇等相对低分子含硫有机物,再由其他种类的 SRB 将其降解为 H_2S 等终产物。含硫有机物降解反应式如下:

$$\text{R-SCH}_2\underset{\displaystyle\underset{\displaystyle NH_2}{|}}{\text{CH}}\text{COOH} \longrightarrow H_2S\uparrow + NH_3\uparrow + \text{R—CH}_2\text{COOH} \tag{3-9}$$

以硫代谢的 4S(sulphoxide/sulphone/sulponate/sulphate)为途径。对不同菌株,4S 途径不完全相同,其共同点都是对 C—S 键进行作用。IGTS8 菌被认为有两条脱硫途径,如图 3-6所示：DBT 中的硫经过 4 步，最终生成 SO_4^{2-}、SO_3^{2-} 和 DHBP 或 2-HBP。

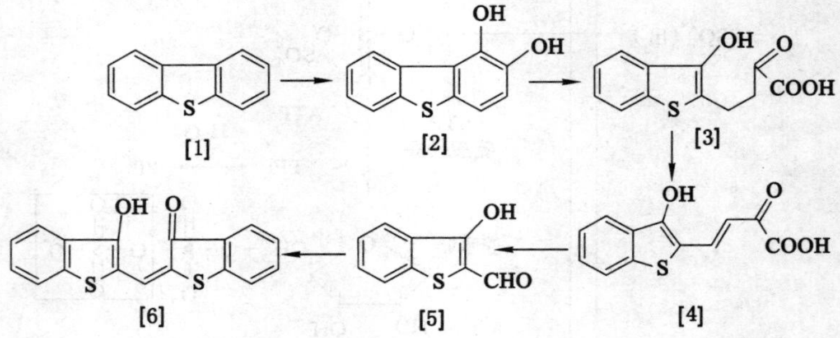

图 3-5 SRB 以碳代谢为中心的 Kodama 途径

1—DBT；2—1，2-二羟基-二苯并噻吩；3—顺-4-[2-(3-羟基)-苯噻吩基]-2-氧-3-丁烯酸；4—反-4-[2-(3-羟基)-苯噻吩基]-2-氧-3-丁烯酸；5—3-羟基-2-甲酰基-苯噻吩；6—3-氧-{2-[(3′-羟基)-苯噻吩基]-亚甲基}-二氢苯噻吩

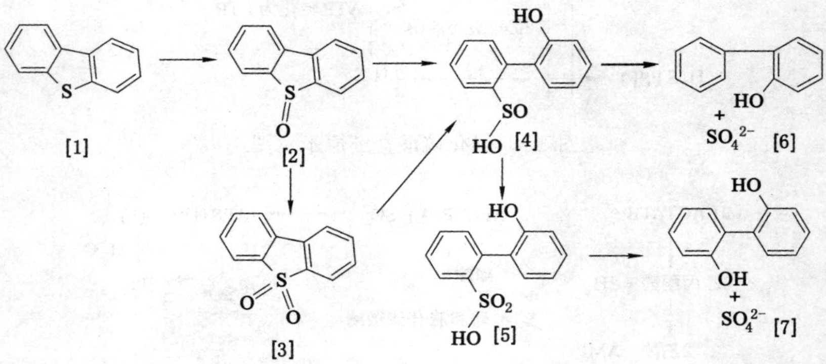

图 3-6 IGTS8 菌的 4S 途径

1—DBT；2—DBT-亚砜；3—DBT-砜；4—2′-羟基联苯基-2-亚磺酸；5—2′-羟基联苯基-2-磺酸；6—2-羟基联苯(2-HBP)；7—2，2′-二羟基联苯(DHBP)

在不同的环境和基质条件下 SRB 均可发生生化代谢作用，形成硫化氢或含硫化合物，常见的硫酸盐生物还原作用见表 3-2。

表 3-2　　硫酸盐还原菌的生化代谢反应　　单位：kJ/mol

反应方程式	ΔH^0	ΔG^0	$\Delta G'$
$4H_2+SO_4^{2-}$ ══ $S^{2-}+4H_2O$	−196.46	−123.98	−172.05
$3H_2+SO_3^{2-}$ ══ $S^{2-}+3H_2O$	−191.44	−134.60	−182.70
$4H_2+S_2O_3^{2-}$ ══ $S^{2-}+H_2S+3H_2O$	−210.67	−145.88	−193.70
$9H_2+S_4O_6^{2-}$ ══ $S^{2-}+3H_2S+6H_2O$	−621.15	−401.70	−449.77
$CH_3COO^-+SO_4^{2-}$ ══ $H_2O+CO_2+HCO^-+S^{2-}$	48.07	−12.41	−60.48
$3CH_3COO^-+4SO_3^{2-}$ ══ $3H_2O+3CO_2+3HCO^-+4S^{2-}$	−12.54	−171.38	−363.66
$3C_2H_5OH+2SO_3^{2-}$ ══ $3CH_3COOH+3H_2O+2S^{2-}$	−55.59	−59.36	−128.33

续表 3-2

反应方程式	ΔH^0	ΔG^0	$\Delta G'$
$4HCOO^- + SO_4^{2-} = S^{2-} + 4HCO_3^-$	−213.6	−182.67	−230.74
$4CH_3COCOO^- + SO_4^{2-} = 4CH_3COO^- + 2CO_2 + S^{2-}$	−351.12	−331.06	−379.13
$2CH_3CHOHCOO^- + SO_4^{2-} = 2CH_3COO^- + 2CO_2 + S^{2-} + 2H_2O$	−79.42	−140.45	188.52
$2OOCCHOHCH_2COO^- + SO_4^{2-} = 2CH_3COO^- + 2CO_2 + S^{2-} + 2HCO_3^-$	154.66	−180.10	−229.06
$2OOCCHCHCOO^- + SO_4^{2-} + 2H_2O = 2CH_3COO^- + 2CO_2 + 3S^{2-} + 2HCO_3^-$	154.66	−190.19	−238.26
$4OOCCH_2CH_2COO^- + 3SO_4^{2-} = 4CH_3COO + 4CO_2 + 4HCO_3^- + 3S^{2-}$	305.14	−150.48	−294.69

3）硫酸盐还原菌代谢途径

地球环境系统中硫循环是一个重要的地球化学循环，SRB 在这个体系中起着不可缺少的作用。其基本过程可描述为：陆上火山爆发，地壳和岩浆中的硫以 H_2S、硫酸盐和 SO_2 的形式排入大气。海底火山爆发排出的硫，一部分溶于海水，另一部分以气态硫化物逸散到大气中。大气圈中的硫以硫酸或硫酸盐气溶胶形式通过沉降进入生物圈、土壤圈和水圈之中，之后这些硫元素再被动、植物吸收同化，吸收的硫构成动、植物本身的机体。动、植物残体经微生物分解，成为 H_2S 逸入大气或沉积到泥炭中。水体中硫酸盐的还原是由各种硫酸盐还原菌进行反硫化过程完成的。在缺氧条件下，硫酸盐作为受氢体而转化为 H_2S。硫酸盐、硫化氢、硫在水介质及有机质等共同作用下发生成矿作用，形成有机硫化物或无机硫化物。其地球环境系统中硫循环如图 3-7 所示。

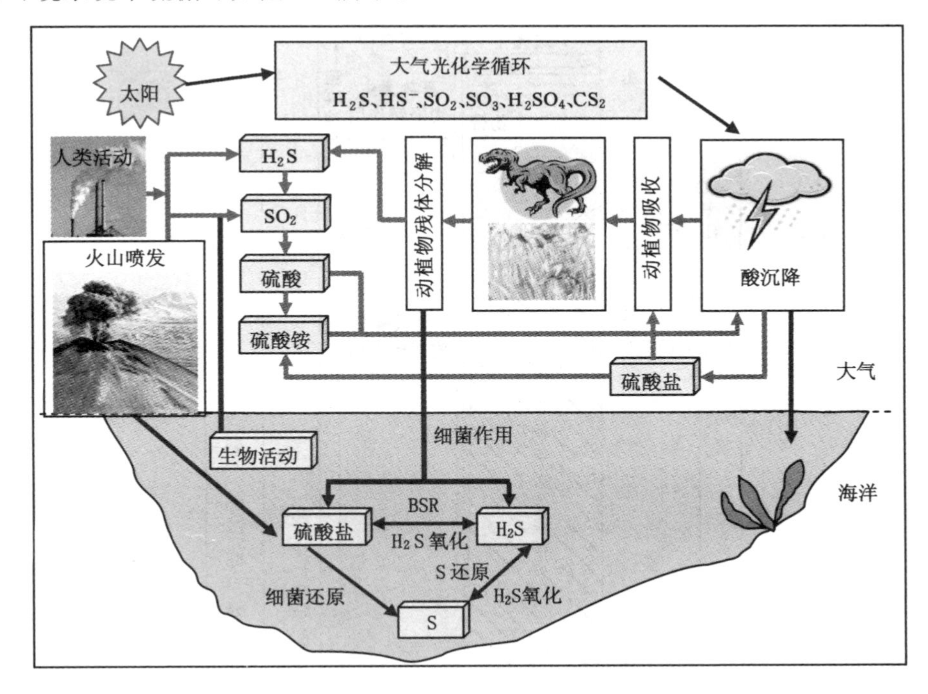

图 3-7　地球环境系统中硫素循环

在垃圾填埋场渗滤液中也存在着硫酸盐还原带、铁还原带、硝酸盐还原带和氧化带 4 个顺序氧化还原带，如图 3-8 所示。各带中生物群落结构均具有较明显的菌种属性，相应地以硫酸盐还原菌、铁还原菌（IRB）和反硝化细菌（NRB）为优势菌群。氧化还原带及微生物菌群分布表明，各氧化还原带之间存在一定的重叠现象。

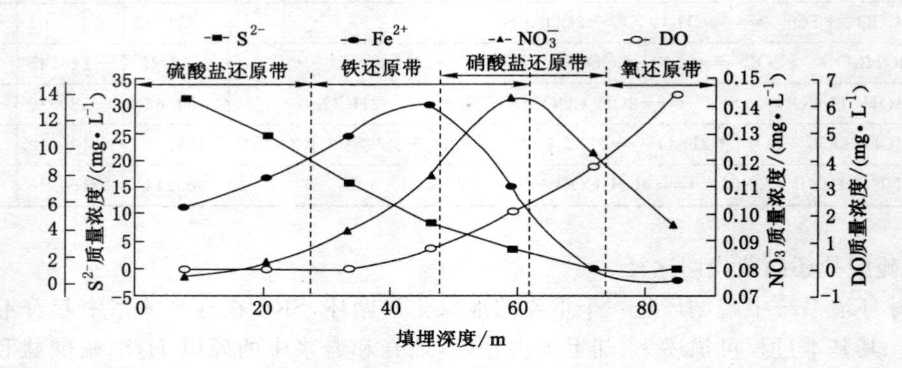

图 3-8　垃圾填埋场氧化还原带分布

在沉积地层剖面中，由于沉积因素和生态因素之间的相互作用，形成了 3 种不同的生物体系，每种体系都以不同的微生物群体占优势。这 3 种环境带分别是喜氧微生物带、硫酸盐还原带和生物甲烷生成带。在硫酸盐还原带，硫化氢将得以形成，如图 3-9 所示。

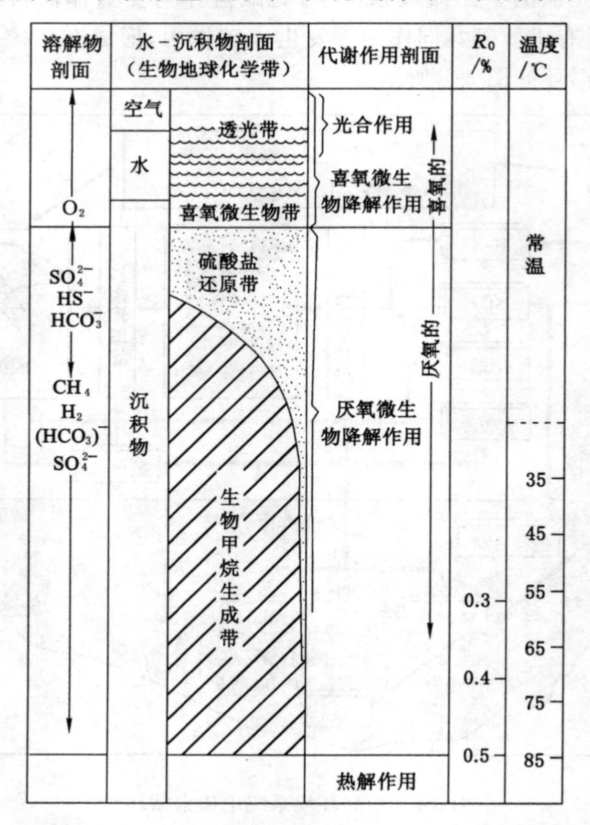

图 3-9　沉积地层生物生气阶段示意图

已有研究表明，由于微生物的作用，海底浅层～沉积层在垂层方向上、自上而下地存在明显的氧化还原带，依次可划分为氧化带、弱氧化带、还原带和产甲烷带。SRB 主要分布在图中的还原带区域，并由其主导作用而产生 H_2S，如图 3-10 所示。

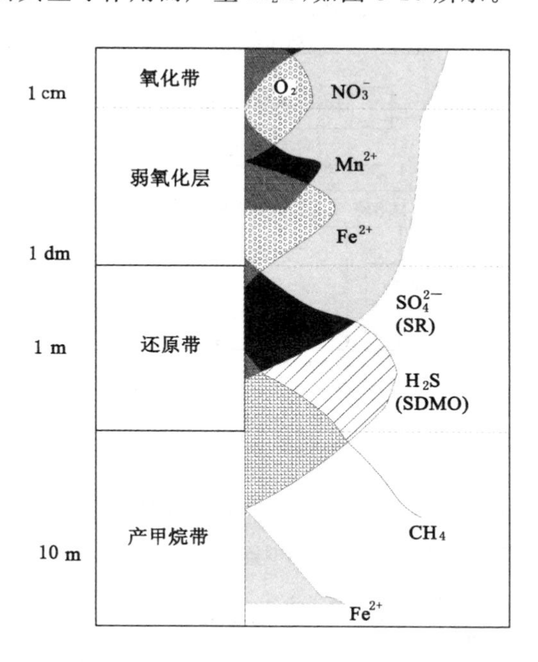

图 3-10　海底沉积层中 SRB 及氧化还原带划分

有机硫化合物主要在腐殖化阶段形成，由细菌在异化作用下形成的 H_2S、CH_3SH 和 $(CH_3)S$、元素硫或多硫化合物，在富氧环境中氧化为硫酸盐。当水介质与沉积物交界面为缺氧环境且硫酸盐溶度达到一定值时，SRB 以 SO_4^{2-} 为硫源进行代谢，经过分解、电子转移及氧化等阶段并发生 BSR 作用。SRB 新陈代谢活动降低了 SO_4^{2-} 的溶度并释放 H_2S、HS^- 或 S^0；HS^- 或 S^0 可与有机质反应生成有机硫，也可与铁离子发生反应形成黄铁矿。若体系中活性铁离子缺乏，而 SO_4^{2-} 的含量相对充足，则在适宜的条件下，大量的次生有机硫化合物将可能形成，如图 3-11 所示。

（1）在还原环境中，厌氧的硫酸盐还原菌使水中硫酸盐还原形成 H_2S，即：

$$SO_4^{2-} + 2C + H_2O \xrightarrow{BSR} H_2S\uparrow + 4HCO_3^- \tag{3-10}$$

（2）在富氧氧化环境中，在硫氧化菌作用下形成生物硫和硫酸，即：

$$\begin{cases} 2H_2S + O_2 \longrightarrow 2H_2O + 2S \\ 2S + 3O_2 + 2H_2O \longrightarrow 2H_2SO_4 \end{cases} \tag{3-11}$$

（3）如果溶液中含 Fe^{2+}，就会出现原生草莓状黄铁矿和微生物白云石。其原理是 Fe^{2+} 与 H_2S 反应生成黄铁矿，即：

$$Fe^{2+} + S^{2-} \longrightarrow Fes\downarrow \tag{3-12}$$

硫酸盐还原菌成为早期成岩过程的积极参与者。克劳斯(Krause)等发现在缺氧、低温(21 ℃)的现代海水中(正常盐度和 Mg^{2+}/Ca^{2+} 值)，SRB 作用下发生 BSR 作用可以导致硫

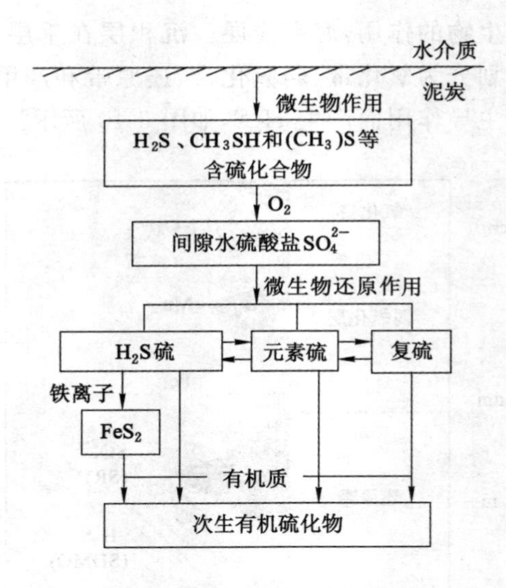

图 3-11　有机硫化物的形成过程

化氢的形成和白云石的沉淀，盐湖（海水）体系中 BSR 作用下硫化氢的产生及白云石的形成模式如图 3-12 所示。可能发生的反应式如下：

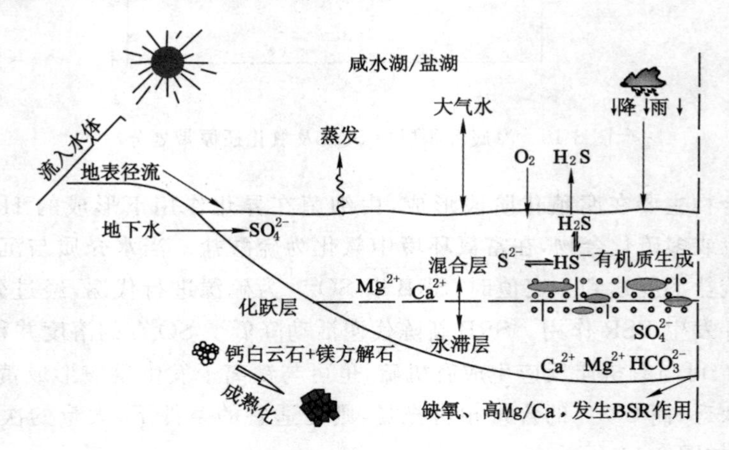

图 3-12　盐湖泊（海水）体系中 BSR 作用下白云石形成模式

$$2CH_2O+SO_4^{2-}\xrightarrow{SRB}H_2S\uparrow+2HCO_3^- \tag{3-13}$$

$$2HCO_3^-+Mg^{2+}+Ca^{2+}\longrightarrow CaMg(CO_3)_2+2H^+ \tag{3-14}$$

在盐湖泊（海水）体系中 BSR 作用下白云石、硫化氢形成过程中，SRB 代谢活动及细胞内的反应过程可描述为反应式(3-15)至式(3-18)及图 3-13 所示。

$$2CH_2O+2H_2O\rightarrow 2CO_2+4H_2\text{（厌氧氧化/发酵）} \tag{3-15}$$

$$\begin{gathered}CO_2+H_2O\longrightarrow HCO_3^-+H^+\\HCO_3^-\longrightarrow CO_3^-+H^+\end{gathered} \tag{3-16}$$

$$SO_4^{2-}+8e^-+10H^+\longrightarrow H_2S+4H_2O(BSR) \tag{3-17}$$

$$2CO_3^{2-}+Mg^{2+}+Ca^{2+}\longrightarrow CaMg(CO_3)_2 \tag{3-18}$$

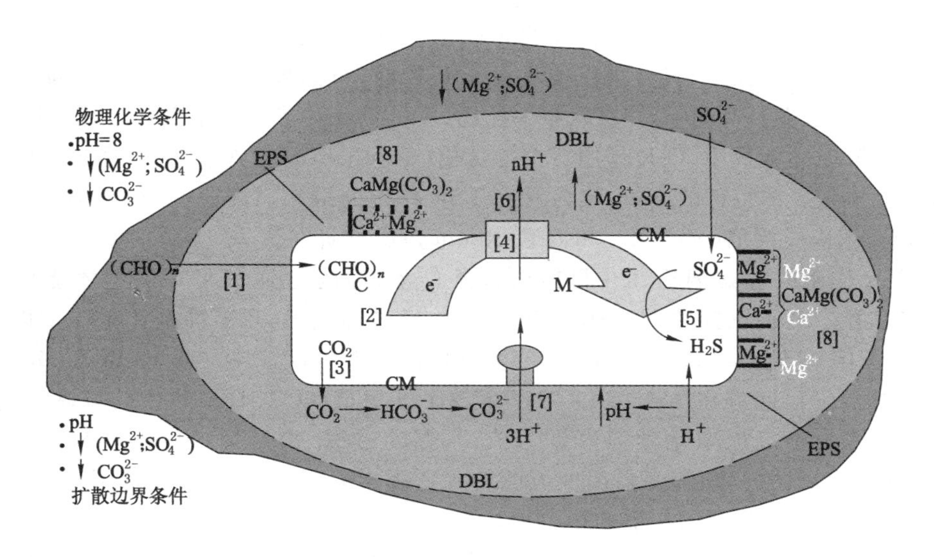

图 3-13 SRB 代谢活动及细胞内的反应过程

可以看出，SRB 在降解有机质过程中，会降低溶液中的SO_4^{2-}浓度，提高溶液中的 Mg^{2+}/SO_4^{2-} 浓度、pH 值、HCO_3^- 溶度和白云石的饱和度，并且形成 H_2S，营造出一个有利于白云石沉淀的微环境。SRB 细胞被有效扩散边界层（DBL）包围，为暗灰色区域，其周围环境为深绿色区域。如图 3-13 所示，周围环境的低分子量有机质化合物进入细胞[1]，它们被氧化成 CO_2[2]，释放到 DBL[3]。有机质氧化形成的离子穿过细胞电子运移的细胞膜（CM）[4]至 SO_4^{2-}，与其发生还原作用生成 H_2S[5]。电子流（H^+）通过厌氧呼吸链运移到 DBL[6]，形成一种穿过细胞膜的电化学梯度，并通过 ATP 合成酶促使 H^+ 进入，因此，在完全受约束的化学计量下（$3H^+$：ATP），这些细胞中 H^+ 离子流耦合到 ATP 合成酶中[7]。由于这些过程导致细胞带负电荷，Ca^{2+} 和 Mg^{2+} 被吸附到细胞膜和外聚合物基质上[8]。因此，在靠近细胞膜和 DBL 处，硫化氢得以形成，白云石将产生并发生沉淀[8]。

煤矿 H_2S 由 BSR 成因的途径可概括为如图 3-14 所示。

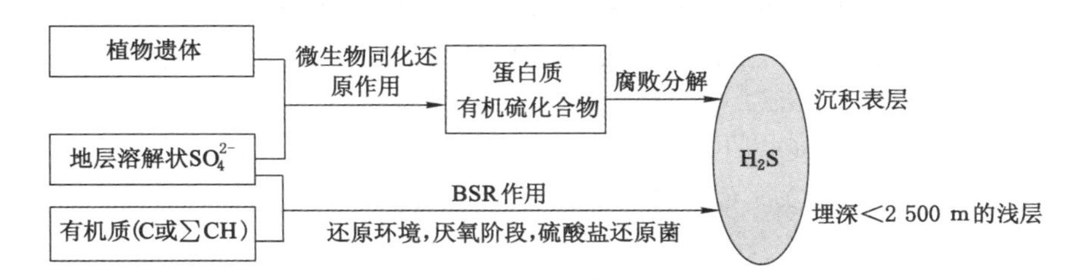

图 3-14 煤矿硫化氢由 BSR 成因途径

3.1.2 TSR 成因

1）反应温度

已有研究发现，虽然通过热力学模拟计算可知 TSR 在 25 ℃以上就可以进行，但是钱伯斯(Chambers)等认为,目前尚无有力证据证明当实验温度低于 100 ℃可发生 TSR 作用;阿尼西莫夫(Anisimov)认为,只有当温度大于 150 ℃时,自然界中的 $CaSO_4$ 才可能被还原产生较多的 H_2S;沃登(Worden)等在阿布·托比(Abu Dhabi)煤岩层中发现,只有当储集层温度高于 140 ℃时才能发生 TSR 作用。戈德哈伯(Goldhaber)和奥尔(Orr)通过对测试数据的推断和流体包裹体特征的分析,认为发生 TSR 作用的最小温度应在 100～140 ℃。克莱普尔(Claypool),曼西尼(Mancini)和鲁尼(Rooney)通过研究认为,160～180 ℃是地质条件下发生 TSR 作用的起始温度。在目前试验条件下,温度达到 175 ℃以上才能检测到有 TSR 反应发生。目前已知的由 TSR 成生的高含 H_2S 油气田,几乎都是在 100 ℃以上温度条件形成的,但对于发生 TSR 作用的最小温度区间尚有争议。比尔斯坦(Bildstein)等认为 TSR 发生的温度区间应在 120～145 ℃;梅切尔(Machel)以 TSR 产物中的流体包裹体、热成熟度和气体的有机地球化学等数据为依据,指出 TSR 作用的温度区间应该为 125～145 ℃。影响 TSR 进行所需最低温度范围的主要因素有气态烃的组成、催化剂、硫酸钙的溶解速度、湿度、反应物之间扩散的速率等。

我国有相当一部分煤田为高变质无烟煤和贫瘦煤,煤的镜质体反射率 $R_{max}>1.5$,根据温度与镜质体反射率的大致对应关系,热演化温度超过 120 ℃,具备了 TSR 发生的温度条件。例如,华北山西沁水盆地石炭二叠系煤层(太原组和山西组),最高温度可以达到 268 ℃,一般也在 150 ℃以上,而我国南方二叠系煤层(龙潭组和长兴组)均有发生 TSR 的温度条件。正是在开采这些煤层时,矿井发生了 H_2S 中毒死亡事故和突然涌出的事件。

2) TSR 反应机理

TSR 是一个不断消耗烃类(尤其是重烃类)、还原硫酸盐的反应过程,其硫化氢的成生是发生硫酸盐热化学还原作用的重要标志之一,也是煤矿硫化氢成生的主要途径之一。

(1) 奥尔通过研究发现,溶解状态的烃类有机质($\sum CH$ 或 C)和溶解于流体中的硫酸盐(SO_4^{2-})普遍共存。当温度条件具备时,TSR 反应就有可能发生,并且地层中普遍存在的催化剂能降低反应温度,加快了 TSR 反应进程。其反应式如下:

$$CaSO_4 + CH_4 \longrightarrow CaCO_3 + H_2S\uparrow + H_2O \tag{3-19}$$

$$SO_4^{2-} + CH_4 + 2H^+ \longrightarrow H_2S\uparrow + CO_2\uparrow + 2H_2O \tag{3-20}$$

(2) 沃登等在研究阿布托比胡夫(Abu Dhabi Khuff)岩层深层中的硫化氢成生时,根据区域油气有机地球化学特征,描述了烃类(C_{1+})与硬石膏的可能化学反应。其反应式如下:

$$CaSO_4 + CH_4 \longrightarrow CaCO_3 + H_2S\uparrow + 2H_2O \tag{3-21}$$

$$2CaSO_4 + C_2H_6 \longrightarrow 2CaCO_3 + H_2S\uparrow + S + 2H_2O \tag{3-22}$$

$$3CaSO_4 + C_3H_8 \longrightarrow 3CaCO_3 + H_2S\uparrow + 2S + 3H_2O \tag{3-23}$$

$$nCaSO_4 + C_nH_{2n+2} \longrightarrow nCaCO_3 + H_2S\uparrow + (n-1)S + nH_2O \tag{3-24}$$

(3) 安德森(Anderson)等认为,富含金属硫酸盐的卤水和由围岩层涌出的 CH_4 将发生 TSR 反应。其反应式如下:

$$SO_4^{2-} + CH_4 \longrightarrow H_2S\uparrow + CO_3^{2-} + H_2O \tag{3-25}$$

$$Me^{2+} + H_2S \longrightarrow 2H^+ + MeS \tag{3-26}$$

(4) 戴金星院士认为,非生物成因的 H_2S 通常是硫酸盐(SO_4^{2-})与烃类($\sum CH$)或有机质(C)发生还原反应的产物。其反应方程式如下:

$$2C + CaSO_4 + H_2O \longrightarrow CaCO_3 + H_2S\uparrow + CO_2\uparrow \tag{3-27}$$

$$\sum CH + CaSO_4 \longrightarrow CaCO_3 + H_2S\uparrow + CO_2 \tag{3-28}$$

(5) 郝芳等通过对川东北普光气田的研究，提出了研究区域的硫酸盐热化学还原作用(TSR)分为3个阶段的渐进过程。其反应式如下：

$$\text{液态烃} + SO_4^{2-} \longrightarrow \text{NSO 混合物} + \text{沥青} + H_2S\uparrow \tag{3-29}$$

$$nCaSO_4 + C_nH_{2n+2} \longrightarrow nCaCO_3 + H_2S\uparrow + (n-1)S + nH_2O \tag{3-30}$$

$$CaSO_4 + CH_4 \longrightarrow CaCO_3 + H_2S\uparrow + H_2O \tag{3-31}$$

式中，NSO混合物为氮、硫、氧的混合物。

(6) 梅切尔(Machel)等根据烃类与硫酸盐的反应特征，提出了如下的反应式：

$$\text{烃} + CaSO_4 \longrightarrow CaCO_3 + H_2S\uparrow + H_2O \tag{3-32}$$

$$\text{烃} + SO_4^{2-} \longrightarrow C_{1-5} + C_{6+} + H_2S\uparrow + CO_2\uparrow + H_2O + \text{焦沥青} \tag{3-33}$$

(7) 在实际地质过程中的TSR反应是一个非常复杂的地质-地球化学过程，其反应过程非常复杂，不仅参与反应的烃类(有机质)、化学物质及催化剂种类繁多，而且中间生成物以及最终生成物也繁多，除此之外还受到诸多地质因素(温度、压力、水化学特性、围岩特性等)的影响。在TSR作用下，硫化氢成生的反应式为：

$$C(\sum C_{n+1}H) + SO_4^{2-}(\text{液态}) + H_2O \xrightarrow{Mg^{2+}/Na^{+}/S\text{ 等催化剂}} H_2S\uparrow + CO_2\uparrow + HCO_3^{-} \tag{3-34}$$

3. TSR的反应物与生成物

(1) TSR的反应物

近年来，诸多学者对TSR过程中参与反应的硫酸根开展了大量深入的研究，研究发现仅有溶解的硫酸盐中的硫酸根才有可能进行TSR反应，固体状态下的硫酸盐几乎不发生TSR反应。海达里(Heydari)和穆尔(Moore)依据已有的研究推断TSR过程中固体状态下的硬石膏可以被还原，但是以热力学为基础，通过计算发现固体状态下的硬石膏被还原需要漫长的时间；托兰(Toland)通过实验数据分析发现，在180～315 ℃温度范围内，固体状态下的硬石膏很难直接与气态烃进行TSR反应；清洲(Kiyosu)和克罗斯(Krouse)得出结论，即使反应温度达到几百度，固体状态下的硫酸盐和气态烃的反应速率也偏小。目前，能够确定的是实验室模拟TSR反应过程应在含水情况下进行，水通常选用去离子水、蒸馏水及地层水。

在地质上，TSR过程中参与反应的有机化合物有链状烷烃、环烷烃、芳烃等，这些有机化合物绝大部分来自于干酪根中的有机质、原油、热解气、气体冷凝物等；参与反应的硫酸根主要来源于地层水中溶解的硫酸盐。目前，一些学者以TSR模拟实验为基础，对有机化合物的活性开展了深入研究，发现在TSR反应过程中有机化合物的活性与种类有关。诸多学者根据同位素和气相色谱数据，发现汽油发生TSR过程中有机化合物的活性顺序为：直链和支链烷烃＞环烷烃与芳烃；而甲烷性质最稳定，其参与TSR反应的可能性最低；张同伟等通过TSR模拟实验，确定了TSR中不同有机反应物的活性顺序为：烯烃＞醇＞醛＞正构烷烃＞羧酸＞直链苯＞二个支链的苯。

(2) TSR的生成物

TSR模拟实验的生成物除了H_2S、CO_2、CH_4和SO_2之外，还有金属氧化物、金属硫化物、轻烃、氮气、氢气和乙烷及丙烷等。在TSR反应过程中，硫化氢与二氧化碳的比值因TSR反应系统的变化而不同，原因来自两方面：一方面，TSR 中二者的生成比不同；另一方面，二者的损耗比不同。TSR 成因的二氧化碳若处在有多种类金属阳离子的环境中，就会形成不同的碳酸盐，偶尔会生成碳酸氢盐，如铁白云石、方解石、鞍型白云石、菱铁矿等。在油气田或煤矿中，TSR 成因的硫化氢有的以游离态存在，有的溶解在地层水中。影响硫化氢形成与积聚的主要因素包括有机物、硫酸盐、金属离子。TSR 反应过程中若要生成硫化氢气体，有机物和硫酸盐必须同时存在，缺一不可。其次，金属离子(如 Fe^{2+}、Fe^{3+}、Pb^{2+}、Zn^{2+} 等)在 TSR 作用下容易形成金属硫化物，而这些金属硫化物溶解度较低，影响硫化氢的形成。高浓度硫化氢一般出现在深部地层中，若碳酸盐储层中含有一定量的金属离子，则硫化氢的含量下降非常明显。

TSR 反应过程中是否生成水方面充满着争议，水的生成量不同，对反应系统的影响也是不同的。沃登等通过研究发现，TSR 过程中都会有一定量的水生成，同时已有的研究数据也证实 TSR 过程中有大量的水生成；而梅切尔(Machel)指出，TSR 中生成的水量较小，可忽视。

4) TSR 反应速率

TSR 动力学过程是非常复杂的，而 TSR 的反应速率则是最难理解的部分，试验研究证实 TSR 可以在高于 175 ℃条件下进行，地质实际条件下在 250 ℃就可以测得明显的反应速率。奥尔研究表明，当初始硫化氢压力为 13.6×10^5 Pa 时，硫酸根在 175 ℃时的半衰期为 1 800 h，250 ℃时为 90 h，并且推算出在 100 ℃时在碳酸盐岩中硫酸根的半衰期为 700～7 000 a。这些数据可能与实际自然条件下的 TSR 的反应速率一致。

在模拟实验和地质实际条件下，即使吉布斯自由能为负值，在 100 ℃以下 TSR 也是很难进行或者反应速率极慢。这是因为 TSR 具有较高的活化能，活化能相对较高的一个原因是 S—O 键难以被破坏；也可能因为 TSR 涉及众多的气态烃和硫酸盐的混合物，以至于活化能的范围比较宽；还可能是因为在 TSR 的众多基本步骤中可能有一个或几个控制步骤，如硬石膏的溶解，气态烃在水中的溶解，水溶液在 TSR 反应区域内部的扩散，TSR 过程中的氧化还原反应速率以及方解石的沉积过程等。以硬石膏的溶解为控制步骤推算，TSR 在 150 ℃进行需要进行 30 万 a，在 170 ℃下进行需要 20 万 a。在实际地质条件下，影响 TSR 反应速率的因素主要有硫化氢的压力、硫的浓度、温度、pH 值、有机酸盐、有机酸、金属氧化物、催化剂、有机化合物、黏土和硅土等，这些因素对 TSR 的影响仍然需要进行深入的研究。

5) TSR 的催化剂

TSR 模拟实验结果与地质实际存在明显的差异，除了 TSR 反应在地质实际条件下更为复杂外，还可能与不同催化剂的作用有关。目前，认为 TSR 的可能催化剂包括：Cu、Fe、Mg 等金属及其氧化物、NaCl、黏土(尤其是蒙脱石)、硅土、Cu-卟啉、H_2S、单质硫、烯烃、有机硫化物(如正戊硫醇、二乙基二硫醚)、无机硫化物等。在模拟实验方面，已证实单质硫、H_2S、部分有机硫化物、Mg^{2+}、NaCl 等对 TSR 有促进作用。陈腾水等通过试验证明，饱和烃与单质硫的反应比饱和烃与硫酸钙的反应容易进行，在同样温度条件下，饱和烃与单质硫反应在较低温度条件下就能进行，且 H_2S 和 CO_2 产率远高于饱和烃与硫酸钙的反应，而饱和烃与硫酸钙反应的 H_2S 和 CO_2 产率很低且随温度的升高增加得很缓慢。谢增业认为，单质硫在 H_2S 气体的生成过程中具有积极作用，单质硫不仅可以作为硫酸盐热还原反应 TSR 的中间生成物或催化剂，而且在自然界中单质硫可以以自然硫矿床形式大量存在，特别是在高 H_2S 产区膏盐相沉积中广泛分布，说明自然界中大量 H_2S 的生成可能与单质硫的催化作用紧密相关。阿姆拉尼(Amrani)等通过试验证明,有机硫化物在促进 TSR 反应速率方面比 H_2S 和单质硫更有效,并认为不稳定的含硫化合物能降低 TSR 的起始温度。张水昌等认为,能够启动 TSR 的矿物主要是 $MgSO_4$,向系统内加入一定量的 NaCl,会促使 TSR 的发生,使 H_2S 的产量显著增加。除此之外,如热液流体促进 TSR 的进行,次生方解石结晶包围硬石膏起到隔离反应物的作用,硬石膏的分布形态等也会影响 TSR 的速率。

6) TSR 过程中的硫同位素分馏

当同位素交换平衡时,硫的价态越高,含硫化合物越富集^{34}S;温度越低时,分馏系数越大;高温时分馏系数趋于一致。对于 TSR 成因的硫化氢,硫同位素的分馏一般小于 2%,而且具有随温度的升高分馏作用减小,在 100 ℃时分馏约为 2%,150 ℃时为 1.5%,当达到 200 ℃时,仅有 1%,这种趋势一直延续且与参与反应的烃类无关。当反应完全,即硫酸盐消耗光或固体硫酸盐的溶解速率低于反应速率时,硫同位素分馏作用将极其微弱。

模拟实验显示,TSR 过程中发生了硫同位素分馏,在 100 ℃时,硫同位素分馏小于 2%且随温度增高而降低,TSR 过程中硫同位素分馏大于 2%,甚至 H_2S 的硫同位素相对反应物变重。而实际地质条件下所发现的硫同位素分馏都没有超过 2%,一般不超过 1.5%。朱光有研究表明:川东北飞仙关组石膏的硫同位素分布在 1.8%~2.6%,主峰值为 2.2%~2.4%;H_2S 中的硫同位素值分布比较稳定,$\delta^{34}S$ 为 1.2%~1.3%,偏移了 10‰左右;向才富等对塔中天然气中硫同位素的测定结果为 1.5%~1.8%,与塔参 01 井膏盐地层中的 $CaSO_4$ 的硫同位素(1.9%~2.2%)相比,偏移了 0.5%左右;奥尔(Orr)、曼扎诺(Manzano)和别列尼茨长亚(Belenitskaya)等分别对美国的怀俄明、加拿大西部的布鲁泽河以及苏联的阿姆河等不同地区的含硫化氢油气藏进行研究,发现这些 TSR 成因的油气藏的硫化氢与硬石膏的硫同位素值相差不大,平均分馏值为 0.5%、0.8%和 0.8%,都在 1.0%以内。自然界所观察到的 TSR 也有硫同位素分馏效应很小或不明显的,这可能是因为 TSR 发生在封闭体系中,硫酸根供给很慢,基本上全部被还原。

3.1.3 含硫化合物的热裂解(TDS)成因

含硫化合物的热裂解是指煤中含硫有机化合物在热力作用下,含硫杂环断裂形成H_2S,又称为裂解型硫化氢。其系由煤与腐泥型干酪根裂解,形成碳残渣、水、二氧化碳和硫化氢等的过程。这种方式形成的 H_2S 含量一般小于 1%或者 3%。在热解反应过程中,含硫有机质先转化为含硫烃类或含硫干酪根,当温度升高到一定程度(大约 80 ℃),干酪根中的杂原子逐渐断裂,可以形成少量的 H_2S 气体;当温度继续升高,达到深成热解作用阶段(大约 120 ℃)时,含硫有机化合物将发生裂解,将产生大量的 H_2S 气体。其反应式如下:

$$RCH_2CH_2SH \longrightarrow RCHCH_2 + H_2S\uparrow \tag{3-35}$$

热化学分解成因的 H_2S 在油气田的贡献还是一个需要进一步研究的问题,但对煤层来说,应该不存在该成因类型的 H_2S 气体。由图 3-15 可以看出,在 180 ℃以上才有少量的 H_2S气体产生。

我国学者段毅等给出了煤和泥炭热模拟过程中的 H_2S 气体产率,其含量为 0~0.8%,与图 3-16 的结果非常一致。这个结果与估算的 BSR 成因的产率相比,可以忽略不计。在煤层气和煤矿瓦斯气体分析以及煤层气热解模拟实验中极少分析或提及 H_2S 的成分,可能是热解过程 H_2S 气体的热解产率过低,而且煤层中 H_2S 成分也很低,没有引起重视。

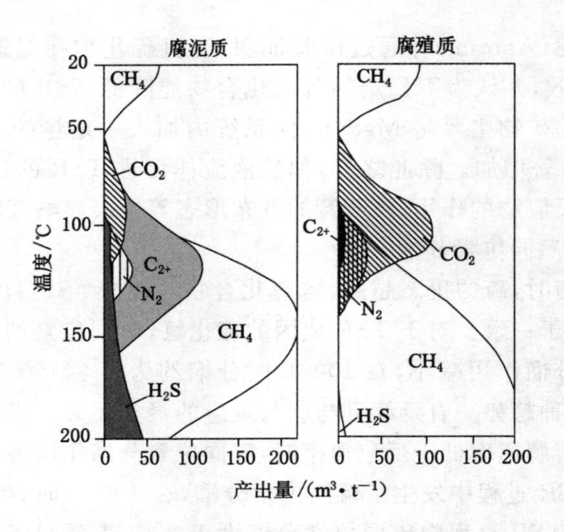

图 3-15　油气有机质和成煤有机质 H_2S 气体产率对比

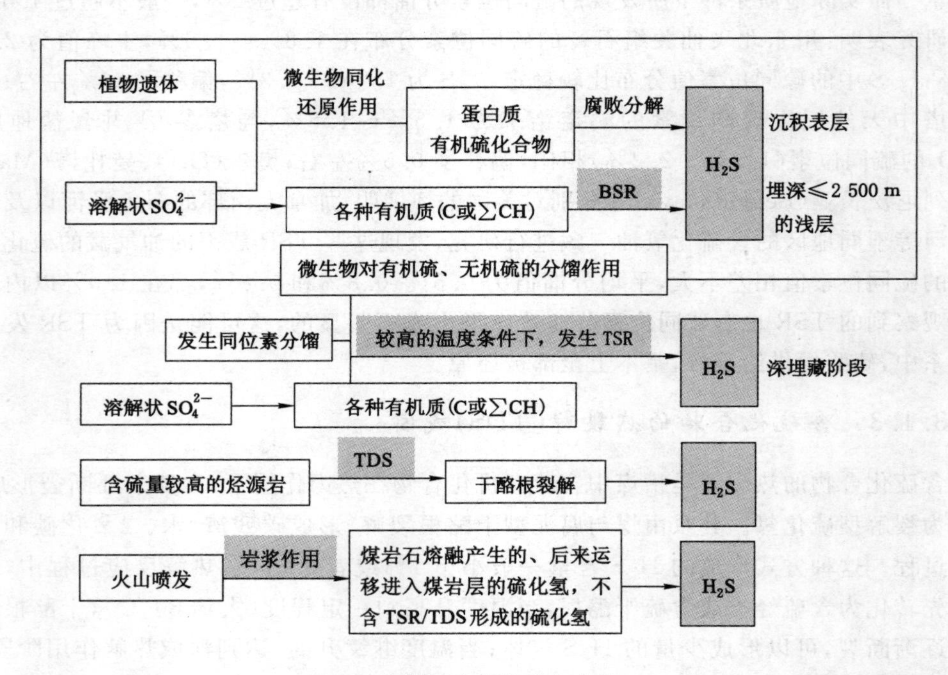

图 3-16　煤矿硫化氢成生途径

3.1.4　岩浆成因

由岩浆成生的硫化氢主要是指火山喷发时高温的岩浆使地球内部的岩石熔融并产生的、后来运移进入煤岩层的硫化氢，不包括由于岩浆烘烤使煤岩层升温而发生 TDS 或 TSR 作用形成的硫化氢。

由岩浆成生的硫化氢气体其可能的反应式如下：

$$FeS + SiO_2 + H_2O \longrightarrow FeSiO_3 + H_2S\uparrow \tag{3-36}$$

$$4FeS_2+6H_2O \longrightarrow 2Fe_2O_3+2S+6H_2S\uparrow \quad (3\text{-}37)$$

$$FeS+H_2O \longrightarrow FeO+H_2S\uparrow \quad (3\text{-}38)$$

$$SO_2+3H_2 \longrightarrow 2H_2O+H_2S\uparrow \quad (3\text{-}39)$$

$$S+H_2 \longrightarrow H_2S\uparrow \quad (3\text{-}40)$$

3.2 煤矿硫化氢成因途径

目前，诸多研究普遍认为，煤矿瓦斯气体中的 H_2S 的硫同位素 $\delta^{34}S$ 值主要取决于生气介质中硫源本身硫同位素组成特征、硫源中硫的丰都以及硫化氢的成生类型和有机质的含量。其各种成生类型的硫同位素 $\delta^{34}S$ 值大多具有如下特征：

(1) 当硫酸根离子(SO_4^{2-})和有机质含量都很高时，在其他成生条件具备情况下，硫化氢的形成量往往较高。由 BSR 成生的硫化氢的硫同位素 $\delta^{34}S$ 值较小，TSR 成生的 H_2S 的 $\delta^{34}S$ 值较大。

(2) 当硫酸根离子(SO_4^{2-})含量高，而有机质含量较低时，硫化氢的生成量通常较小，硫化氢的硫同位素 $\delta^{34}S$ 值也往往较小，但 TSR 成生的硫化氢的硫同位素 $\delta^{34}S$ 值通常大于 BSR 成生的硫化氢的硫同位素 $\delta^{34}S$ 值。

(3) 当硫酸根离子(SO_4^{2-})含量低，而有机质含量较高时，硫化氢的生成量通常也较小，但硫化氢的硫同位素 $\delta^{34}S$ 值较硫酸盐的硫同位素 $\delta^{34}S$ 值大。

从已有的研究证据和全球含 H_2S 矿井的分布特征来看，BSR、TSR、TDS 和岩浆活动是煤矿 H_2S 的主要成生类型，且以 BSR、TSR 为主。

可以通过地质构造背景、水文地质条件、硫酸盐特性、储集层条件、硫来源及硫的循环、煤层热演化特征、碳硫同位素特征、流体包裹体测温，煤的镜质体反射率测定、伊利石测温、岩石学及实验室模拟等特征综合识别。煤矿硫化氢的成生途径如图 3-16 所示；识别模式如图 3-17 所示(第 42 页)。

3.3 区域煤层气地球化学特征

通过对区域油气、煤层气等的碳硫同位素组成，侏罗纪含煤岩层流体包裹体特征和煤的镜质体反射率进行测定及研究，确定其成煤岩层的碳、硫同位素特征和热演化史，为硫化氢成生识别提供支持。

3.3.1 同位素地球化学

地球环境系统中，不同形式的硫以多种价态广泛分布，导致硫在各种演化过程中出现了较大的同位素分馏。地球环境系统中“最重”的硫同位素 $\delta^{34}S$ 值可高达 $+120‰$，“最轻”的硫同位素 $\delta^{34}S$ 值仅为 $-65‰$。尽管硫同位素组成的变化范围非常大，但地球环境系统中 98%硫的同位素 $\delta^{34}S$ 组成普遍在 $-40‰\sim+40‰$ 区间。地球环境系统中硫的同位素 $\delta^{34}S$ 值变化范围如图 3-18 所示。

在地球环境系统中，煤中硫的同位素值 $\delta^{34}S$ 变化范围非常大，为 $-30‰\sim+30‰$。而中国煤中硫的同位素值 $\delta^{34}S$ 具有较小的值变化范围，多数介于 $-17‰\sim+14‰$。

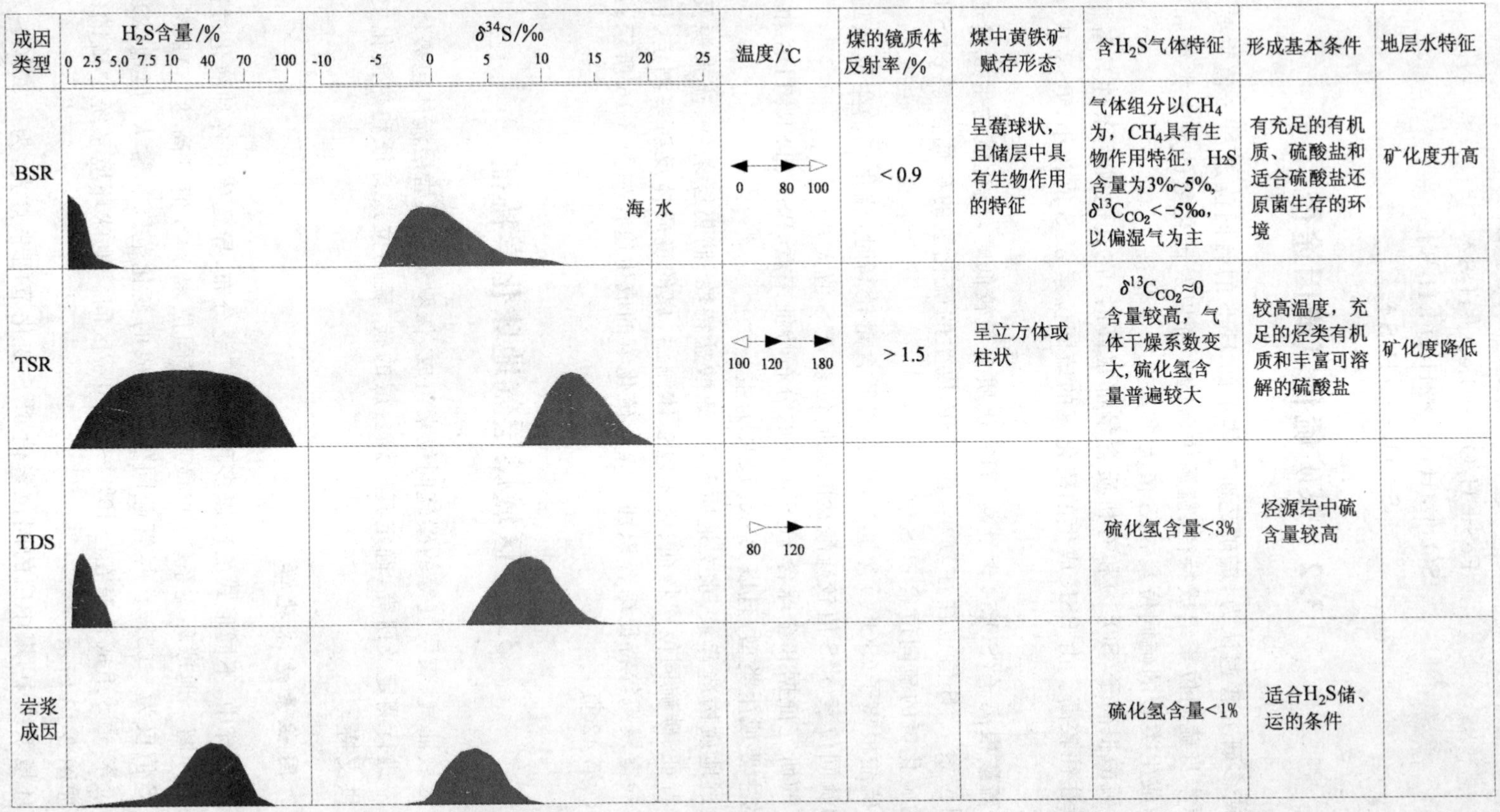

成因类型	H_2S含量/% 0 2.5 5.0 7.5 10 40 70 100	$\delta^{34}S$/‰ -10 -5 0 5 10 15 20 25	温度/℃	煤的镜质体反射率/%	煤中黄铁矿赋存形态	含H_2S气体特征	形成基本条件	地层水特征
BSR		海水	0 80 100	< 0.9	呈莓球状，且储层中具有生物作用的特征	气体组分以CH_4为，CH_4具有生物作用特征，H_2S含量为3%~5%，$\delta^{13}C_{CO_2}<-5‰$，以偏湿气为主	有充足的有机质、硫酸盐和适合硫酸盐还原菌生存的环境	矿化度升高
TSR			100 120 180	> 1.5	呈立方体或柱状	$\delta^{13}C_{CO_2}\approx0$含量较高，气体干燥系数变大，硫化氢含量普遍较大	较高温度，充足的烃类有机质和丰富可溶解的硫酸盐	矿化度降低
TDS			80 120			硫化氢含量<3%	烃源岩中硫含量较高	
岩浆成因						硫化氢含量<1%	适合H_2S储、运的条件	

图 3-17　煤矿硫化氢成生识别模式

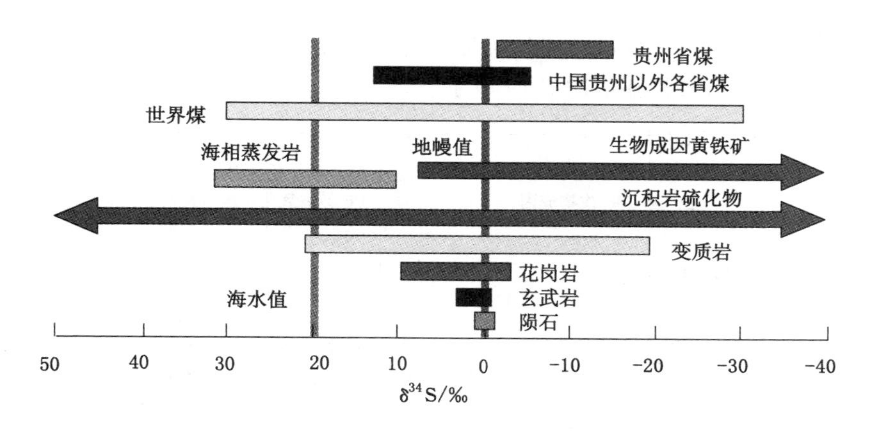

图 3-18　自然界中硫同位素的变化

1）区域煤层气 $\delta^{13}C$ 组成特征

准噶尔盆地南缘西山窑组煤层气甲烷碳同位素 $\delta^{13}C$ 组成普遍落在－41.8‰～－64.7‰，大多数煤层气中的 CH_4 碳同位素值 $\delta^{13}C$ 小于－50.0‰，CH_4 碳同位素值总体偏轻。其中，阜煤1井煤层气中的 CH_4 碳同位素值 $\delta^{13}C$ 为－55.7‰，C_2H_4 碳同位素值 $\delta^{13}C$ 为－27.6‰；七道湾地区煤的镜质体反射率普遍介于0.52%～0.74%，瓦斯气体中的 CH_4 碳同位素值 $\delta^{13}C$ 普遍介于－56.3‰～－63.9‰；乌鲁木齐乌西矿区煤的镜质体反射率介于0.46%～0.73%，瓦斯气体中的 CH_4 碳同位素值 $\delta^{13}C$ 值为－53.3‰～－62.5‰；乌鲁木齐乌东矿区侏罗系煤层中瓦斯气体中的 CH_4 碳同位素 $\delta^{13}C$ 值为－62.1‰～－50.7‰；大黄山煤矿侏罗纪西山窑组煤层瓦斯气体中的 CH_4 碳同位素 $\delta^{13}C$ 值为－61.7‰～－57.0‰；清水河区域901孔侏罗系西山窑组煤层瓦斯气体中的 CH_4 碳同位素 $\delta^{13}C$ 为－52.1‰。准噶尔盆地南缘侏罗系煤层气体组分及碳同位素组成特征见表3-3。

表 3-3　准噶尔盆地南缘侏罗系煤层气体组分及碳同位素特征

样品地点	天然气组分/%			$\delta^{13}C_1$/‰
	CH_4	CO_2	N_2	
大黄山煤矿	85.17	9.85	4.19	－61.72
乌鲁木齐石场气苗	66.24	10.77	22.99	－56.82
西山煤矿	25.36－81.84	4.10～13.25	15.23～74.81	－60.80～－54.38

区域煤层甲烷成因类型可按表3-4进行划分。

表 3-4　区域煤层甲烷成因类型

R_{max}/%	甲烷成因类型	备注
$R_{max}<0.65$	次生生物成因	全部 $\delta^{13}C_1<-55‰$
$0.65\leqslant R_{max}\leqslant 1.50$	混合成因	部分 $\delta^{13}C_1<-55‰$
$R_{max}>1.50$	热成因	全部 $\delta^{13}C_1>-55‰$

根据表 3-3 及表 3-4，结合区域煤层瓦斯气体中甲烷 $\delta^{13}C$ 值特征，可得区域煤层瓦斯气体中的甲烷碳同位素组成特征如图 3-19 所示。

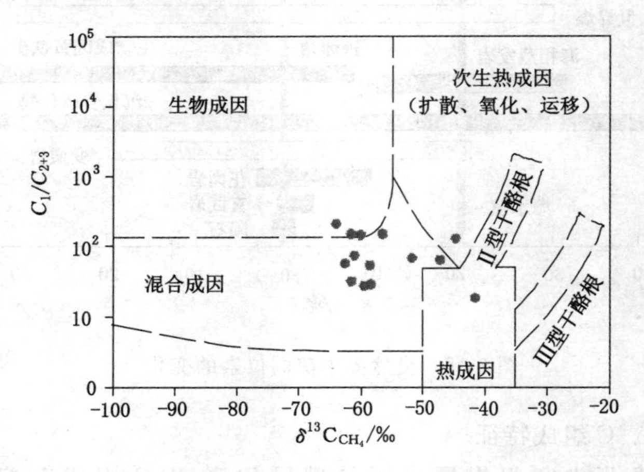

图 3-19 准噶尔盆地南缘煤层甲烷成因类型

由图 3-20 可知，区域煤层气成因具有多样性特征，既有生物成因特征，也有热成因特征，但大多属于混合成因特征。甲烷碳同位素的组成特征显示了部分气源经历过运移分馏作用。

2）区域天然气 $\delta^{13}C$ 组成特征

区域天然气气体成分以甲烷组成为主，重烃含量（C_{2+}）一般小于 20.0%。非烃类气体主要以 N_2 和 CO_2 为主，N_2 组分大多小于 2.0%，CO_2 组分大部分小于 0.5%，极个别气样中 CO_2 组分可高达 14.5%。区域天然气碳同位素组成特征及气体组分见表 3-5。

表 3-5 准噶尔盆地南缘天然气组分及碳同位素特征

样品地点	层位	$\delta^{13}C_1$ /‰	$\delta^{13}C_2$ /‰	$\delta^{13}C_3$ /‰	$\delta^{13}C_4$ /‰	气体组分/%			
						CH_4	CO_2	N_2	C_{2+}
呼 001	E_1z	−31.0	−22.1	−21.0	−22.2	94.37			3.74
呼 2006	$E_{1-2}z$	−31.4	−21.7	−21.2					
呼 2	E_1z	−32.8	−22.4	−21.0	−21.2	93.58	0.00	1.38	4.04
吐谷 1	$E_{1-2}a$	−30.8	−21.8	−21.1	−21.1				
吐谷 1	E_2d	−30.0	−21.7	−20.2	−22.7				
吐谷 2	E_{2-3}	−38.2	−22.6	−21.8	−22.5				
齐 3	J_{2-1}	−41.0	−23.0	−23.4	−25.8				
齐 5	J_1s	−40.1	−24.7						
齐 8	J_1b	−35.2	−24.7	−27.0	−28.3	97.47	0.06	0.72	1.08
齐 34	J_1s	−41.1	−23.0	−23.4	−25.8	97.38		0.00	2.62
齐 009	T_{2-3}	−29.1	−20.6			99.53		0.16	0.31
齐 220	P_{1-2}	−31.4	−22.4	−23.7	−26.0				
安气-1	E_3a	−37.1	−26.5	−27.5	−28.2				

续表 3-5

样品地点	层位	$\delta^{13}C_1$ /‰	$\delta^{13}C_2$ /‰	$\delta^{13}C_3$ /‰	$\delta^{13}C_4$ /‰	气体组分/%			
						CH_4	CO_2	N_2	C_{2+}
安 5	$E_{2-3}a$	−35.9	−25.6	−22.9	−24.1	60.73			36.27
独 1	N_1t	−37.5	−27.1	−24.4	−24.4	82.53		3.68	12.13
独 53	N_1	−40.9	−26.2	−22.5		79.20		0.84	19.96
独 58	E_3	−40.7	−30.0	−21.5	−24.0				
独 62a	N_1	−40.7	−26.5	−24.6					
独 85	N_1	−39.9	−25.7	−22.1	−24.1	80.52		1.01	18.24
独 201	N_1	−38.1	−26.4	−21.5		78.22		0.87	20.91
独 230	N_1	−46.5	−26.5	−20.2		83.25		0.74	16.01
独 311	N_1	−36.5	−26.3	−23.6		78.98		1.93	19.09
独 390	N_1	−35.5	−25.8	−22.4		71.70		0.94	27.36
阜 10	J_{2-1}	−43.9	−27.0	−26.8	−25.1				
霍 001	K_2d	−34.6	−23.7	−22.6	−22.9	89.77	0.50	0.15	6.51
霍 002	$E_{1-2}z$	−34.4	−23.9	−22.1					
霍 10	$E_{1-2}z$	−33.6	−23.0	−22.1	−22.0	93.30	0.34	0.18	4.71
霍浅 2	N_1s	−35.8	−23.0	−21.9	−22.0	70.91	1.23	0.35	11.38

由表 3-5 可知，区域各天然气组成以甲烷为主，为湿气～偏湿气，甲烷碳同位素 $\delta^{13}C$ 值普遍介于−46.5‰～−29.1‰，乙烷碳同位素值 $\delta^{13}C$ 值普遍大于−27.0‰，总体偏重，具有煤系气的特征。其中，霍尔果斯—玛纳斯—吐谷鲁（霍玛吐）构造带的天然气组分以烷烃类（甲烷）为主，甲烷碳同位素 $\delta^{13}C$ 介于−34.3‰～−32.3‰，乙烷碳同位素 $\delta^{13}C$ 介于−25.5‰～−23.8‰，具有热成因气的普遍特征。

如图 3-20 所示，$\delta^{13}C_1$ 与 C_1/C_{2+3} 相关关系图多数落入Ⅲ型干酪根生成的天然气范围，表现为腐殖型气的基本特征，部分样品显示为后期次生作用造成的结果。

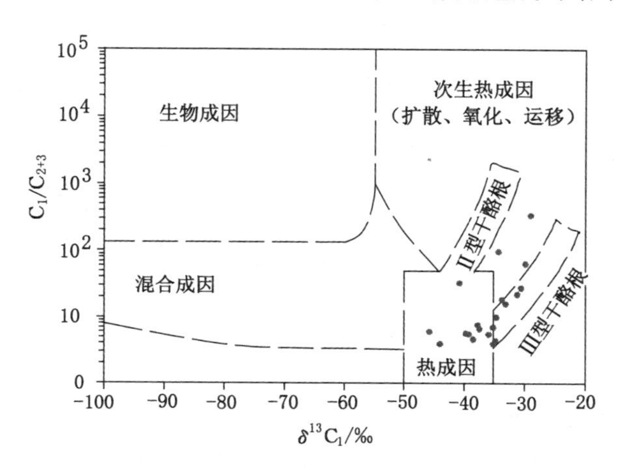

图 3-20 准噶尔盆地南缘天然气 $\delta^{13}C_1$ 与 C_1/C_{2+3} 相关关系图

区域随着干酪根成熟度的增加，天然气中的 $\delta^{13}C_1$ 与 $\delta^{13}C_2$ 值逐渐增大，且具有较好的正相关特征，如图 3-21 所示。

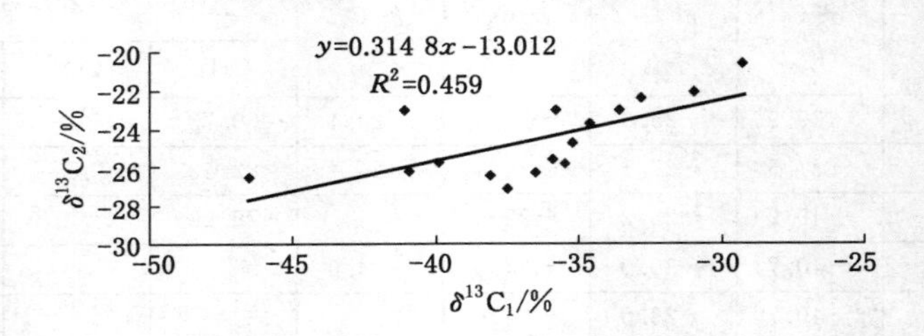

图 3-21 准噶尔盆地南缘天然气 $\delta^{13}C_1$ 与 $\delta^{13}C_2$ 相关关系图

准噶尔盆地南缘各油气田中的天然气组分中丙烷和丁烷碳同位素普遍发生倒转，部分同时还发生了乙烷和丙烷碳同位素连续倒转的现象，如图 3-22 所示。

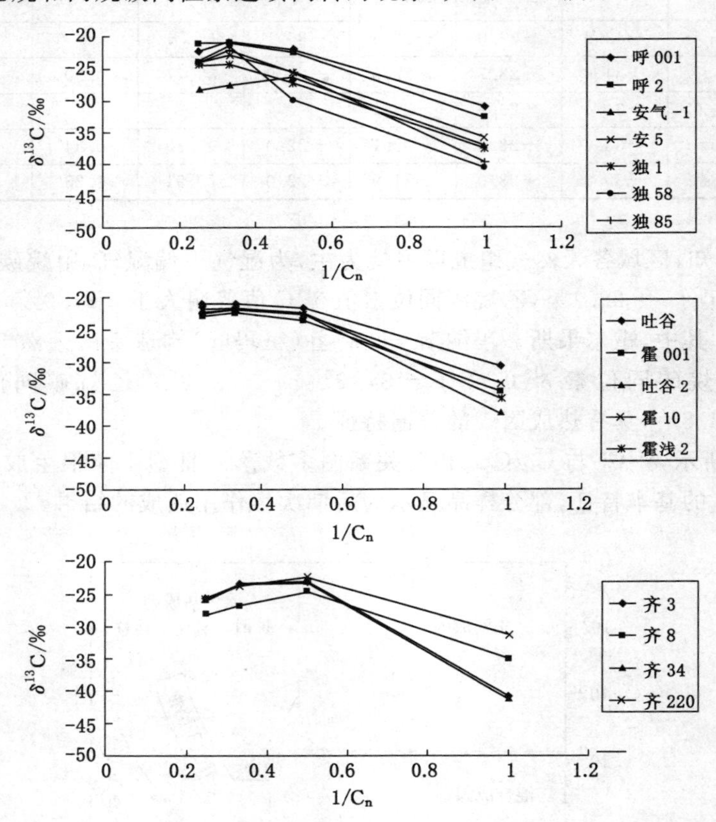

图 3-22 准噶尔盆地南缘天然气甲烷 $\delta^{13}C_{-1}/C_n$ 相关关系图

根据戴金星院士提出的生物成因烷烃气体碳同位素 4 种主要倒转成因类型，可初步判断区域碳同位素的部分倒转主要是源自侏罗系不同层位天然气的混合作用造成的。

准噶尔盆地南缘煤层气中的二氧化碳 $\delta^{13}C$ 值介于－11.7‰～－18.2‰，CO_2 表现出有机成因的特征。区域地下水体中的二氧化碳 $\delta^{13}C$ 值介于－11.2‰～－18.1‰范围内变化，表明该区域地下水体中的 CO_2 具有 BSR 成生硫化氢伴生的特点。

3）区域硫 $\delta^{34}S$ 特征

区域硫同位素组成特征见表 3-6 所示。研究可知，区域内所测得的各种硫同位素值都偏低，值域范围为－14.5‰～11.6‰。其中，煤中黄铁矿的 $\delta^{34}S$ 值域范围为 8.7‰～11.6‰，平均为 10.2‰；煤层中硫化氢气体的 $\delta^{34}S$ 均为负值，值域范围为－14.5‰～－9.4‰，平均为－12.3‰；煤矿地下水体中的 $\delta^{34}S$ 值为－0.6‰；区域边界后峡地球原油中所测得的 $\delta^{34}S$ 值为 14.17‰。可知，$\delta^{34}S(\delta^{34}S_{SO_4^{2-}}-\delta^{34}S_{H_2S})$＝22.5‰＞22‰，区域硫化氢气体总体表现出硫酸盐生物还原（BSR）成生特征。

表 3-6　　区域硫同位素特征

序号	样品编号	样品地点	样品特征	$\delta^{34}S$/‰
1	XS_1	西山煤矿	煤中黄铁矿结核	11.6
2	XS_2	西山煤矿	煤中黄铁矿结核	8.7
3	XS_3	西山煤矿	煤层硫化氢气体	－9.4
4	XS_4	西山煤矿	煤层硫化氢气体	－12.9
5	XS_4	西山煤矿	煤矿地下水	－1.8
6	LHG_1	硫磺沟矿区	煤中黄铁矿结核	10.3
7	LHG_2	硫磺沟矿区	煤层硫化氢气体	－14.5
8	LHG_3	硫磺沟矿区	煤矿地下水	－0.6
9	HX_1	后峡地区	原油	14.17

3.3.2　流体包裹体特征

煤系脉体中的流体包裹体通常被视为反映古地下流体、古地温、古压力场等煤化作用因素的重要标志。通过煤岩系中对应阶段形成的流体包裹体均一化温度测定分析可追踪古地理温度环境变化，对查明煤岩系的热演化史和确定煤矿硫化氢的成生类型具有普遍意义。

通过测试及收集研究区域及临近区域流体包裹体。

统计收集到的准噶尔盆地车—莫古隆起区域侏罗系储层各类流体包裹体均一化温度测试结果，见表 3-7 及表 3-8。

表 3-7　　准噶尔盆地车—莫古隆起侏罗系储层包裹体均一化温度测试结果

样品构造带	样品地点	层位	矿物类型	均一化温度/℃		油气充注时期	气液比/%
				主峰	温度区间		
马桥凸起	庄 1	J_1s^2	含油中砂岩	90～110	79～113	始新世～至今	5～10
		J_1b	含油中砂岩	70～90 100～110	74～126	早白垩世晚期～晚白垩世早期 始新世～至今	9
	庄 3	K_1tg	含油中砂岩	80～90	83～105	始新世中期～至今	0～15
		J_1s^2	含油中砂岩	90～110	84～124	始新世中期～至今	0～10
	征 1	K_1tg	含油砂岩	90～120	96～152	晚白垩世～至今	5
		J_1s^2	含油砂岩	96～136	90～100	晚白垩世～古新世早期	0～10

续表 3-7

样品构造带	样品地点	层位	矿物类型	均一化温度/℃		油气充注时期	气液比/%
				主峰	温度区间		
东道海子北	成 1	J_1b	含油粗砂岩	90～100	74～120	早白垩世晚期	0～3
莫南凸起	永 1	J_2x	含油砂岩	72～137	100～110	早白垩世中期～渐新世晚期	10
		J_1s^2	含油砂岩	71～139	80～100 110～120	早白垩世晚期～晚白垩世早期 古新世～渐新世	3～5
阜康凹陷	懂 1	K_1tg	含油砂岩	90～100	90～125	古新世～始新世	0
		J_3q	含油砂岩	80～90	91～143	晚白垩世中、晚期	0～5
		J_2t	含油砂岩	70～80 90～100	73～137	早白垩世晚期～晚白垩世中期	10～18

表 3-8　准噶尔盆地车—莫古隆起侏罗纪储层包裹体均一化温度测试结果

井号	取样深度/m	层位	矿物类型	均一化温度/℃
沙 1	3 675～3 947	J_1b	砂岩～粗砂岩	33～49
盆 4	4 175～4 288	J_2x	细砂岩～砂岩	35～59
盆参 2 井	4 586	J_2x	方解石、石英	70～110

从表 3-7 及表 3-8 可以看出，车—莫古隆起区域侏罗系储集层流体包裹体均一化温度主要介于 70～120 ℃。包裹体均一化温度有两期主峰，第 1 期主要发生于头屯河组与西山窑组，均一化温度多数介于 70～110 ℃。第 2 期主要发生于三工河组与八道湾组，均一化温度多数介于 70～120 ℃，成藏时间为早第三世至今。据两期流体包裹体均一化温度分布及本区煤岩层埋藏史可知，第 1 期流体包裹体均一化温度对应的成藏时间为早白垩世，第 2 期流体包裹体均一化温度相对应的成藏时间为早第三世，如图 3-23 所示。

从已有研究可知，准噶尔盆地石炭纪晚期地热温度梯度较高，大概为 43.3 ℃/km，二叠纪末降至大概为 36.3 ℃/km，三叠纪至白垩纪末期间持续下降，到三叠纪末大概为 33.8 ℃/km，侏罗纪晚期大概为 28.4 ℃/km，白垩纪期间持续下降，到白垩纪晚期大概为 24.8 ℃/km，新近纪末大概为 22.8 ℃/km，与现今接近。根据上述古地温梯度，如取古地表温度为 10 ℃，可得准噶尔盆地中央坳陷—昌吉凹陷区块各油藏的埋藏史和热演化史，如图 3-24 所示。

收集统计到的准噶尔盆地石南—陆东区域侏罗系储集层中的流体包裹体均一温度特征见表 3-9。由此可知，区域头屯河组储集层流体包裹体的均一温度主要有两个峰值，分别分布于 75～107 ℃和 104～118 ℃。西山窑组储集层流体包裹体均一温度范围介于 60～110 ℃，集中在 75～100 ℃；三工河组和八道湾组储集层分别分布于 85～110 ℃和 118～169 ℃。上述储集层流体包裹体的均一温度分布特征说明了侏罗系储集层中至少记录了两期油气聚集的历程。第 1 次成藏主要发生在早白垩世，第 2 次成藏时间在晚白垩世～古近纪。由此可知，油气成藏过程很长，导致区域该储集层流体包裹体均一温度分布范围具有较宽的特征。

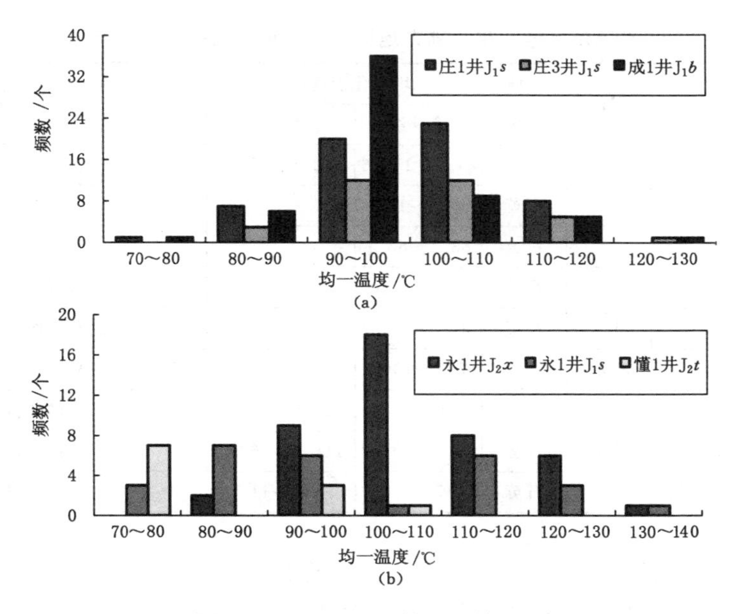

图 3-23 准噶尔盆地中央坳陷流体包裹体均一温度分布图

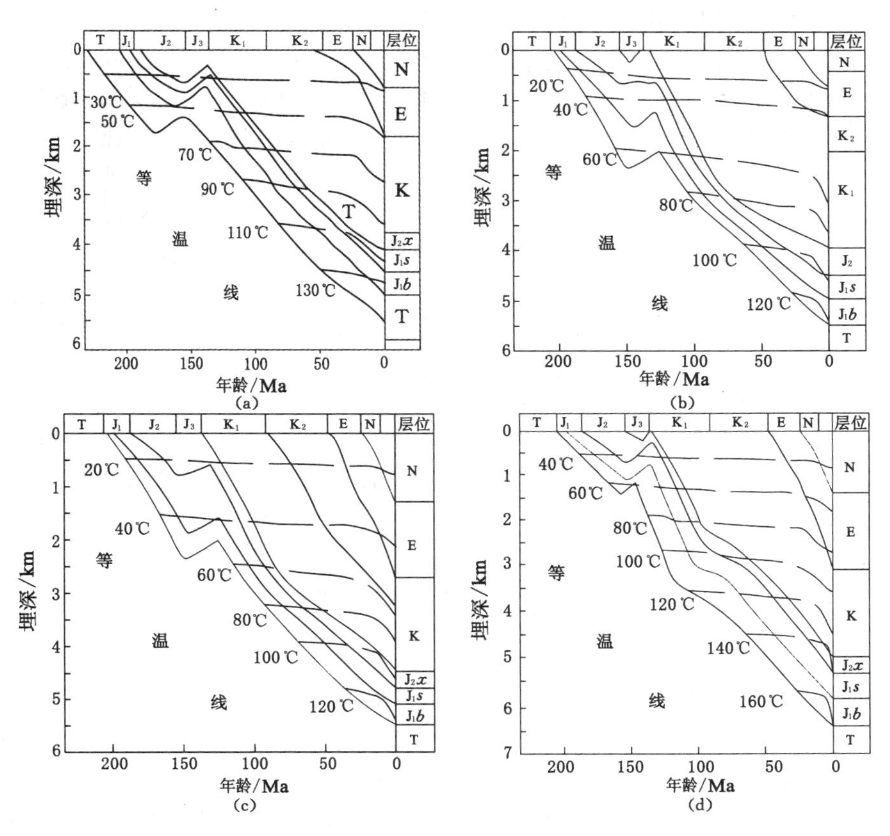

图 3-24 各区块油藏的埋藏史和热演化史

(a) 中央坳陷(沙 1、庄 1、庄 3、盆 1、盆 2、盆 4、莫 11 等井田处);

(b) 中央坳陷(成 1 井田处);(c) 昌吉凹陷(懂 1、懂 3 等井田处);(d) 昌吉凹陷(征 1、永 1、永 2 等井田处)

表 3-9　　准噶尔盆地石南—陆东地区流体包裹体均一温度分析

井号	取样深度/m	层位	矿物类型	均一化温度/℃		气液比/%	成藏时间
				第一组	第二组		
石东 1	1 908.5	K	石英	81.0～118.6	133.1～179.5	5～10	晚白垩世及喜马拉雅期
滴西 4	4 005.7	P_3w	石英	106.0～140.5		5～10	白垩纪中期～至今
滴西 5	3 582.2	P	石英	83.2～88.1		5	晚白垩世
滴西 8	3 509.6	C	石英	91.0～97.8		5	石炭纪
滴西 8	2 460.8	J_1s	石英	86.5～112.3		5	石炭纪
滴西 9	2 110.4	K_1h^1	石英	83.2～106.1	142.2～189.0	5～10	喜马拉雅期
滴 2	998.4	J_1b	石英	89.6～102.4	120.4～165.2	5～10	晚白垩世及喜马拉雅期
泉 1	1 256.0	J_1s	石英	91.3～104.8	118.6～169.0	5～10	晚白垩世及喜马拉雅期
石南 117	2 417～2 603	J_2t	石英	77～107	104～118	5～10	早白垩世、新近纪

准噶尔盆地陆梁隆起地区石南—陆东及北三台构造带古近纪至白垩纪的平均古地温梯度大概为 2.4 ℃/km，侏罗纪平均古地温梯度大概为 2.9 ℃/km，地表温度 15 ℃，可得到该区域的古地理埋藏史和热演化史，如图 3-25 所示。

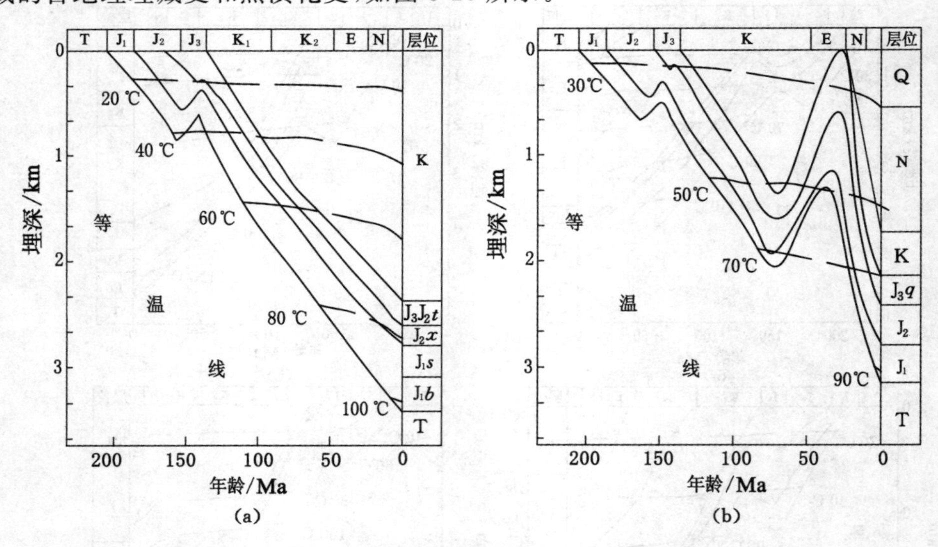

图 3-25　各区块油藏的埋藏史和热演化史

(a) 陆梁隆起(石南、石东 1、五彩湾等井田处)；(b) 北三台地区

从已有研究可知，区域齐古油田齐 8 井共有两期油源，早期油源产自二叠系，晚期油源产自侏罗系。其中，二叠系以产油为主，而侏罗系以产气为主。区域呼 2 井侏罗系烃源岩热演化史和齐 8 井侏罗系储层流体包裹体均一温度分布如图 3-26 和图 3-27 所示。

研究区域中下侏罗统煤系地层因其厚度大，早期埋藏深度达，热演程度较高。在研究区域四棵树和西山煤矿北 50 km 处的沉积埋藏史和热演化史曲线如图 3-28 所示。

可以看出，至白垩纪末期，中下侏罗统煤系地层煤的镜质体反射率 R_{max} 已达2.5%左右，热演化温度可达 130 ℃以上的高温，进入过成熟阶段并大量生气。

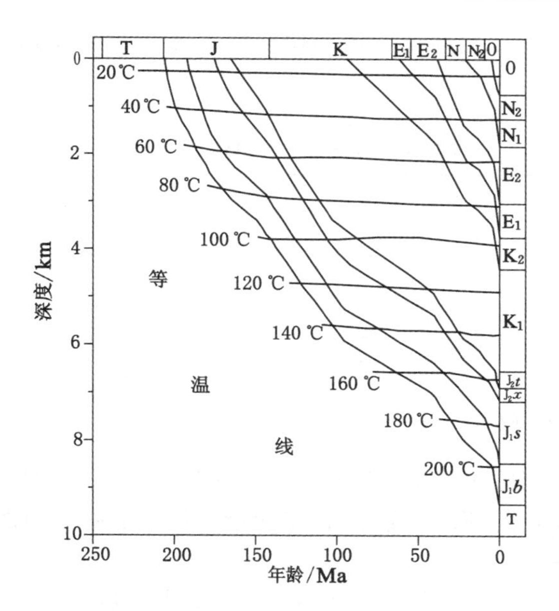

图 3-26　呼 2 井侏罗系烃源岩热演化史

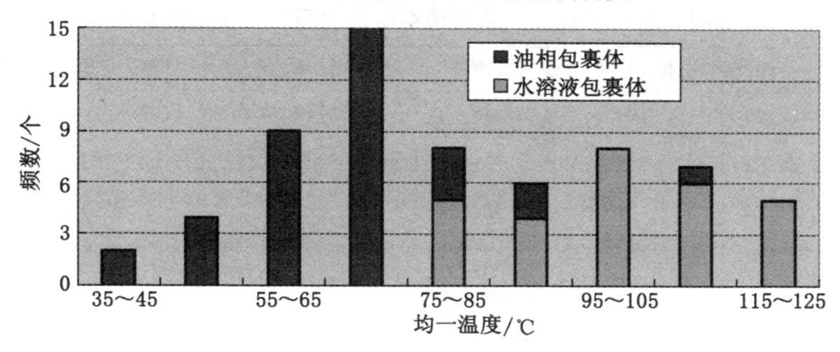

图 3-27　齐 8 井流体包裹体均一温度分布特征

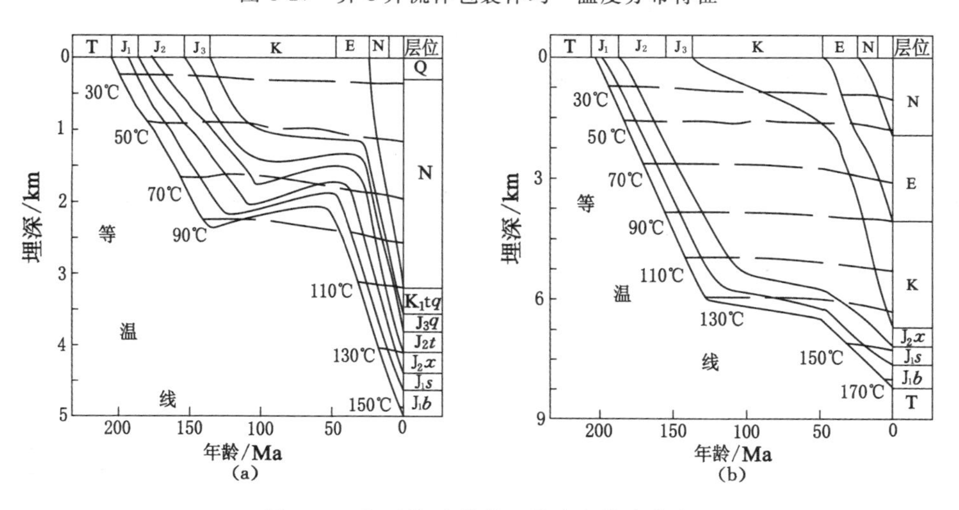

图 3-28　各区块油藏的埋藏史和热演化史

(a) 四棵树(四参 1 井处)；(b) 山前推举带(西山煤矿北 50 km 处)

区域其他地点(区)侏罗系西山窑组储层测试的流体包裹体均一温度分布见表3-10。由此可知,大多成煤温度小于120 ℃。

表3-10　区域侏罗系储层流体包裹体均一温度分析

样品地点	矿物名称	气液比/%	均一化温度/℃	成煤温度/℃
艾维尔沟20勘探线东	方解石	5	115	100～136
艾维尔沟7线断褶带	石英	10	113	80～110
阜康—小龙口煤矿	方解石	10～30	102	70～90

3.3.3　镜质体反射率

在煤层瓦斯气体的形成过程中常伴有H_2S和CO_2等气体的产生,通常有机质的热演化程度决定着成煤过程中的瓦斯的生能力,而煤的镜质体反射率(R_0)能较清楚的反映地层经历的温度演化发展过程。

区域测试及统计的部分样品煤的镜质体反射率见表3-11。

表3-11　准噶尔盆地南缘侏罗系西山窑组各井田煤的镜质组反射率

样品点	层位	煤岩类型	R_0/%	变质程度	古地温/℃
浅水河矿区	J_2x	半亮型～暗淡型	0.489～0.651 0.545	0-Ⅰ	98.8
西山煤矿	J_2x	半亮型～暗亮型	0.525～0.705 0.710	0-Ⅱ	108.4
硫磺沟矿区	J_2x	半亮型～暗淡型	0.418～0.572 0.531	0-Ⅰ	82.2
马家庄井田	J_2x	半亮型～暗淡型	0.425～0.651 0.607	0-Ⅱ	98.8
色乌肯萨拉—孔萨拉矿区	J_2x	半亮型～暗亮型	0.674～0.707 0.715	0-Ⅱ	108.7
硫磺沟煤矿	J_2x	暗淡型～半亮型	0.472～0.570 0.551	0-Ⅰ	81.8
兴陶大北矿业有限公司	J_2x	暗淡型～半亮型	0.413～0.651 0.546	0-Ⅰ	98.8
宝溢煤矿	J_2x	暗淡型～半亮型	0.434～0.711 0.526	0-Ⅱ	109.1
塔勘迪萨依矿区	J_2x	暗淡型～半亮型	0.43～0.75 0.539	0-Ⅱ	117.0
红沟煤矿	J_2x	半亮型～半暗型	0.642	0-Ⅰ	96.6
142-1	J_2x		0.564		79.5
齐009井	J_2x		0.635		94.6

续表 3-11

样品点	层位	煤岩类型	R_0/%	变质程度	古地温/℃
阜1井	J_2x		0.654		97.2
碱沟煤矿	J_2x		0.600	0-Ⅱ	88.4
呼图壁	J_2x		0.636	0-Ⅱ	94.6
雀儿沟	J_2x		0.631	0-Ⅲ	94.6
米泉	J_2x		0.855	0-Ⅱ	133.0
阜康	J_2x		0.506～0.819	0-Ⅰ	128.2
三工河	J_2x		0.700	0-Ⅱ	108.1
六道湾	J_2x		0.683	0-Ⅱ	104.4

由表 3-11 的数据可知，煤的镜质体反射率大多都大于 0.5%，峰值介于 0.5%～0.7%，区域西山窑组烃源岩已进入到低～中等成熟阶段，进入了生油门限，部分开始有天然气生成，导致区域目前已知的天然气成因类型部分为煤成气。

区域煤的镜质体反射率变化比较平缓且递增规律明显，其大小由依林黑比尔根山南部边沿的 0.4%随着煤层埋深的增加而逐渐增高到准噶尔盆地南部边缘研究区域的 0.8%左右。在齐古断褶带向霍玛吐构造带—阜康凹陷一带过渡的部位形成明显的镜质组反射率急剧变化带，其 R_0 为 0.6%～1.3%。其主要原因是煤层埋藏深度在前缘部位的急剧加大，埋深的急剧增加提高了煤的变质程度。

3.4 煤矿硫化氢成因识别

3.4.1 煤矿硫化氢成因识别

1）硫酸盐生物还原作用成生 H_2S 识别

由 BSR 成生的 H_2S 通常具有如下特征：

（1）有充足的有机质、可溶解状的硫酸盐和适合硫酸盐还原菌生长和繁殖的地质条件。

（2）由 BSR 成生的硫化氢，其硫同位素分馏最大，平均可达－15‰～－30‰，最高可达－65‰，一般比硫酸盐的硫同位素值低 20‰左右，且具有偏负的特征，$\delta^{34}S$（$\delta^{34}S_{SO_4^{2-}}$ － $\delta^{34}S_{H_2S}$）＞22‰。

（3）由于 H_2S 对微生物的毒物特性及硫化氢的化学特性，决定了煤岩层中由 BSR 成生的 H_2S 丰度一般小于 3%～5%。

（4）与 H_2S 伴生的 CO_2 组分一般较低（通常小于 5%），且 CO_2 碳同位素值具有较轻的特征，一般 $\delta^{13}C_{CO_2}$＜－5‰。

（5）当 H_2S 含量较低时，气体中烃类组分以甲烷为主（重烃含量较少），CH_4 可能具生物甲烷成因特征。

（6）当 H_2S 含量较高时，其伴生烃类将会有较多重烃组分（C_{2+}）。

（7）在 H_2S 的成生储集层中，可能具生物作用的证据。

（8）由 BSR 形成的副产物——黄铁矿，其宏观形状通常是莓球状的。

(9) 硫酸盐还原菌的特性,决定了其适合在温度为 60～80 ℃的无氧还原环境中繁殖,最适宜的温度为 20～40 ℃。因此,由 BSR 成生的硫化氢主要发生在埋藏深度 2 500～3 000 m以浅的煤岩层中,在泥炭化阶段和成煤阶段更为常见。

2) 硫酸盐热化学还原作用成生 H_2S 识别

由 TSR 成生的 H_2S 具有如下特征:

(1) 较重的硫同位素组成特征。TSR 反应中的硫同位素分馏作用较 BSR 反应轻,与同源硫酸盐的硫同位素分馏小,而且往往具有随温度升高其分馏作用降低的特点,在 100 ℃情况下分馏大概为 20‰,150 ℃下分馏约为 15‰,当温度在 200 ℃时大概仅分馏 10‰左右,并且这种分馏变化趋势一直延续。因此,由 TSR 成生的 H_2S 的硫同位素组成往往略小于或等于同源硫酸盐的 $\delta^{34}S$ 值,大概偏低 5‰～15‰,硫化氢的硫同位素 $\delta^{34}S$ 值一般为 10‰～20‰。

(2) 当硫化氢组分较高,高含硫化氢(H_2S 含量大于 5%)的成生普遍认为是 TSR 成生类型。

(3) 煤岩储集层通常经历过较高温度(普遍大于 120 ℃),其成生识别模式如图 3-17 所示。

(4) TSR 成生的一个重要标志就是随气体组分中 H_2S 含量的增高,CO_2 的含量也相应增高,且 CO_2 的含量往往高于 H_2S 含量,CO_2 的碳同位素 $\delta^{13}C$ 值通常较重,常与地层中的碳酸盐的碳同位素值接近,通常在 0 左右。

(5) 地层中 H_2S 的浓度随有机质演化程度的加深而升高,硫同位素组成也随之变重;反之亦然。

(6) CH_4 的碳同位素 $\delta^{13}C$ 值普遍偏重,与 CH_4 同系物的碳同位素组成具有典型油型气的特征。

(7) 由 TSR 形成的副产物——黄铁矿,其宏观特征常呈立方体或柱状。

(8) 马赫(Mache)通过对 TSR 反应对烃类反应系统的影响研究,提出了其各反应参数特征见表 3-12。

表 3-12　TSR 反应的参数判别

项目	TSR 反应后的效应/%	TSR 反应后的效应的总变化范围/%
S	+0.8～1.3	+0.1～+1.4
$\delta^{13}C_{CH_4}$	−1.4～2.9	−46～−35
$\delta^{13}C_{C_2H_4}$	0～+10	−26～−18
$\delta^{13}C_{C_3H_8}$	0～+10	−22～−18
$\delta^{34}S$	+5.0～+23.7	+2.4～+24.1
C_{15+}	−9.3～−29.1	+11.3～+40.4
CO_2	0～+10	2.4～50.1
H_2S	0～95	0～95

(9) 天然气干燥系数变大。在 TSR 作用过程中,气藏中烃类的含量(尤其是重烃类)将会逐渐减少,不同温度条件下各种烃类与硫酸盐发生 TSR 作用的活化能见表 3-13。由于各种烃类的化学活性及反应活化能的不同,导致发生 TSR 作用对烃类的消耗具有选择性,其重烃类优先被消耗,往往导致天然气干燥系数变大。

表 3-13 不同温度条件下各种烃类与硫酸盐发生 TSR 作用的活化能

序号	反应方程式	$\Delta G_r/(kJ\cdot mol^{-1})$		
		25 ℃	120 ℃	140 ℃
1	$CH_4+CaSO_4 \longrightarrow CaCO_3+H_2S+H_2O$	−26.96	−42.74	−44.70
2	$C_2H_6+2CaSO_4 \longrightarrow 2CaCO_3+H_2S+S+2H_2O$	−89.26	−102.01	−104.82
3	$C_3H_8+3CaSO_4 \longrightarrow 3CaCO_3+H_2S+2S+3H_2O$	−142.89	−159.81	−163.56
4	$C_4H_{10}+4CaSO_4 \longrightarrow 4CaCO_3+H_2S+3S+4H_2O$	−194.94	−216.64	−221.46

由表 3-13 可知，随着烃类碳数的增多，反应的活化能越小，反应往往更易进行。一方面证明了重烃类比甲烷更易于和硫酸盐发生 TSR 作用，另一方面阐述了由 TSR 形成含 H_2S 的天然气干燥系数更高的原因，即 TSR 作用具有优先消耗重烃的结果。因此，气体的干燥系数更高及较高含量的 H_2S 往往是气藏中 TSR 成因的重要证据之一。

(10) 地层水矿化度降低。地层水中高含 H_2S 主要是含烃类有机质与矿物质(硫酸根离子)发生 TSR 作用的产物。相关研究已证明，随着 TSR 作用的进行，地层水的化学性质必将发生变化，而且其变化结果往往是地层水矿化度降低。

3.4.2 准噶尔盆地东南缘煤矿硫化氢气体成因识别

新疆为我国产煤大省，预测煤炭储量约占全国的 40%，以开采侏罗系西山窑组、八道湾组和水西沟群组等煤层为主。受沉积环境、煤层自燃等因素影响，诸多矿区含煤地层硫化氢异常富集，且以乌鲁木齐、昌吉、阜康等准噶尔盆地东南缘尤为严重，发生过多起死伤事故。人们普遍认为，近海和海相蒸发岩成煤组合有利于 H_2S 的生成，膏岩的存在是形成高浓度 H_2S 必要条件。研究区域系陆相成煤，且 H_2S 富集区膏岩并没广泛分布，其 H_2S 形成及富集应与海相成煤有显著差异。地下流体作为地壳介质的组成部分，其水化学特性、水体中微生物活动特征能灵敏地反映地壳内部信息变化。因此，基于区域泉(井)水特性，探讨区域煤矿 H_2S 成因，对查明煤岩层 H_2S 气体的来源、赋存和防治以及对煤层气、油气等开采具有重要意义。

1) 地质背景

区域位于乌鲁木齐三屯河和阜康市四工河之间，介于北天山北麓、博格达山西北麓与准噶尔盆地东南缘之间的低山丘陵～中低山地带，南高北低。主要褶曲有：七道湾背斜、八道湾向斜、乌鲁木齐背斜、西山背斜、郝家沟背斜、阿克德向斜和小渠子背斜等共同组成。主要断裂有：西山断层、八钢—石化隐伏断层、妖魔山断层、王家沟断层组、九家湾断层组、妖魔山南断层、红山嘴—白杨沟北段逆冲断层、小泉子断层和碗窑沟逆冲断层等。

2) 煤矿硫化氢分布特征

区内诸多矿井(区)煤岩层、地下水体中 H_2S 异常富集，且 H_2S 与 CO_2 共存。煤岩储层中瓦斯气体组分以 CH_4 和 N_2 为主，伴有 CO_2，H_2S 及重烃等，H_2S 含量最高可达 2.11%。区域各煤矿煤岩层 H_2S 分布极不均匀，分区分带现象明显。区域西山煤矿井下各地点监测的最大 H_2S 浓度变化情况如图 3-29 所示。

在西山煤矿 B_7 煤层 +880 m 水平回风石门探孔打钻过程中测试的 H_2S、CH_4 等变化情况如图 3-30 所示。

由图 3-30(a)可知，1# 探孔在孔深 5 m 处，测得最大 H_2S 浓度为 150×10^{-6}，在钻孔打

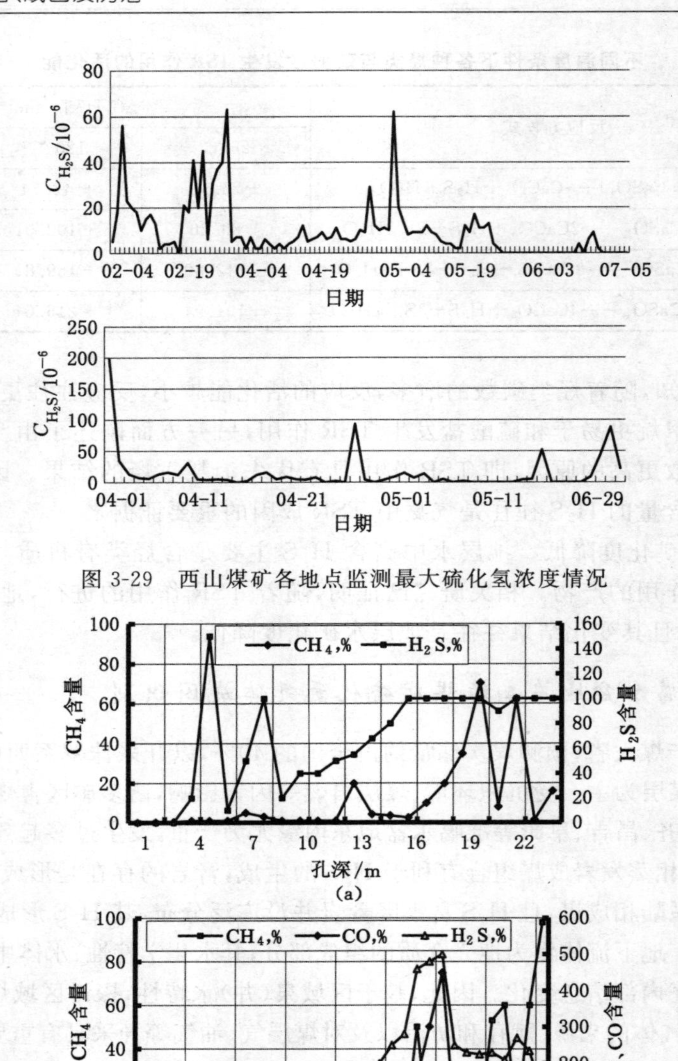

图 3-29　西山煤矿各地点监测最大硫化氢浓度情况

图 3-30　1# 及 3# 探孔气体成分测试曲线图

(a) 1# 探孔；(b) 3# 探孔

至 24 m 时，涌水量增大，水温升至 30 ℃，孔内 H_2S 高达 899×10^{-6}。由图 3-30(b)可知 3# 探孔在钻至 20 m 时，水温升高到 28 ℃，H_2S 急剧攀升至 105×10^{-6}；推进到 22 m 时，涌水量明显增大，水温达 30 ℃，H_2S 升至 380×10^{-6}。由此可知，煤层 H_2S 含量大，H_2S 与水共存，H_2S 含量与 CO 含量、水温和压力呈正相关。

3）储聚层特征

区域煤层大多为低阶煤，埋藏深度大多处于 200～900 m，煤层地温普遍小于 40 ℃，在此阶段煤岩层中的微生物活动较为普遍。SRB 适合在 60～80 ℃的无氧还原环境中生存与繁殖，最适宜的温度为 20～40 ℃。由此可知，区域煤岩层目前开采深度非常适宜 SRB 的生长与繁衍。从区域各矿井取样深度自 254～750 m 范围内，实测的硫酸盐还原菌数为 100～3 500 个/g 样品，平均为 791 个/g 样品，反映出区域硫酸盐还原菌数活动激烈。在含有 SO_4^{2-} 的水侵入，在富烃的状态下发生 BSR 作用，硫化氢将大量形成。区域煤岩层莓球状的黄铁矿普遍存在，其可能是由 BSR 作用形成的副产物。区域各煤层所测定的硫化氢丰度普遍小于 3.0%，瓦斯气体组分中含有 C_2H_6、C_3H_8 等重烃组分，具有 BSR 成因的特征。

4）碳同位素特征

区域煤层气甲烷碳同位素 $\delta^{13}C$ 组成普遍落在－64.7‰～－41.8‰，大多数煤层气中的 CH_4 碳同位素 $\delta^{13}C$ 小于－50.0‰。其中，阜煤 1 井煤层气中的 CH_4 碳同位素 $\delta^{13}C$ 为－55.7‰，七道湾地区瓦斯气体中的 CH_4 碳同位素 $\delta^{13}C$ 普遍为－63.9‰～－56.3‰，乌鲁木齐乌河西矿区瓦斯气体中的 CH_4 碳同位素 $\delta^{13}C$ 为－62.5‰～－53.3‰，乌鲁木齐乌河东矿区瓦斯气体中的 CH_4 碳同位素 $\delta^{13}C$ 介于－62.1‰～－50.7‰，大黄山煤矿瓦斯气体中的 CH_4 碳同位素 $\delta^{13}C$ 为－61.7‰～－57.0‰。CH_4 碳同位素值总体偏轻，CH_4 具有生物甲烷成因特征。煤层气中的 $\delta^{13}C_{CO_2}$ 普遍为－18.2‰～－11.7‰，表现出有机成因的特征。

5）泉（井）水特征

（1）地层水特征

区域自南向北沿地下径流方向流域各煤矿（区）地下水化学特性具有：由 HCO_3—Ca—Na 和 HCO_3—SO_4—Na—Ca 演变成 HCO_3—SO_4—Cl—Na—K 型水；矿化度和硬度逐渐走高，矿化度由不到 1.0 g/L 快速增大到 6.0 g/L 以上，pH 值由 7.8 上升到 9.3，为弱碱性淡咸水；深层承压水中的常量离子浓度（除 HCO_3^-）均由小变大，阳离子 Na^+ 和 K^+ 呈快速增加、由以 Ca^{2+} 占优势演变为以 Na^+ 为主，阴离子始终是以 HCO_3^- 为主，但存在被 SO_4^{2-} 反超的趋势。可以认为，地下水体为 BSR 成生硫化氢提供丰富的硫酸根离子。

（2）4 号泉水特征

4 号泉出露于乌东矿区水磨沟—白杨南沟压扭性断裂与水磨沟追踪断裂的交汇处。断裂南盘二叠系妖魔山组油页岩、砂岩等掩伏于北盘侏罗系八道湾组砂泥岩及煤系地层之上。泉水属于 CO_3—HCO_3—Na 型高矿化水，水体中溶解的气体主要为 CH_4、N_2、CO_2 及 H_2S，其水质分析见表 3-14；水体中的 CH_4、CO_2 及 H_2S 变化特征如图 3-31所示。

表 3-14　泉（井）水质分析

泉（井）名称	阳离子质量浓度/(mg·L⁻¹)				阴离子质量浓度/(mg·L⁻¹)				C_{H_2S}/(mg·L⁻¹)	矿化度/(mg·L⁻¹)	pH 值
	K^+	Na^+	Ca^{2+}	Mg^{2+}	HCO_3^-	CO_3^{2-}	SO_4^{2-}	Cl^-			
4 号泉	36.0	2 280.0	5.2	12.6	4 405.0	909.6	16.3→551.0	667.0	40→300	7.98	9.6
10 号井	2.8	240.0	26.0	24.9	354.0	26.3	258.0	117.2	1.5～4.5	10.43	7.9

（3）10 号泉水特征

10 号泉位于乌鲁木齐市南红雁池水库南缘，柳树沟—红雁池断裂带的西端。水温为

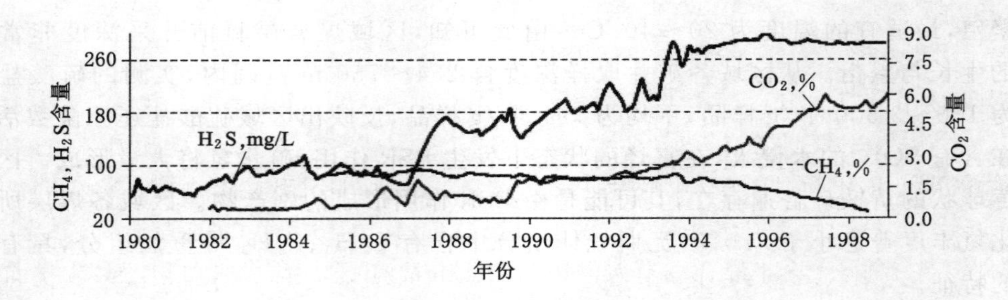

图 3-31　4 号泉 CH_4、CO_2 及 H_2S 变化特征

11.2 ℃左右，属 HCO_3—SO_4—Cl—Na 型弱碱性矿化水。水体中富含 N_2、CO_2 和 CH_4，其中 N_2 含量为 86.4%，CO_2 含量为 11.6%，CH_4 含量通常稳定在 0.4%～0.6%，H_2S 含量为 1.5～4.5 mg/L，并含有少量的 H_2 和 He 气体。其中，水质分析见表 3-14；水体中的 CH_4、CO_2 及硫化物变化特征见图 3-32。

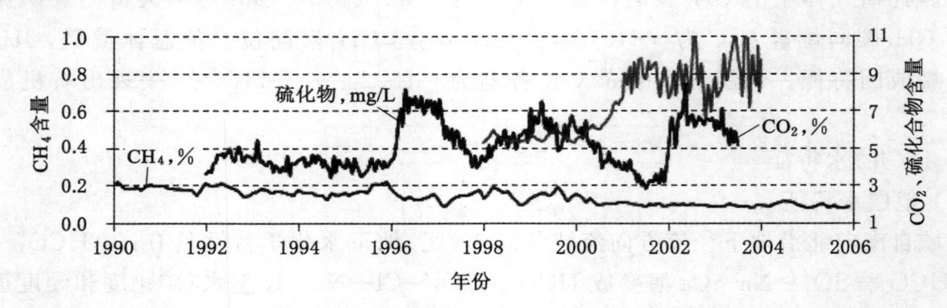

图 3-32　10 号泉 CH_4，CO_2 及硫化物组分变化特征

(4) 水体中 CO_2 碳同位素特征

区域地下水体中的 CO_2 含量及二氧化碳 $\delta^{13}C$ 同位素特征见表 3-15。

表 3-15　区域泉(井)水体中的二氧化碳含量及二氧化碳碳同位素特征

井(泉)名称	C_{CO_2}/%	$\delta^{13}C$/‰	井(泉)名称	C_{CO_2}/%	$\delta^{13}C$/‰
红雁池 10 号井	2.44	−12.9	水磨沟 04 号井	2.00	−11.7～−13.8
红雁池 09 号井	4.12	−11.2	水磨沟 4b 号井	2.30	−16.3
马料地 03 号井	9.20	−15.8	水磨沟 15 号井	13.23	−18.1

以上可知，地下水体中富含 CO_2，二氧化碳 $\delta^{13}C$ 较轻，普遍介于−18.1‰～−11.2‰。CO_2 表现出有机成因，具有 BSR 作用的特征。

(5) 水体中菌种特征

研究区域受天山雪水及降雨补给，地下水水体富含硫酸根离子，矿化度逐渐增高(不具有 TSR 特征，因 TSR 作用具有使水体矿化度降低的特征)。区域各矿井实测硫酸盐还原菌(SRB)情况见表 3-16。由此可知，区域煤岩地层 SRB 繁衍、活动激烈，有利于产 SRB 的繁衍及发生 BSR 作用，形成 H_2S。

表 3-16　　区域各矿井硫酸盐还原菌情况

序号	样品位置	取样深度/m	检测温度/℃	硫酸盐还原菌数/(个·g^{-1})
1	北山煤矿-1	272.8	30	100
2	小龙口煤矿-1	312.0	35	3500
3	北山煤矿-2	209.5	35	650
4	奇台-1	463.5	30	234
5	西山煤矿	563.0	25	235
6	西山煤矿	750.0	28	528
7	四棵树-3	254.8	30	290

10 号泉检测到 4.35%的克隆子与甲烷厌氧氧化相关的(ANME-1a-FW)具有较高的相似性,故水体处于厌氧状态。其微生物多样性指数香浓(Shannon)、辛普森(Simpson)和麦全托什(Mclntosh)与 H_2S 的相关性分别达到 1.000、0.979 和 0.979,与 CO_2 的相关性分别达到 0.915、0.972 和0.798,与 CH_4 的相关性分别为 0.164、−0.014 和 0.385。另外,10 号泉还检测到来自栖息于地层深部含煤岩层水体中与厌氧含硫环境中的硫酸盐还原菌。由此可见,该泉水中微生物的繁衍与含硫化合物密切相关,其能量循环是以硫元素为主体,且深层地下水体中 SRB 活动激烈,具备 BSR 成生 H_2S 的地质条件。

6) 地下水化学特征

研究区域受天山雪水补给,地层含水性较好,沿径流方向,地下水矿化度逐渐增高,由依林黑比尔根山的不到 1.0 g/L 快速增大到西山煤矿的 6.0 g/L 以上,水体呈弱碱性,pH 值也逐渐上升,上述表现均不具备 TSR 成因的特征。SRB 可将各类烃源岩作为碳源,以 SO_4^{2-} 为供体,对其进行代谢分解,形成硫化氢。其可能发生的 BSR 作用方程式如下:

$$\sum CH(或\ C) + SO_4^{2-} + H_2O \xrightarrow[\text{还原菌作用}]{\text{硫酸盐}} H_2S\uparrow + CO_2\uparrow + CO_3^{2-} \quad (BSR\ 作用) \tag{3-41}$$

因煤岩层及含水层中含有铁离子,H_2S 与铁离子能较快发生反应形成水陨硫铁 $FeS \cdot H_2O$,然后形成黄铁矿,其能快速消除硫化氢对 SRB 的毒害作用。如果反应体系中的铁缺乏,硫化氢将得以形成。而铁氧化物参与的反应,能不断消耗反应体系中的 H^+,同时产生的 HCO_3^- 有利于 pH 值的不断增大,并且促进 CO_2 的溶解,形成溶解的钙离子形成碳酸钙晶体,有利于促进硫酸盐还原反应的持续进行,并导致水体中 Ca^{2+} 含量降低。区域自南向北流域各煤矿深层承压水阳离子由以 Ca^{2+} 占优势逐渐演变以 Na^+ 为主,Ca^{2+} 由 57.8%减少到 21.2%,阴离子始终是以 HCO_3^- 和 SO_4^{2-} 为主,水体中富含 SO_4^{2-}。从已有研究可知,硫化氢由 TSR 成因,其水体中的矿化度将减低,而区域地下水矿化度逐渐增高,不符合 TSR 成因特征。

7) 煤岩层温度

根据巴克(Barker)和帕韦尔维茨(Pawlewicz)建立的最大古地温与镜质体反射率之间的大致关系:

$$\ln R_0 = 0.0078 T_{max} - 1.2$$

式中　R_0——镜质体反射率;

T_{max}——最大古地温。

由区域西山窑组煤的镜质体反射率峰值主要分布在0.50%～0.75%。可推算出其成煤岩阶段的古地温范围为80.0～110.0 ℃，没有经历温度超120 ℃高温，不具备TSR作用的温度条件。在区域侏罗系西山窑组储层测试方解石、石英中的流体包裹体均一温度分布为102～115 ℃，普遍小于发生TSR作用的120 ℃温度下限。目前，区域煤层埋藏深度普遍处于200～900 m，其地温小于40 ℃。

8）火烧情况

研究区域煤层火烧普遍，火烧深度普遍小于60 m，火烧过程中产生的高温或烘烤作用，使煤岩层发生TDS作用，产生硫化氢，因硫化氢极易溶于水，会储存与烧变岩储水层中或沿煤岩层裂隙运移，吸附于煤岩层中或储存与地下裂隙水体中。区域煤岩层火烧都发生在浅部，所形成的硫化氢量有限且较难富集，与目前区域硫化氢富集情况不匹配，但不排除局部H_2S由煤层火烧，由TDS或TSR成因产生。

9）其他证据

研究区域乌鲁木齐河上游大西沟水库大坝心墙基础在施工过程中出现硫化氢异常涌出，钻孔水体中的硫化氢质量浓度最高达25.32 mg/L(25 320 mg/m^3)。库坝区较大范围内没有油气显露，没有火山活动迹象和煤层火烧情况，可以排除岩浆活动和TDS成因；距离最近的侏罗系地层在库坝区1～2 km的上游部位，且地层倾向上游，煤层中的含硫化氢瓦斯气体很难向深部和下游运移，因此库坝区的硫化氢气体非煤层硫化氢运移过来的；坝体基础水体温度为6～10℃，不具备TSR成因的温度条件；坝体基础水体中SO_4^{2-}质量浓度最高达346.3 mg/L，在还原环境、富烃和SBR作用下容易发生BSR作用，形成硫化氢气体。

10）煤矿硫化氢成因讨论

在区域西山煤矿井下抽排泵站及回风石门测定的气体成分见表3-17。

表3-17　西山煤矿抽排泵站及回风石门气体成分

取样地点＼气体成分	C_{H_2S}/×10^{-6}	C_{CO_2}/%	C_{CH_4}/%	C_{N_2}/%	$C_{C_2H_6}$/%	$C_{C_3H_8}$/%
抽排泵站	74.94	2.287	11.28	66.72	0.009	0.001 8
回风石门	5.45	1.457	0.86	77.36	0.005	0

由此可知，区域煤矿瓦斯气体组分中含有C_2H_6及C_3H_8等重烃组分，不符合TSR作用会优先消耗重烃，导致气体干燥系数变大的特征。由图4可知，4号泉甲烷、水温都呈下降趋势，CH_4含量由1985年大概92%下降至目前的30%，水温由1977年的大约20 ℃降至目前的大约15 ℃。而H_2S、CO_2及SO_4^{2-}则呈稳步上升趋势，H_2S含量由1980年40×10^{-6}上升至目前大约300×10^{-6}，CO_2含量由1980年的0.3%大约上升至目前的5.7%。SO_4^{2-}质量浓度则由16.3 mg/L大约上升至目前的551.0 mg/L，呈快速增加趋势。由此可知，区域丰富的硫酸根离子及烃源(CH_4)为BSR成因H_2S提供物质基础，上述特征具备BSR成因硫化氢的特点。

一般情况下，CH_4在水体中主要以水溶解气的形式存在，其性能非常稳定，但当水体中富含 SRB 时，SRB 可利用水体中 CH_4 作为给氢体来还原溶解状的硫酸盐，在异化作用下生成含硫化合物(H_2S)。4 号和 10 号泉其出露处地层岩性组合中含有大量的碳酸盐、硫酸盐及丰富的有机质。在有利于 SRB 繁衍、活动条件下，其可能发生 BSR，反应过程可用下式表示：

$$CH_4 + SO_4^{2-} \longrightarrow HS^- + HCO_3^- + H_2O \quad (发生\ BSR) \tag{3-42}$$

$$CH_4 + CaSO_4 \longrightarrow CaCO_3 + H_2S + H_2O \quad (发生\ BSR) \tag{3-43}$$

$$CH_4 + SO_4^{2-} \longrightarrow CO_2 + S^{2-} + 2H_2O \quad (发生\ BSR) \tag{3-44}$$

$$\sum CH(或\ C) + SO_4^{2-} + H_2O \longrightarrow H_2S + CO_2 + CO_3^{2-} \quad (发生\ BSR) \tag{3-45}$$

式(3-42)为放热反应，即温度的降低有利于含硫化合物(H_2S)的形成，同时消耗更多的 CH_4。这也印证了 4 号泉随着水体温度的下降，CH_4 含量不断降低，而 H_2S(含硫化合物)、CO_2 的含量则不断上升的关系。同时，一系列的 BSR 作用会促进水体中的 CO_2 与可溶性的钙离子形成碳酸钙晶体，有利于反应向正方向进行，并导致水体中 Ca^{2+} 含量降低。区域自南向北流域各煤矿深层承压水阳离子 Ca^{2+} 由 57.8%减少到 21.2%，表明水体中的 Ca^{2+} 及 H_2S 含量等化学特征的变化符合上述规律。因此，区域上述地层水体中化学特征变化，符合 BSR 作用成生 H_2S 的特征。

区域地下(泉井)水多为弱碱性水，而 H_2S 系易溶于水的二元酸，因此可能存在式(3-46)所示关系式及式(3-47)、式(3-48)所示的两个电离平衡式。

$$H_2S + OH^- \rightleftharpoons HS^- + H_2O, HS^- + OH^- \rightleftharpoons S^{2-} + H_2O \tag{3-46}$$

$$H_2S \rightleftharpoons H^+ + HS^-, E_1 = c(H^+) \cdot c(HS^-)/c(H_2S) = 5.7\times 10^{-8} \tag{3-47}$$

$$HS^- \rightleftharpoons H^+ + S^{2-}, E_2 = c'(H^+) \cdot c(S^{2-})/c(HS^-) = 1.2\times 10^{-15} \tag{3-48}$$

式中 E_1, E_2——H_2S 和 HS^- 的电离平衡常数；

$c(H^+), c(HS^-)$——H_2S 电离产生的 H^+ 和 HS^- 的浓度；

$c(H_2S)$——未电离的 H_2S 浓度；

$c'(H^+), c(S^{2-})$——HS^- 电离产生的 H^+ 和 S^{2-} 浓度。

根据式(3-47)和式(3-48)的两个电离平衡式，可以绘出水溶液中 3 种形态硫不同摩尔比与 pH 值之间的关系，如图 3-33 所示。

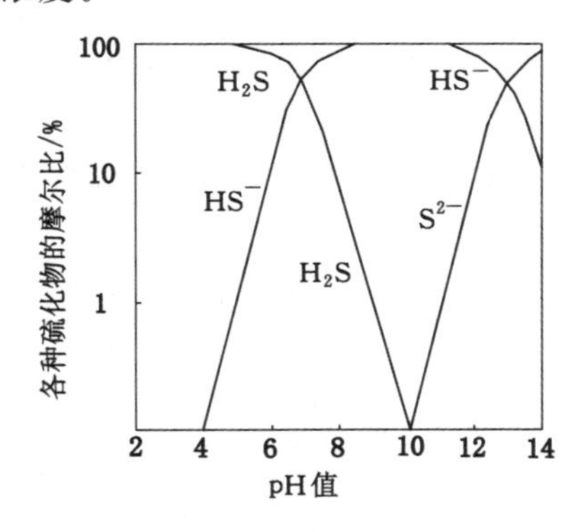

图 3-33 硫的摩尔比与 pH 值的关系

随着硫化物总量的上升，HS^- 的浓度将相应增加，而由其水解而形成的 OH^- 浓度也将相应上升。同时，由于煤岩层及含水层中含有铁离子，而铁氧化物参与的反应，能不断消耗反应体系中的 H^+，促使 pH 值上升。pH 值的升高又可以促进 H_2S 的进一步发生电离或溶解，H_2S 的电离或溶解又促使 S^{2-} 含量的增加。因此，区域地层水进入一个促使硫化物总量及 pH 值不断上升的循环过程。

区域多数为低阶煤，煤的镜质体反射率峰值主要分布在 0.50%～0.75%，可推算出其成煤岩阶段的古地温范围大致为 80～110 ℃，没有经历温度超 120 ℃高温，不具备 TSR 作用的温度条件。区域目前侏罗系西山窑组煤层埋藏深度大多处于 500～2 800 m，其煤层温度普遍小于 60 ℃。此阶段煤层中的 BSR 繁衍、活动普遍，在含有溶解状 SO_4^{2-} 的情况下，易发生 BSR 作用形成 H_2S。

研究区域煤层火烧普遍，部分矿区(井)煤火特征见表 3-18。

表 3-18　区域部分矿区煤火特征

火烧区域	煤种	火烧煤层	煤层厚度/m	火烧深度/m	火区温度/℃
硫磺沟火区	HM	9	4.36	40～60	367
西山火区	CY	B_8	5.20	50～61	281
铁厂沟火区	RN	45	3.80	49～60	278
甘沟火区	CY	B_{45}	2.80	39	273
四工河火区	QM	A_2	9.56	20～40	345
黄草沟火区	QM	21	10.44	20～52	435
甘河子火区	QM	A_7	4.10	36～60	273

由以上可知，区域煤层火烧深度较浅，普遍小于 60 m，火烧过程中产生的高温 273～435 ℃或烘烤作用，可能促使煤岩层发生 TDS 或 TRS 作用，形成 H_2S。目前，区域煤岩层大范围存在 H_2S，其后期的 BSR 作用巨大。

本章参考文献

[1] QIGEN DENG，MINGJU LIU，FAJUN ZHAO，et al. Geochemistry Characteristics of Sulfur in Coals[J]. Disaster Advances，2013，6(S6)：234-240.

[2] 任南琪，王爱杰，赵阳国. 废水厌氧处理硫酸盐还原菌生态学[M]. 北京：科学出版社，2009.

[3] 缪应祺. 废水生物脱硫机理及技术[M]. 北京：化学工业出版社，2004.

[4] LUPTAKOVA A，KUSNIEROVA M. Bioremediation of acid minedrainage contaminated by SRB[J]. Hydrometallurgy，2005，77(1-2)：97-102

[5] LARRY L BARTON. Sulfate-reducingbacteria[M]. New York and London：Plenum Press. ，1995.

[6] LUHACHACK L，NUDLER E. Bacterial gasotransmitters：an innate defense against antibiotics[J]. Current Opinion in Microbiology，2014，21：13-17

[7] 徐卫华，刘云国，曾光明，等. 硫酸盐还原菌及其还原解毒 Cr(Ⅵ)的研究进展[J]. 微生物学通报，2009，36(7)：1040-1045.

[8] BRADLEY A S，LEAVITT W D，JOHNSTON D T. Revisiting the dissimilatory sulfate reduction pathway[J]. Geobiology，2011，9(5)：446-457.

[9] KODAMA K，UMEHARA K，SHIMIZU K，et al. Identification of microbial products from dibenzothiophene and its proposed oxidation pathway[J]. Journal of the Agricultural Chemical Society of Japan，2008，37(1)：45-50.

[10] 周睿，赵勇胜，朱治国，等. 垃圾场污染场地氧化还原带及其功能微生物的研究[J]. 环境科学，2008，(11)：3270-3274.

[11] 林小云,高甘霖,徐莹,等. 生物成因气生成演化模式探讨[J]. 特种油气藏,2015,22(1):1-7.

[12] BRUCHERT V,KNOBLAUCH C,BO B J. Controls on stable sulfur isotope fractionation during bacterial sulfate reduction in Arctic sediments[J]. Geochimica Et Cosmochimica Acta,2001,65(5):763-776.

[13] KRAUSE S,LIEBETRAU V,GORB S,et al. Microbial nucleation of Mg-rich dolomite in exopolymeric substances under anoxic modern seawater salinity:New insight into an old enigma[J]. Geology,2012,40(7):987-990.

[14] CORZO A, LUZON M J, MAYAYO M,et al. Carbonate mineralogy along a biogeochemical gradient in recent lacustrine sediments of gallocanta lake (Spain)[J]. Geomicrobiology Journal,2005,22(6):283-298.

[15] LITH Y V,WARTHMANN R,VASCONCELOS C,et al. Microbial fossilization in carbonate sediments:a result of the bacterial surface involvement in dolomite precipitation[J]. Sedimentology,2003,50(2):237-245.

[16] 邓奇根,温洁洁,刘明举,等. 基于泉(井)水特性的准噶尔盆地东南缘煤矿硫化氢成因研究[J]. 河南理工大学学报(自然科学版),2018,37(1):8-14.

[17] 田继军,杨曙光. 准噶尔盆地南缘下—中侏罗统层序地层格架与聚煤规律[J]. 煤炭学报,2011,36(1):58-64.

[18] 费安国,朱光有,张水昌,等. 全球含硫化氢天然气的分布特征及其形成主控因素[J]. 地学前缘,2010,17(1):350-360.

[19] CAI C F,LI K K,MA A L. et al. Distinguishing the Cambrian source rock from the Upper Ordovician:evidence from sulfur isotopes and biomarkers in the Tarim basin[J]. Organic Geochemistry,2009,40(7):755-768.

[20] 刘明举,李国旗,HANI MITRI,等. 煤矿硫化氢气体成因类型探讨[J]. 煤炭学报,2011,36(6):978-983.

[21] 郭继刚,王绪龙,庞雄奇,等. 准噶尔盆地南缘中下侏罗统烃源岩评价及排烃特征[J],中国矿业大学学报,2013,42(4),595-605.

[22] 朱日房. 准噶尔盆地永1井油气来源及成藏模式分析[J]. 石油实验地质,2009,31(5):490-494.

[23] 段磊,王文科,曹玉清. 天山北麓中段地下水水化学特征及其形成作用[J]. 干旱区资源与环境,2007,21(9):29-34.

[24] 冯芳,冯起,李忠勤,等. 天山乌鲁木齐河流域山区水化学特征分析[J]. 自然资源学报,2014,29(1):143-155.

[25] BARKER C E,PAWLEWICZ M J. The correlation of vitrinite reflectance with maximum temperature in humic organic metter[J]. Paleogeothermics. 1986,(5):79-93.

4 煤的硫化氢形成模拟

气体组分特征是判识煤层气(硫化氢)成生类型的有效地球化学手段之一。近年来,国内外诸多学者在石油地质方面,对TSR的模拟实验条件、可能启动机制、控制因素、反应机理、界限温度、动力学特征和生成物的地球化学特征开展了大量深入的模拟实验。本章搭建煤的硫酸盐生物还原(BSR)和硫酸盐热化学还原(TSR)平台,结合井下硫酸盐还原菌种(SRB),开展不同条件下煤的SRB代谢,确定SRB生活量、活性及与H_2S释放对应关系;对不同煤在不同添加物(煤+水、煤+水+$CaSO_4$/$MgSO_4$)及不同温度下开展TSR实验,分析气态产物演化,确定煤的TSR影响因素,揭示煤的TSR硫化氢形成机理。以期研究煤岩层硫化氢形成、富集和分布规律,煤岩层含硫化氢的演化过程和成因判识起到积极作用,进而利于煤矿H_2S气体的防治与煤的清洁转化利用具有重要的意义。

4.1 煤的TSR硫化氢形成模拟

在煤矿开采过程中,煤矿高含硫化氢气体引起的异常涌出和伤人事故越来越频繁,普遍认为TSR作用是煤岩层H_2S异常富集的主要原因之一。TSR是一种在深部高温储层中,硫酸盐矿物在热应力作用下被烃类还原成硫化物,同时烃类被氧化的有机—无机—流体相互作用的地质—地球化学过程。

近年来,国内外学者在石油地质方面,对TSR的模拟实验条件、判识标志、含硫化合物、启动机制、控制因素、反应机理、界限温度、动力学特征和生成物的地球化学特征等开展了大量深入研究,试图再现漫长实际地质条件下TSR作用过程。本书在前人油气TSR模拟实验研究的基础上,采用自主设计的装置对煤在不同介质条件下进行热模拟实验,探讨煤的热模拟产物(H_2S)的规律,以期研究煤岩层H_2S形成、富集和分布规律,煤岩层含硫化氢的演化过程和成因判识,进而利于煤矿H_2S气体的防治、煤的清洁转化利用及环境保护都具有重要的意义。

4.1.1 实验样品

本次实验用煤选自硫化氢异常富集区乌鲁木齐西山煤矿侏罗系西山窑组气煤。取样时从煤矿井下取新鲜煤样,采用锡箔纸、外加塑料袋密封包装,以防止煤的氧化。样品预先粉碎至200目,在恒温干燥箱内50 ℃烘干4 h,把制好的样品装入瓶中,充入氮气密封保存。对样品进行工业分析、元素分析、硫分及煤的镜质体反射率的测定,各参数测定值表4-1。水样采用去离子纯净水,因硫酸钙和硫酸镁不易发生热解反应,在还原气氛且接近800 ℃时才发生热解。因此,本次分析纯药品分别选用硫酸镁和无水硫酸钙,纯度都大于99.0%,制备成浓度为200 mg/L溶液。

表 4-1　实验样品参数测定值

工业分析/%			元素分析/%				硫组成/%				R_0/%
M_{ad}	A_d	V_{daf}	C	H	N	O	$S_{t,d}$	$S_{s,d}$	$S_{o,d}$	$S_{p,d}$	
4.23	8.15	39.45	83.18	6.10	1.25	7.33	2.17	0.08	0.53	1.56	0.61

样品元素分析中的碳含量大于 83.0%，氢含量为 6.1%以上，氧含量为 7.33%，氮含量为 1.25%；样品煤的镜质体反射率为 0.61%，为低～中硫煤。其热模拟具有一定的代表性。

4.1.2　实验仪器、方法及条件

从实验目的来看，热模拟生气实验装置可分为三类：一是开放体系实验装置；二是封闭体系实验装置；三是介于二者之间的半开放半封闭体系实验装置。鉴于地质实际情况下，完全开放和封闭是不存在的，因此选择半开放半封闭体系更加合理。目前对半开放半封闭体系的研究集中在利用封闭体系分步热解方面。从程序升温方式不同来看，可分为两类：一是恒温加热；二是变温加热，温度范围为 100～650 ℃。考虑到变温加热分解试验与实际地质条件更接近，因此选择变温加热方式更合理。结合上述原因，本次试验采用密闭体系的变温加热方式进行模拟实验。

本次试验采用的热模拟生气装置由自主设计。该装置包括：真空脱气装置、煤热解生气装置、气体收集装置和气体组分测试装置等。实验系统如图 4-1 所示；实验装置如图 4-2 所示。具体参数如下：

反应釜容积为 5 000 mL；温度范围：室温至 650 ℃，控温精度为±1 ℃；最高压力：25.0 MPa，控压精度为±0.5 MPa。

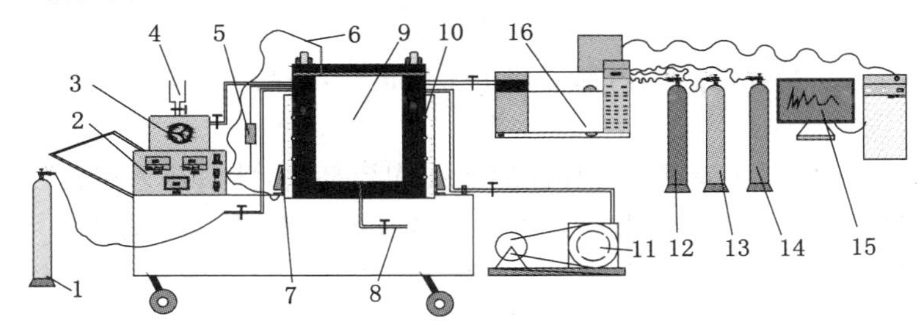

图 4-1　实验装置示意图

1，12，13，14—载气瓶；2—控制器；3—加压装置；4—液体加载装置；
5—压力传感器；6—测温装置；7—水循环冷却装置；8—排液口；9—反应釜体；
10—冷却循环孔；11—真空泵；15—主机；16—气体分析仪

与以往使用的反应釜模拟实验装置相比，该反应釜具有以下的特点与优势：

(1) 加热均匀

以往对反应釜进行加热是通过反应釜底端布置的电阻丝进行对其进行加热，这样会造成釜内温度相差较大，加热不均匀。然而，自主设计的反应釜是把电阻丝缠绕在反应釜外面，缠绕方式为从下到上密集环绕，并在缠绕过电阻丝的反应釜外边缠绕玻璃棉，玻璃棉对反应釜具有保温及隔绝外界影响的作用。这些条件一方面提高了反应釜加热的均匀性；另一方面也对反应釜起到隔绝外界影响的作用。

图 4-2　高温高压反应釜实验装置示意图

(2) 实验温度精确控制

温度测量控制系统由加热炉、温控仪、热电偶杆、控制电路，加热开关等部件构成。在反应釜本体顶端釜盖上设置有一个小孔，热电偶杆插入其中，可以对反应釜内部温度变化进行监控，并在控温仪显示屏上显示出釜温度。然而，在控温仪显示屏上设定好试验所需的温度后，控温仪自动控制升高温度并自动恒温在设定温度，温度波动为±1 ℃。

(3) 密封性好

反应釜上端有一个大的接口，并且有多个阀门，为了防止反应釜容器在高温高压条件下加热过程中发生泄漏，对反应釜的釜盖及阀门进行了改造：一是在反应釜的釜盖内添加四氟密封圈，四氟密封圈具有耐高温高压及不被硫化氢腐蚀的特性，这样就能保证反应釜上端接口处的良好密封性；二是在阀门的内部添加了密封钢环，提高了接口处的密封性。

(4) 方便清洗

一是该装置进行模拟实验都是将样品盛放在陶瓷杯中，然后放入釜内。陶瓷杯具有耐高温、耐腐蚀的特性。反应后残存物可以通过陶瓷杯取出来，既方便清洗又可减少对釜内的污染。二是该装置在其底端打通了一个连通釜内的小孔。对其清洗时，液体及小颗粒固体废物可以小孔排出，方便清洗。

(5) 方便液体添加

密闭后的反应釜，可通过计量泵将液体压入到釜内。

为减少实验误差，采用大块煤样。将盛有制备好的 1 000 g 煤样的石英管放入釜体中，用氩气反复冲洗以除尽釜内空气，密闭后对整个系统进行大于 12 h 的脱气，直到真空度≤20 Pa，并且稳定 2 h 以上。随后从加载装置进料管处向釜内密闭注入 500 mL 溶液。釜内初始压力为 5.0 MPa，反应体系最终压力在 12.0～20.0 MPa。反应先在 5 h 内将釜温升至 250 ℃，然后以 20 ℃/h 加热速率升温，模拟 250～600 ℃温度范围内每 50 ℃一个点，共 8 个温度点进行气态产物取样，每个模拟实验阶段加热时长为 24 h。

气体收集系统主要包括硫化氢气体采样器、泰德拉(Tedalr)气体采样袋，如图 4-3 所示。为防止硫化氢与反应釜之间的反应，尽量减少硫化氢的不必要损失，在每个试验阶段结束、待高压反应釜自然冷却 30 min 后，使用釜体后背部 2 个联通口，连接自来水快速冷却至室温，并采用容积为 1.0 L 的泰德拉气体采样袋、硫化氢气体采样器，从高压反应釜气体收集系统中收集气体产物。

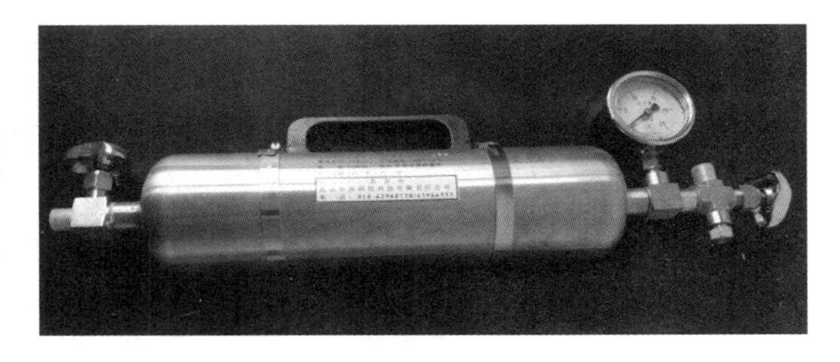

图 4-3 泰德拉气体采样袋和气体采样器

利用 Agilent7890B 气相色谱仪对实验产物进行组分测定。通过氦气和氢气作载气，气象色谱炉温升温控制程序为：初始温度设定为 50 ℃，预热恒温 5 min 后，以10 ℃/min的升温速率升至 180 ℃，再保持恒温 10 min。双检测器可同时检测出气态烃类气体和非烃气体（CO_2、H_2、N_2和 H_2S），分析误差小于 1%。气相色谱测试装置如图 4-4 所示。

图 4-4 气相色谱测试装置

4.1.3 实验结果

4 种反应系列采用类似的实验条件，其产物的不同可以认为系反应物和反应过程不同造成的。

(1) 甲烷

CH_4的生成通常与 5 个方面有关：① 煤孔中吸附的 CH_4受热脱附；② 甲氧基的脱落；③ 烷基侧链的分解；④ 热解产物的二次分解；⑤ 含杂原子的芳香环的分解。CH_4变化特征如图 4-5 所示。

由图 4-5 可知，反应初期 CH_4产率不高，随后，CH_4产率急剧上升，表明温度控制着 CH_4的生成量。煤中 CH_4生成包括 4 个阶段：第 1 阶段 300 ℃前，煤孔中吸附的 CH_4脱附；第 2

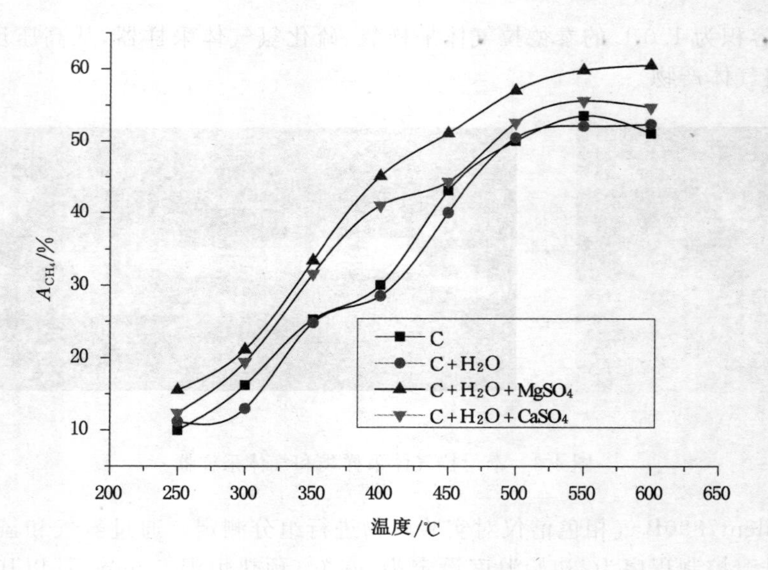

图 4-5　气体产物 CH_4 变化特征

阶段 400～450 ℃，主要是芳基、烷基、醚键断裂形成。与—CH_3 相连的 C—C 键的键能较弱，在较低的温度下脂肪烃侧链的—CH_3 就会断裂生成 CH_4；第 3 阶段 500～550 ℃，来自相对稳定的化学键裂解，如甲基官能团；第 4 阶段 550 ℃后，主要是芳香核缩聚作用形成。

（2）硫化氢

煤中硫包括有机硫和无机硫。有机硫主要形式为芳香、脂肪硫醚、脂肪硫醇、二硫醚、环硫醚和噻吩等。无机硫通常以硫化物或硫酸盐的形式赋存，包括黄铁矿和白铁矿、黄铜矿及膏盐等，以黄铁矿为主。由图 4-6 可知：在反应初期，H_2S 产率很低，表明，煤中各种形态硫分解缓慢，TSR 反应缓慢，少量 H_2S 可能来自不稳定有机硫（如硫醚、硫醇、二硫化物）键的断裂。随着温度的升高，脂肪族硫在 300 ℃左右分解，芳香族硫在 400 ℃左右释放，黄铁矿在 450 ℃时开始分解，到 650 ℃时，黄铁矿硫已基本反应完全。

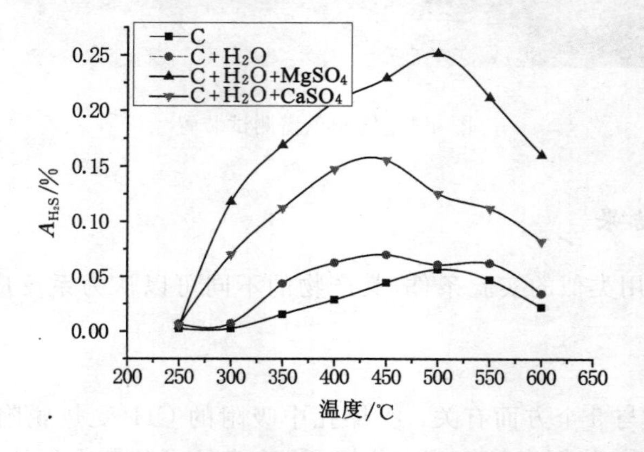

图 4-6　气体产物 CH_4 变化特征

在 350～500 ℃反应阶段，H_2S 产率逐渐增大，H_2 或 H 自由基诱发了芳环的开裂、侧链、脂肪链和醚键的断裂，产生了更多的硫自由基碎片，并与 H_2 或氢自由基结合形成 H_2S。

其可能通过以下反应完成：

$$2RSH \longrightarrow R_2S + H_2S \tag{4-1}$$

$$RSH + H_2O \longrightarrow ROS + H_2S \tag{4-2}$$

$$RSSR' + RH \longrightarrow RSR' + H_2S \tag{4-3}$$

在 450～500 ℃达到最大值，表明此时黄铁矿开始分解，黄铁矿的反应最为彻底，黄铁矿分解可生成 FeS、COS、H_2S 和 S^0 等中间产物，其又可进一步反应生成 H_2S，即：

$$FeS_2 + CO \longrightarrow FeS + COS \tag{4-4}$$

$$FeS_2 \longrightarrow FeS + S \tag{4-5}$$

$$S + CO \longrightarrow COS \tag{4-6}$$

$$COS + H_2 \longrightarrow CO + H_2S \tag{4-7}$$

$$COS + H_2O \longrightarrow CO_2 + H_2S \tag{4-8}$$

在 450/500～600 ℃阶段，H_2S 主要由噻吩结构的硫还原及 FeS 分解形成。在富氢条件下，甲基、乙基、噻吩类等杂环化合物可以进行 TSR 反应，生成 H_2S。其转化反应式为：

$$RCH_2CH_3 + S^0 \longrightarrow RCH{=}RCH_2 + H_2S \tag{4-9}$$

$$RCH_3 + 3S^0 + 2H_2O \longrightarrow RCHOOH + 3H_2S \tag{4-10}$$

$$2RH + 2S^0 \longrightarrow RSR + H_2S \tag{4-11}$$

S $\xrightarrow{H_2}$ CH_3 + CH_3 CH_3 + H_2S (4-12)

S + H_2 ⟶ H_2C= =CH_2 + H_2S (4-13)

S $\xrightarrow{H_2}$ + H_2S (4-14)

R S + $2S^{(0)}$ ⟶ R S + $2H_2S$ (4-15)

RC_4H_9 + $2S^{(0)}$ ⟶ R S + H_2S (4-16)

在 600 ℃以后，H_2S 逸出甚微，其可能的原因系由于煤炭中可供给的硫自由基逐渐消耗完。H_2S 可能来源于煤中有机脂肪硫醇、二硫醚等的分解反应。脂肪醚相对不稳定，在含氢热解过程中可能分解成不饱和化合物和 H_2S；硫醇和二硫醚在含氢热解中可分解成不饱和烃类和硫化氢。

$$RSH + H_2O \longrightarrow ROH + H_2S \qquad \Delta H > 0 \tag{4-17}$$

(3) 二氧化碳

CO_2 的来源从低温到高温依次为吸附释放，羧基官能团裂解，脂肪键、部分芳香弱键、含氧羧基官能团、醚、醌及含氧杂环断裂及碳酸盐的分解。由图 4-7 可知，CO_2 在初期阶段生成量就较高，究其原因是原煤瓦斯组分中 CO_2 含量本身就大，初始阶段主要是析出吸附的 CO_2；在 300～500 ℃阶段主要是大分子结构（芳香弱键、含氧羧基官能团）的断裂；在 500 ℃

时发生深度 TSR 反应之后，CO_2 由下降趋缓变成缓慢上升，其在一定程度上 CO_2 可以表征为 TSR 的反应进程。气体产物 CO_2 变化特征如图 4-7 所示。

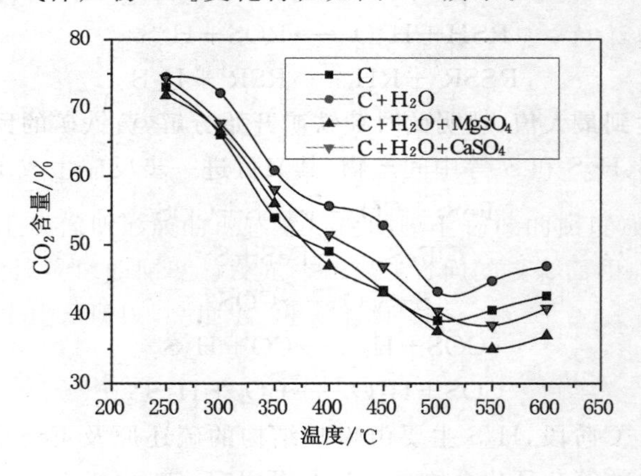

图 4-7　气体产物 CO_2 变化特征

(4) 重烃

以 C_2H_6 为主，主要由脂肪烃链中处于中间部位 C 原子所连—OH 反应生成—COOH 过程中产生的。其形成方式可描述如下：

$$R—C(OH)_2—CH_2—CH_3 \longrightarrow R—COOH+C_2H_6 \tag{4-18}$$

$$R—CH_2—C(OH)_2—CH═CH_2 \longrightarrow R—CH_2—COOH+C_2H_4 \tag{4-19}$$

$$R—CH_2—C(OH)_2—CH_2—CH_2—CH_3 \longrightarrow R—CH_2—COOH+C_3H_8 \tag{4-20}$$

由图 4-8 可知，重烃的产率随热演化温度升高呈先增后减。当热演化温度在 400 ℃时，其产率达到最高；随着热演化温度的上升，其产率急剧下降，在 600 ℃时，其产率趋于零，推断其随后温度点的产率将趋于零。

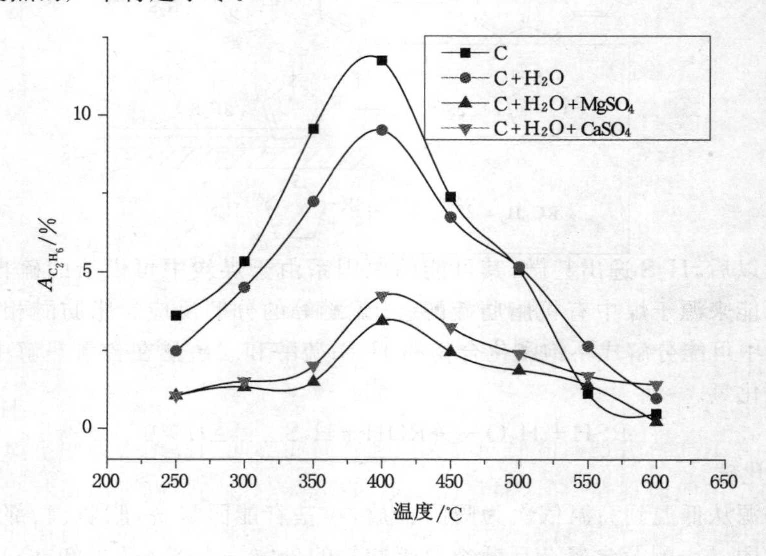

图 4-8　气体产物 C_2H_6 变化特征

在反应初期，煤中各种官能团自身的裂解，导致重烃产率逐渐增高。在 400 ℃以上高温阶段，重烃产率出现持续下降，其可能的原因有：① 由于前期的消耗，造成了后期用于裂解生成重烃的原料供应不足，使得重烃生成速率下降。② 已生成的重烃又参与了裂解反应生成甲烷，而重烃自身的生成速率小于裂解速率。③ TSR 作用加快了重烃与含硫化合物反应，从而加剧了重烃产率的下降。可能发生的反应式如下：

$$3S^0 + C_2H_6 + 2H_2O \longrightarrow 3H_2S + CH_4 + CO_2 \tag{4-21}$$

$$6S^0 + C_3H_8 + 4H_2O \longrightarrow 6H_2S + CH_4 + 2CO_2 \tag{4-22}$$

矿物及添加的硫酸盐与重烃发生反应，导致重烃产率下降。可能发生的反应途径概况如下：

$$\begin{cases} 6C_nH_{2n+2} + (4n+2)SO_4^{2-} \longrightarrow (4n+2)O^{2-} + (5n+1)CO_2 + \\ \qquad (4n+2)H_2S + (2n+4)H_2O + (n-1)C \\ \qquad (n=1,2,3,4,5,6) \end{cases} \tag{4-23}$$

（5）氢气

H_2的来源可分为两个阶段：第 1 阶段 400 ℃低温前，包括矿物对烷烃的氧化作用，也含热解生成的轻质烷烃的二次裂解；第 2 阶段 400～600 ℃，即 H_2的缓慢形成阶段，可能是自由基之间缩聚作用所形成。由图 4-9 可知，随着热演化的进行，H_2产率在 300 ℃时就达到最大值，表明煤中释放的氢大部分结合生成 H_2。温度为 300～450 ℃，H_2产率下降明显，C—H 键断裂所获得的 H_2首先与硫自由基发生 TSR 作用，生成 H_2S，在略有富余时才生成 H_2，从而使氢气的产率下降。在 450 ℃之后，由于煤炭中的硫自由基消耗供给不足及煤中发生深度反应，如水分解生成 H_2、CO 和水反应生成 H_2等，导致氢气的产率又有所上升，如图 4-9 所示。

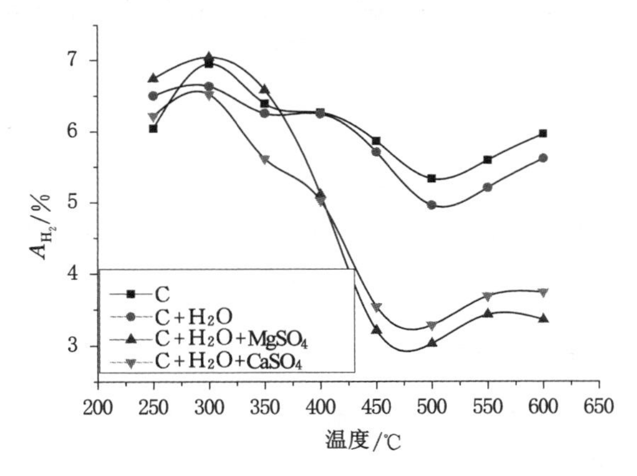

图 4-9　气体产物 H_2变化特征

（6）干燥系数（C_1/C_{1-5}）

由图 4-10 可知，在 350/400 ℃之前，干燥系数呈下降趋势，此后逐渐增加，而 CH_4在热演化过程中其产率呈稳步上升。在 350/400 ℃之前，干燥系数的下降可能系来自重烃的快速升高。而在 350/400 ℃之后，干燥系数的增加，可能系重烃参与 TSR 反应，被不断的消耗的结果。

（7）lg($H_2S/H_2 \times 10$)。H_2S/H_2 可以看作是 TSR 反应程度的一个重要指标。

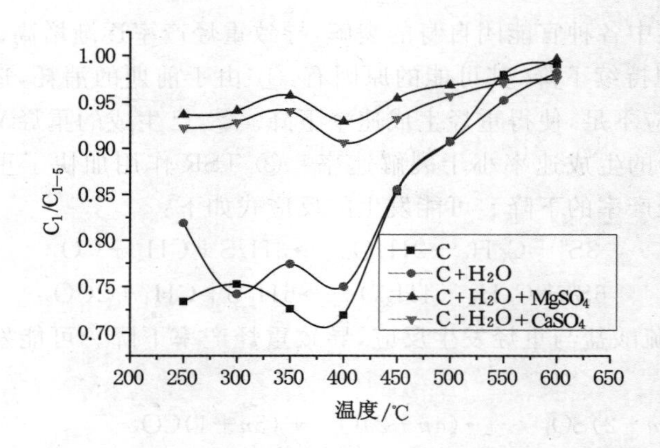

图 4-10　干燥系数变化特征

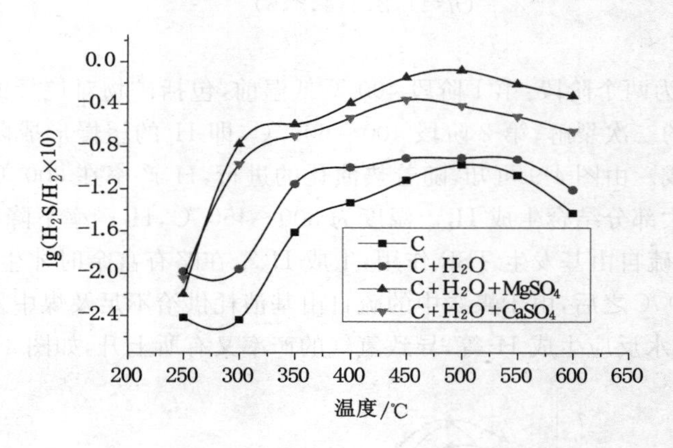

图 4-11　lg($H_2S/H_2\times10$)变化特征

由图 4-11 可知，在温度 250～500 ℃时，各种物质集中热解，释放出大量的碳、硫和氢自由基，在热演化过程中起到了加氢的作用，促使了大量的硫化氢生成；当温度升高至 450～500 ℃时，硫化氢产率开始下降，但氢的供给还在不断加强，从而导致 H_2S/H_2呈下降趋势。

4.1.4　TSR 成生模拟讨论

煤的分子结构可描述为如图 4-12(a)所示，当模拟温度升至 300 ℃时，煤中吸附的水分、CH_4和 CO_2可从煤孔中脱附逸出，2 个羟基缩合生成 1 个醚键，同时释放 1 个水分子，该过程称为热解第 1 阶段，如图 4-12(b)所示。当模拟温度升高至 300～600 ℃时，反应逐渐加剧，主要以烷基侧链断裂及官能团分解生成轻质气体、桥键断裂，该阶段称为热解第 2 阶段，如图 4-12(c)。表现在羧基裂解生成 CO_2，脂肪甲基脱落生成 CH_4及 H_2，羰基裂解生成 CO，脂肪桥键(—CH_2—CH_2—)断裂与硫化物(硫自由基)结合形成 H_2S 等，次甲基醚键(—O—CH_2—)断裂形成 1 个羟基和 1 个芳甲基，该阶段的氢自由基主要来自环状脂肪烃脱氢。4 种反应体系其气体产物变化特征如图 4-13 所示。

根据对反应后的气态产物特征分析可知：

(1) 水在煤的裂解成气过程中起着巨大的作用。有水参与的情况下，H_2S 和 CO_2产量

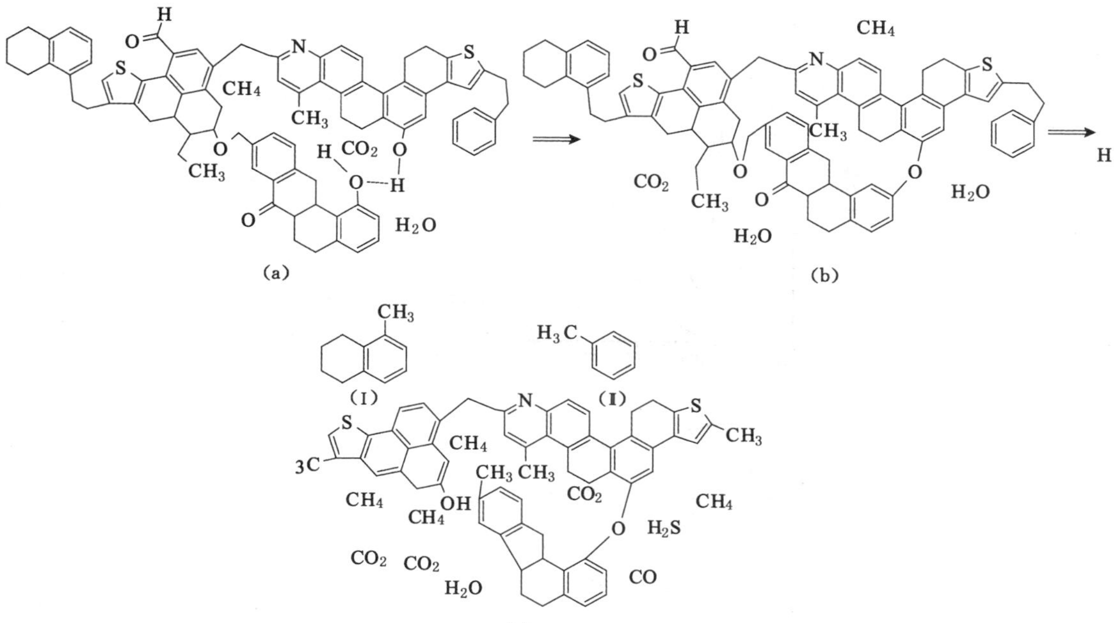

图 4-12　煤的热解结构变化

明显增加，表明水参与了煤的裂解生气过程。TSR 反应可以描述为水溶硫酸根与水溶有机质间的反应式为：

$$SO^{2-}_{4(液)}+C(\sum C_{n+1}H)+H_2O\xrightarrow{M_g^{2+}/C_a^{2+}}H_2S+CO_2+HCO_3^- \quad (n>1) \tag{4-27}$$

煤中含有大量微孔，水蒸气可进入孔径>0.6 nm 的微孔，而 CO_2 只能进入孔径大于 1.5 nm的微孔，因而水能更加深入到更细小的孔隙，占据更多的活性表面与碳发生反应。其次，形成水分子的氢键比形成 CO_2 分子的双键弱，H_2O 比 CO_2 更容易解离出氧而参与气化反应，所以 H_2O 气化时煤中脂肪环和芳香环更容易裂解成分子量更小的脂肪链烃、苯环和芳香烃。脂肪链和芳香烃在高温过程中又可以形成多环芳香烃，含氧非酚类化合物也易生成酚，使得酚和多环芳香烃的量较多，而脂肪烃、含氧非酚类化合物和杂环化合物的含量低于 CO_2 气化。除上述原因外，H_2O 气化过程中可能发生如下反应：

$$C+H_2O\longrightarrow CO+H_2,\ C+2H_2O\longrightarrow CO_2+2H_2 \tag{4-28}$$

(2) 上述 4 种反应体系中，“煤”及“煤＋水”系列属于反应程度较低的 TSR 反应，生成的 H_2S 产率较低，整体上反应体系主要以烃类自身的裂解反应为主；“煤＋水＋$MgSO_4$”及“煤＋水＋$CaSO_4$”系列 TSR 反应较为激烈，反应首先促进了—CH 和 C—C 键的断裂，断裂形成的氢自由基与硫自由基结合形成大量的 H_2S。在初始阶段，更多的氢自由基互相结合成 H_2，造成 H_2 产率曲线呈指数增长，随后可参与 TSR 作用的硫自由基浓度加大，硫对烃类气体和氢气进行了消耗，硫化氢得以大量形成。

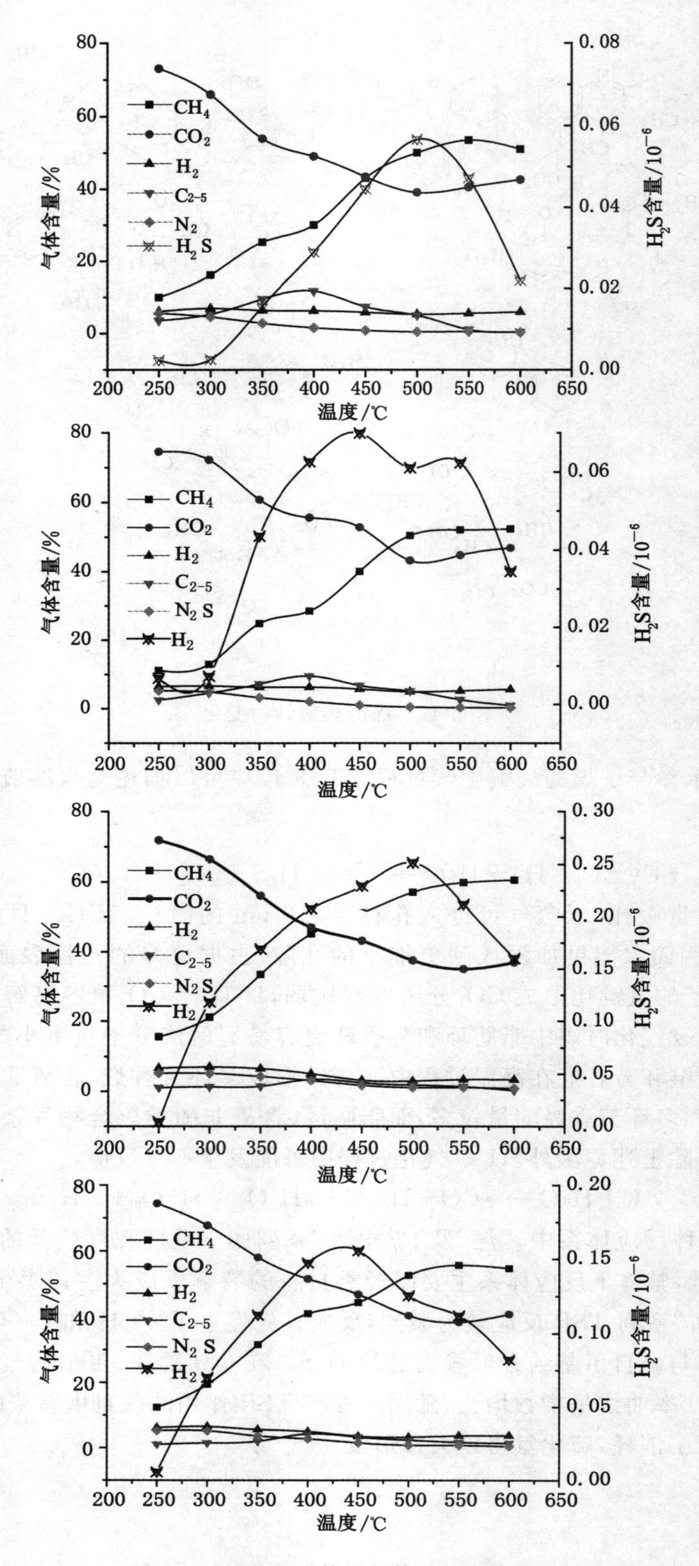

图 4-13　4 种反应体系气体产物变化特征

溶解的 Mg^{2+} 能刺穿游离 SO_4^{2-} 周围的水分子层并与之键合形成$[MgSO_4^{2-}]_{CIP}$，其是诱发 TSR 反应的有效氧化剂。当启动反应产生了足够量 H_2S 时，整个 TSR 反应体系就会进入 H_2S 自催化阶段。此时，烃类会与 H_2S 反应生成不稳定含 S 化合物，后者会进一步裂解生成含硫自由基，进而更容易被氧化或者引发裂解的自由基反应，反应过程如式(4-29)和(4-30)所示：

$$R—H+H_2S \longrightarrow \begin{bmatrix} R''—C—C—SH \\ R'—S_X—R'' \end{bmatrix} \xrightarrow{\triangle} R'—C—C—S\cdot +H_2S \tag{4-29}$$

$$R'—C—C—S\cdot +HSO_4^- \xrightarrow{\triangle} CH_4+CO_2+SO_3^{2-}+S+H_2S+R''—H \tag{4-30}$$

溶液中 Mg^{2+} 浓度的增加势必导致活性结构 HSO_{4-} 含量的增加。硫酸镁、硫酸钙存在的热解体系具有更高的 H_2S 产量，这表明溶液中活性硫酸盐结构含量的增加促进了裂解气生成过程中的 TSR 反应。加入了硫酸镁及硫酸钙溶液的热解体系重烃产量出现了明显的降低。硫酸镁、硫酸钙存在的反应体系中，重烃的裂解明显要快于其他两种体系，表明活性硫酸盐与重烃发生了 TSR 反应，加速了重烃的分解。

(3) TSR 反应存在多个启动阶段。早期的初始非自催化反应第 1 阶段，在该阶段同位素分馏为动力学同位素分馏效应；而在经过了启动阶段后，体系中存在的 H_2S 会催化反应继续进入到第 2 阶段，表现在亚硫酸根离子是催化 TSR 反应的重要中间产物，同位素分馏效应为电离平衡分馏效应，硫酸盐的溶解会导致 TSR 分馏相对不明显，这是 TSR 反应的自催化反应。当反应主体全部进入到气态烃阶段，此时反应速率下降，进入到晚期非自催化反应的第 3 阶段，如图 4-14 所示。

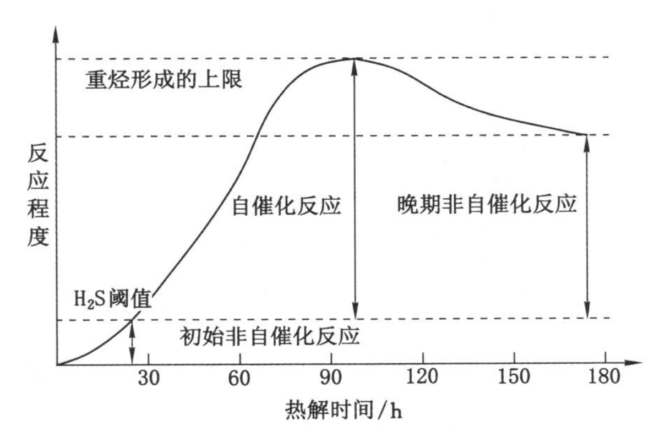

图 4-14　TSR 反应 3 个阶段

4.1.5　动力学模型

将 TSR 反应视为 n 级反应，如下式。

$$\frac{dx}{dt}=k(1-x)^n=Ae^{-E/RT}(1-x)^n \tag{4-31}$$

式中　dx/dt——反应速率；

k——反应速率常数，s^{-1}；

n——反应级数；

A——频率因子，s^{-1}；

E——反应活化能，J/mol；

R——通用气体常数，8.314 J/(mol·K)；

T——反应绝对温度，K；

x——反应转化率。

将上式进行并整理，当 $n\neq1$ 时，有：

$$\ln\frac{1-(1-x)^{1-n}}{(1-x)T^2}=\ln\left[\frac{AR}{\beta E}\left(1-\frac{2RT}{E}\right)\right]-\frac{E}{RT} \tag{4-32}$$

当 $n=1$ 时，有：

$$\ln\left[\frac{-\ln(1-x)}{T^2}\right]=\ln\left[\frac{AR}{\beta E}\left(1-\frac{2RT}{E}\right)\right]-\frac{E}{RT} \tag{4-33}$$

当 $n\neq1$ 时，以 $-\ln\left[\frac{1-(1-x)^{1-n}}{(1-x)T^2}\right]$ 对 $10^3/T$ 进行线性回归；当 $n=1$ 时，以 $\ln\left[\frac{-\ln(1-x)}{T^2}\right]$ 对 $10^3/T$ 进行线性回归。其中，回归系数最接近 1 时对应的 n 值，即为要求的反应级数。根据回归直线的斜率与截距可以求出该反应活化能 E，频率因子 A，然后可据此建立反应动力学模型。可以利用这些参数反过来估算地质条件下低温长时间情况下，反应的可能性、反应的速度和反应的转化率等，考察实际地质情况与模拟实验的吻合度及差异性。

4.2 煤的 BSR 硫化氢形成模拟

BSR 硫化氢成生是煤矿硫化氢异常富集的重要成因之一。通过对硫酸盐还原菌的分离、培育与鉴定。结合煤矿井下 SRB 菌种特性，优选 SRB 菌种，开展不同煤型在不同温度、pH 值、硫酸盐浓度等条件下 SRB 代谢(降解)试验，获得硫化氢释放变化规律。通过数据分析，确定其代谢条件、影响因素，得到煤的 BSR 形成硫化氢演化关系和硫化氢形成机理；同时，通过对 SRB 培养，分析不同类型煤中 SRB 的生活量和活性及其与硫化氢释放量的对应关系，可为 BSR 成因硫化氢煤矿灾害防治提供理论支持。

4.2.1 实验器材

1) 主要使用的药品

本试验主要使用的药品包括：葡萄糖、牛肉膏、蛋白胨、氯化钠、琼脂粉、磷酸二氢钾、氯化铵、七水合硫酸钠、七水合硫酸镁、七水合硫酸亚铁、乳酸钠、氢氧化钠、亚硫酸钠、无水乙醇、25%戊二醛、抗坏血酸、L-Cys 半胱氨酸等。

2) 主要实验仪器

本试验主要使用装置有：超净工作台、紫外可见分光光度计、电热恒温培养箱、型生化培养箱、压力蒸汽灭菌锅、傅里叶红外光谱仪、扫描电子显微镜、元素分析仪、X 射线光电子能谱仪、水式真空泵、旋转蒸发器、恒温水浴锅等。

4.2.2 实验过程

1) 煤样取样及制备

试验所用的煤样分别为取自新疆乌鲁木齐西山煤矿新鲜煤。采用刻槽法取样，置于 HDPE 袋内封口保存携带。

2) 煤样制备

(1) 粉碎。为了增大煤样与 SRB 的接触面积，将煤样放入磨煤机中，研磨成细粉末，然后用筛子过目，保留60～80目的煤样，以避免煤样颗粒大小不同对降解率的影响。

(2) 灭菌。为避免煤中本源微生物和磨煤样过程中外界微生物对实验的影响，将筛选出的煤样浸入75 %的酒精溶液中15 min，以杀灭煤中的微生物，然后将煤样转移至灭过菌的样品袋中。

(3) 干燥。将样品袋中的煤样放入60 ℃的恒温干燥箱中烘干至恒重，备用，得到样品A1。

(4) 称取上述煤样，放置于小烧杯中，加入1∶1二硫化碳/乙醇溶液，将小烧杯置于超声波清洗机中萃取1 h，得到样品A2。

(5) 称取上述煤样，放置于小烧杯中，加入1∶1甲醇溶液，将小烧杯置于超声波清洗机中萃取1 h，得到样品A3。

(6) 各称取上述煤样，放置于小烧杯中，加入正己烷溶液50 mL，将小烧杯置于超声波清洗机中萃取1 h，得到样品A4和A5。

(7) 取上述萃取过得煤样，放置于索式萃取器中，在68 ℃下连续萃取80 h；换旋转蒸发器，在40 ℃条件下以120 r/min速率将萃取液中的溶剂旋转分离，萃余液用小玻璃瓶保存，备用，采用GC-MS进行有机成分图谱分析。

(8) 煤的工业分析和元素测定

对煤进行煤的工业分析，测试其灰分、水分、挥发分含量；测定煤的元素含量，包括C、H、N、O、S(有机硫、无机硫)等。

3) 菌种来源

菌种样品选自硫化氢异常富集煤矿，从煤层中流出的地层水中。将取样的瓶子灭菌后，携带至井下出水口处，取出水管道口处水样，并取少量黑色管道污泥附着物，将取样瓶取满水样，尽量使瓶中无空气残留，盖上瓶盖，密封后通过便携保温箱冰袋冷敷携带，第一时间以低温遮光方式送至实验室4 ℃冷藏，尽快进行菌体富集培养。

4) 富集培养基

KH_2PO_4 0.5 g，NH_4Cl 1.0 g，Na_2SO_4 4.5 g，$CaCl_2$ 0.06 g，$MgSO_4 \cdot 7H_2O$ 2.0 g，$FeSO_4 \cdot 7H_2O$ 0.5 g，乳酸钠0.5 mL，酵母膏0.1 g，L-半胱氨酸0.2 g，蒸馏水1 000 mL，pH值为6.5～7.0，高压蒸汽灭菌30 min。其中，七水合硫酸亚铁及L-半胱氨酸热稳定性差，待培养基冷却至40 ℃左右，配成溶液紫外灭菌加过滤除菌加入。

5) 分离培养基

KH_2PO_4 0.5 g，NH_4Cl 1.0 g，$CaCl_2$ 0.1 g，$MgSO_4 \cdot 7H_2O$ 2.0 g，$FeSO_4 \cdot 7H_2O$ 0.5 g，NaCl 1.0 g，$Na_2SO_4 \cdot 7H_2O$ 5.0 g，乳酸钠溶液6.5 mL，L-半胱氨酸0.5 g，抗坏血酸0.5 g，蒸馏水1 000 ml，pH值为6.5～7.0，半固体培养基另加琼脂1.0 g，高压蒸汽灭菌30 min。抗坏血酸、L-半胱氨酸和七水合硫酸亚铁热稳定性差，紫外灭菌加过滤除菌加入。

6) SRB富集

配制液体富集培养基，用三角瓶封装，通入氮气5 min，去除培养基中的少量空气。将配制好的培养基、120 mL医用盐水瓶、20 mL医用盐水瓶、注射器、微孔滤头放入蒸汽灭菌锅中，于120 ℃下灭菌30 min。待灭菌锅内气压降至室内气压时，打开排气阀，取出灭菌完毕的培养基及盐水瓶等。使用经灭菌的20 mL盐水瓶作为容器配制硫酸亚铁溶液及L-半胱氨酸溶液，待培养基冷却至室温后，在无菌操作台中，用 1 000 μL 移液枪取 1 mL E1-1 组水样至 120 mL 医用盐水瓶中，倒入液体培养基至瓶口附近，使用注射器分别抽取 5 mL 硫酸亚铁溶液及 L-半胱氨酸溶液过滤加入盐水瓶中，用橡胶塞塞住瓶口并用封口膜彻底封死瓶口隔绝空气。放入 37 ℃培养箱中培养，至培养基颜色变黑，有臭鸡蛋味，用醋酸铅试纸条置于瓶口测试，试纸变黑，说明有 H_2S 气体产生，每周更换新鲜培养基一次，培养基颜色变黑时间逐渐缩短，表明培养液中 SRB 已逐渐占优势地位，4 周后获得了富集菌液，然后进行下一步的分离纯化。为直观了解菌体形态，培养 3 d 和第 10 d 可采用扫描电子显微镜(SEM)对 SRB 细菌观测拍照。

7) SRB 的分离纯化

配制半固体培养基，通入氮气 5 min，去除培养基中少量空气，配制生理盐水，用试管封装，每根 9 mL，塞上橡皮塞。将配置好的培养基、生理盐水、试管、注射器等放入灭菌锅中，于 120 ℃下灭菌 30 min。待灭菌锅内气压降至室内气压时，打开排气阀，取出灭菌完毕的培养基及试管等。使用经灭菌的 20 mL 盐水瓶作为容器配制硫酸亚铁溶液及 L-半胱氨酸溶液，待培养基冷却至室温后，使用注射器过滤除菌加入 10 mL 硫酸亚铁溶液及 L-半胱氨酸溶液于培养基中，在无菌操作台中，将此半固体培养基分别倒入 9 支试管中。用移液枪取 1 mL 富集后的菌液于 9 mL 生理盐水中，按浓度稀释至 10^{-9}。然后按照浓度梯度用 1 000 μL移液枪取 1 mL 稀释菌液至 9 支试管中。而后将其平放于盛有冰块的盘中迅速滚动，带菌的融化培养基在试管内壁立即凝固成一薄层，然后置于 37 ℃恒温培养箱中培养。等试管中长出黑色菌落，挑选其中菌落整齐的进行二次滚管，反复操作，获得纯菌株。

用普通光学显微镜镜检，直到菌体形态基本一致。菌落外观整齐，镜检结果表明细菌形态基本一致，认为菌种已分离纯化。

4.2.3 实验内容

1) pH 值对 SRB 生长及硫化氢释放的影响

pH 值是影响 SRB 活力的主要因素，相对于产酸菌来说，SRB 所能耐受的 pH 值范围较窄，当 pH 值过低时，SRB 必定难以生长和进行硫酸盐还原。SRB 一般不在 pH 值小于 6.0 的条件下生长，SRB 生长最适 pH 值一般在中性范围内。当 pH 值为 6.48～7.43 时，硫酸盐还原效果最好；当 pH 值为 6.6 时，可以得到最大的硫酸盐还原率。反应器中的 pH 值为 6.0～8.0时，反应器中的硫酸盐还原是可行的。

试验考察不同 pH 值影响下 SRB 还原 SO_4^{2-} 能力及对硫化氢形成的影响。

2) 温度对 SRB 生长及硫化氢释放的影响

温度是影响厌氧 SO_4^{2-} 还原的主要环境参数。SRB 可分为中温菌和嗜热菌两类。至今所分离到的 SRB 菌属大多是中温性的，其最适温度一般在 30 ℃左右。SRB 在 28～38 ℃时生长最好，其临界高温值是 45 ℃。

试验考察不同温度条件下 SRB 还原煤、形成硫化氢的能力。

3) 硫化氢生成浓度的测定

选取煤样(或萃取物)，加入培养基，培养 SRB 细菌。放置于震荡培养箱中，在不同恒温(如 25 ℃、30 ℃、35 ℃、40 ℃、45 ℃)，不同 pH 值条件下厌氧培养。每隔 72 h 从培养瓶中抽取气体，用氮气保护抽取培养液，分别用来测定培养周期内 H_2S 和 SO_4^{2-} 含量变化，确定煤中 SRB 的生活量和活性及其与硫化氢释放量的对应关系，揭示硫化氢形成机理。

4) SRB 作用下的硫同位素分馏

SRB 消耗硫的化合物为其新陈代谢提供能量，并导致硫的化合物被还原、氧化或(和)歧化。SRB 的还原作用和歧化作用都能造成明显的硫同位素分馏。试验可考察 SRB 作用下的硫同位素分馏变化特征，为煤岩层硫化氢成因识别提供支持。

本章参考文献

[1] MACHEL H G. Bacterial and the rmochemical sulfate reduction in diagenetic settings-old and new insights[J]. Sedimentary Geology,2001,140:143-175.

[2] CAI C F,WORDEN R H,BOTTRELL S H,et al. Thermochemical sulphate reduction and the generation of hydrogen sulphide and thiols (mercaptans) in Triassic carbonate reservoirs from the Sichuan Basin[J]. China. Chemical Geology,2003,20(2):39-57.

[3] CROSS M M,MANNING D A C,BOTTRELL S,et al. Thermochemical sulfate reduction (TSR):experimental determination of reaction kinetics and implications of the observed reaction rates for petroleum reservoirs[J]. Organic Geochemistry,2004,35(4):393-404.

[4] ZHANG T W,ELLIS G S,WANG K S,et al. Effect of hydrocarbon type on thermochemical sulfate reduction[J]. Organic Geochemistry,2007,38(6):897-910.

[5] AIUPPA A INGUAGGIATO S,MCGONIGLE A J S,et al. H_2S fluxes from Mt. Etna,Stromboli,and Vulcano (Italy) and implications for the sulphur budget at volcanoes[J]. Geochimica et Cosmochimica Acta,2005,69(7):1861-1871.

[6] HILL R J,TANG Y,KAPLAN I R. Insights into oil cracking based on laboratory experiments[J]. Organic Geochemistry,2003,34(12):1651-1672.

[7] 陈腾水，何琴，卢鸿，等. 饱和烃与硫酸钙和元素硫的热模拟实验对比研究——H_2S 成因探讨[J]. 中国科学(D 辑：地球科学)，2009，39(12)：1701-1708.

[8] PAN CHANGCHUN,YU LINPING,LIU JINZHONG,et al. Chemical and carbon isotopic fractionations of gaseous hydrocarbons during abiogenic oxidation[J]. Earth and Planetary Science Letters,2006,246(1-2):70-89.

[9] 张水昌，帅燕华，朱光有. TSR 促进原油裂解成气：模拟实验证据[J]. 中国科学(D 辑：地球科学)，2008，38(3)：307-311.

[10] 吴保祥，王永莉，王自翔，等. 四川盆地低熟沥青模拟生气研究[J]. 煤炭学报，2013，38(5)：748-753.

[11] 马中良，郑伦举，李志明. 烃源岩有限空间温压共控生排烃模拟实验研究[J]. 沉积学报，2012，30(5)：955-963.

[12] 林日亿，宋多培，周广响，等. 热采过程中硫化氢成因机制[J]. 石油学报，2014，35(6)：1153-1159.

[13] 张建勇，刘文汇，腾格尔，等. 硫化氢形成与 C_{2+} 气态烷烃形成的同步性研究——几个模拟实验的启示[J]. 地球科学进展，2008，23(4)：390-400.

[14] 岳长涛，李术元，徐瞀明，等.柴油与硫酸镁反应体系模拟实验研究[J].石油实验地质，2010，32(6)：610-620.

[15] 孟丽莉，付春慧，王美君，等.碱金属碳酸盐对褐煤程序升温热解过程中 H_2S 和 N_2 生成的影响[J].燃料化学学报，2012，40(2)：138-142.

[16] SEEWALD J S. Organic-inorgainc interactions in petroleum-producing sedimentary basins[J]. Nature，2003，426：327-333.

[17] 张剑辉，刘明举，邓奇根，等.煤加水热化学还原反应体系 H_2S 成生实验模拟研究[J].中国安全生产科学技术，2015，11(11)：5-10.

5 煤矿硫化氢富集控制因素

沉积环境、构造演化、断裂活动等地质控制作用直接影响到煤岩层中硫化氢的成生、运移及富集。沉积环境决定了是否具备硫化氢形成的物质基础及储运的地质条件;构造运动控制着硫化氢储集层及含气有利圈闭的分布;煤田地质、烃源岩演化成藏演化史等决定了煤层埋藏深度及成煤温度史,进而决定是否具备发生 BSR 或 TSR 的温度条件。区域地质、沉积特征、煤层特性等决定了其对硫化氢的储、盖能力。因此,有必要对区域特征进行汇总分析。

5.1 准噶尔盆地南缘中段区域特征

5.1.1 区域地质

自石炭纪以来,准噶尔盆地南缘经历了三大构造演化阶段。区域中侏罗系西山窑组含煤建造极为发育,在燕山运动、喜山运动的强烈挤压作用下,含煤岩层受到强烈挤压改造,煤系地层形成一系列北西向、北东东—南东东向的线型构造断褶带。

1) 区域地层

准噶尔盆地位于哈萨克斯坦板块、西伯利亚板块和塔里木板块的交汇部位。盆地的盖层岩系经历了海西运动、印支运动、燕山运动和喜山运动 4 个构造旋回的演化。盆地周缘被古生代造山带所围限,研究区域为北天山山前断褶带构成了盆地的南部边界以内(准噶尔盆地南缘边界)。

研究区域位于天山北麓准噶尔盆地南缘与北天山的结合部位,构造区划上属于准噶尔盆地南缘山前褶皱带(准噶尔盆地南缘中段),准噶尔盆地南缘山前坳陷划分出了 4 个 2 级单元,即石河子凹陷、乌鲁木齐以西山前褶皱带、乌鲁木齐以东山前褶皱带和四棵树凹陷。本区讨论乌鲁木齐以西、伊林黑比尔根山山前逆冲推履带(第一排构造齐古断褶带以东,乌鲁木齐河以西)。区域构造如图 5-1 所示。

(1) 古生界(P_z)

主要以二叠系上统为主,岩性为黄色长石、硬砂岩与薄层状粉砂岩、泥岩,灰绿、灰黄色硬砂岩与粉砂岩不均匀互层夹有灰黑色硬砂质长石砂岩、油页岩、钙质白云岩和砾岩等。地层厚度为 2 774~9 924 m,与下伏石炭系呈整合接触。

(2) 中生界(M_z)

研究区域山前第一排构造带在头屯河、王家沟及乌鲁木齐河西一带出露地层有古生界二叠系,中生界三叠系、侏罗系、白垩系和新生界第四系。准噶尔盆地南缘中段主要沉积特征如图 5-1 所示,由三叠系、侏罗系和白垩系组成。地层由老到新分述如下:

① 三叠系(T)

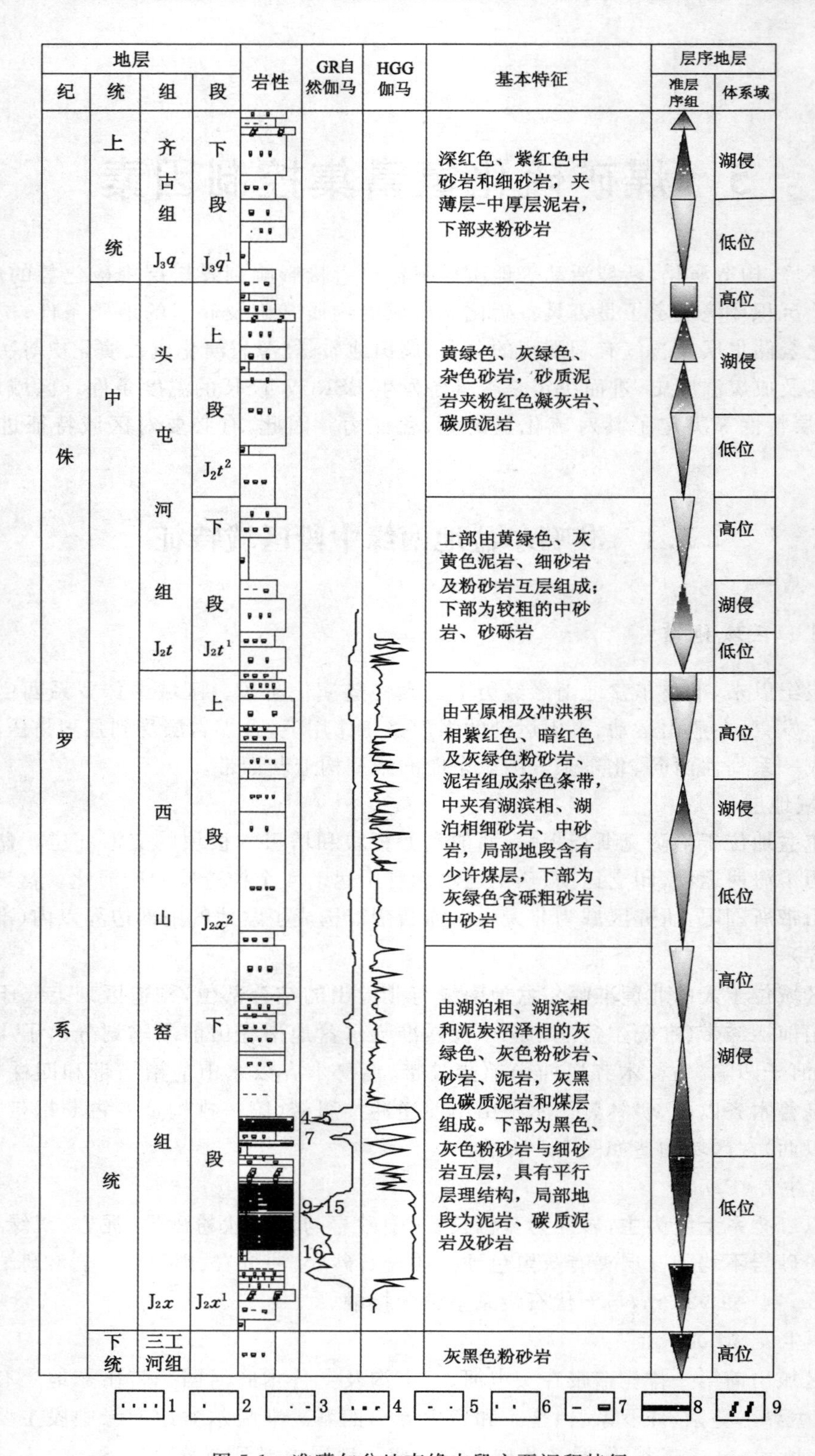

1 2 3 4 5 6 7 8 9

图 5-1　准噶尔盆地南缘中段主要沉积特征

1—细砂岩；2—砂砾岩；3—粉砂岩；4—中砂岩；5—粗砂岩；6—砾岩；7—泥岩；8—煤层；9—碳质泥岩

地层系统				厚度/m	岩性描述	接触关系	沉积相	构造运动
界	系	统	组					
新生界	第四纪	上更新统(Q_3)		3～59	亚砂土、亚黏土及砾石层组成	不整合	河流～湖泊	喜山Ⅱ
中生界	白垩系	下统	吐谷鲁群(K_1tg)	449～1 525	以紫红、灰绿色泥岩、粉砂岩为主	不整合	浅水湖泊	燕山运动Ⅲ幕
	侏罗系	上统	喀拉扎组(J_3k)	50～750	灰色、黄色块状硬砂岩、粉砂岩具交错层理	整合	山麓河流	
			齐古组(J_3q)	183～824	褐红、紫红色泥岩、砂质泥岩夹紫红、灰绿色砂质泥岩、砂岩及凝灰岩	整合	河湖	
		中统	头屯河组(J_2t)	210～804	杂色砂质泥岩、砂岩和细砾岩	不整合	河流～湖泊	燕山运动Ⅱ幕 燕山运动Ⅰ幕
			西山窑组(J_2x)	380～1 080	灰绿、浅黄、灰黑色细砂岩、粉砂岩、中砂岩及煤层	整合	三角洲相	
		下统	三工河组(J_1s)	565～782	灰色、灰黄、绿色泥岩、砂岩，夹少量薄煤层	整合	湖泊～三角洲	
			八道湾组(J_1b)	245～850	砂岩、粉砂岩、泥岩及薄煤层	不整合	湖泊～扇三角洲	晚印支运动
	三叠系	上统(T_3)	小泉沟群($T_{2+3}xq$)	300～370	杂色砂、泥质碎屑	不整合	湖泊～沼泽	
		中下统(T_{1+2})		458～725	下部为杂色粗碎屑岩和杂色砂岩		湖泊～河流	海西运动末期
古生界	二叠系	上统		2 774～9 924	为黄色长石、硬砂岩与薄层状粉砂岩、泥岩、油页岩、钙质白云岩、灰岩、砾岩等		海～陆	

续图 5-1 准噶尔盆地南缘中段主要沉积特征

三叠系(T)由中下统(T_{1+2})和上统(T_3)组成。

中下统(T_{1+2})：岩性为一套河流相沉积的淡红、紫红、灰色砾岩及红色钙质泥岩夹灰绿色砂岩地层，地层厚度 458～725 m。上统(T_3)：岩性为黄绿色、灰黄、紫色中厚层泥岩、砂质泥岩与厚层状、块状砂岩互层，地层厚度 300～370 m。

② 侏罗系(J)

侏罗系(J)分为下侏罗统(J_1)、中侏罗统(J_2)和上侏罗统(J_3)。

下侏罗统(J_1)又分为八道湾组(J_1b)和三工河组(J_1s)。八道湾组(J_1b)：岩性由灰色、浅灰色、灰白色泥岩、砂岩、砂砾岩、炭质泥岩夹煤层，下部砾岩增多，含银杏类化石，地层厚度 245～850 m，与下伏地层三叠系上统呈不整合接触。三工河组(J_1s)：岩性为灰色、灰黄、绿色泥岩、砂岩不等厚互层，夹少量薄煤层，与下伏八道湾组呈整合接触，地层厚度 565～782 m。

中侏罗统(J_2)分为西山窑组(J_2x)和头屯河组(J_2t)。西山窑组(J_2x)：岩性为灰色、灰绿色细砂岩、粉砂岩与灰黑色薄层砂质泥岩、碳质泥岩互层，夹有煤层及菱铁矿透镜体，富含银杏类化石碎片。地层厚度380～1 080 m，与下伏三工河组呈整合接触。头屯河组(J_2t)：岩性为黄绿色、灰绿色、杂色砂质泥岩、细砂岩，粉砂岩夹凝灰岩和炭质泥岩，地层厚度210～804 m，与下伏西山窑组呈微角度不整合接触。

上侏罗统(J_3)分为齐古组(J_3q)和喀拉扎组(J_3k)。齐古组(J_3q)：岩性为深红、紫红色厚层状砂岩，夹薄层～中厚层状泥岩，下部夹粉砂岩，地层厚度183～824 m，与下覆头屯河组呈整合接触。喀拉扎组(J_3k)：岩性为灰色、黄色块状硬砂岩、粉砂岩具交错层理，地层厚度50～750 m，与下伏齐古组呈整合接触。

③ 白垩系(K)

主要为白垩系下统吐谷鲁群(K_1tg)，其岩性为紫红、灰绿色泥岩、粉砂岩为主，地层厚度449～1 525 m，与下伏喀拉扎组呈不整合接触。

(3) 新生界(K_z)

主要为第四系(Q)上更新统(Q_3)：岩性由亚砂土和砾石组成，其岩性为洪积而成的亚砂土、亚黏土及砾石层，起伏不整合于基岩上，地层厚度3～59 m。

2) 区域构造

研究区域位于天山北麓、乌鲁木齐市区以西山前波状坳陷第一排构造带内，由一系列近东西—北东向的向背斜及逆冲断裂构造组成。

区域构造在南北方向上分带性非常明显，自南向北依次为：逆冲推覆构造带和山前滑脱构造带。

区域发育着逆冲推覆构造带，是以强烈的、呈叠瓦状形态分布，为一种断裂一侧以垂直于断裂面而发生滑移运动的断裂，如图5-2所示。其最明显的构造特征是具有成雁排式的背斜分布。

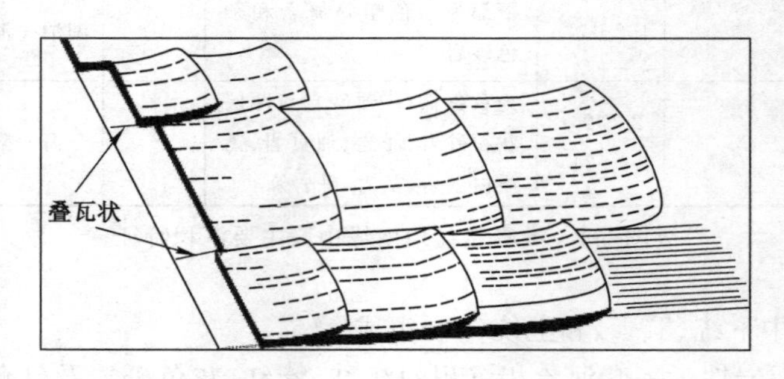

图5-2 叠瓦状构造示意图

(1) 区域断层构造

研究区域断层主要由西山断层(F_7)、王家沟断层组(F_8)和九家湾断层等组成(F_{12})，如图5-3所示；区域构造模型，如图5-3所示。

① F_7西山断层。西山断层为西山断隆南边界的主控断层，断层始于硫磺沟矿区西北的永光煤矿附近，向东经头屯河、大泉沟、四道岔一直到乌鲁木齐市区耐火材料厂附近，断层总长大约35 km。断层面倾向为20°～340°，倾角为45°～80°，性质以向南的逆冲断层为主，平面上呈宽缓的波状。该断层断错的最新地层为上更新统，属于晚更新世活动断层。断错后

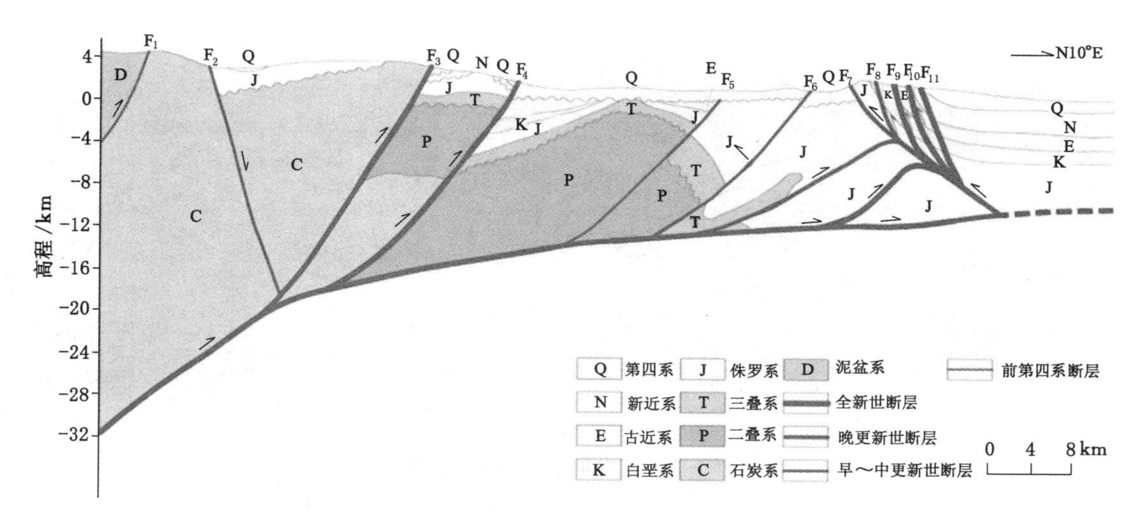

图 5-3 区域构造模型

F_1—后峡逆断裂组；F_2—四井田断裂；F_3—柴窝堡盆地南缘断裂南支；
F_4—柴窝堡盆地南缘断裂北支；F_5—柴窝堡盆地北缘断裂；F_6—大埔沟断裂；
F_7—西山断裂；F_8～F_{11}—王家沟断裂组

形成断崖单斜山岭，在断层上盘形成西山隆起；断层下盘组成向北缓倾斜的戈壁平原，西山断层地质剖面如图 5-4 所示。

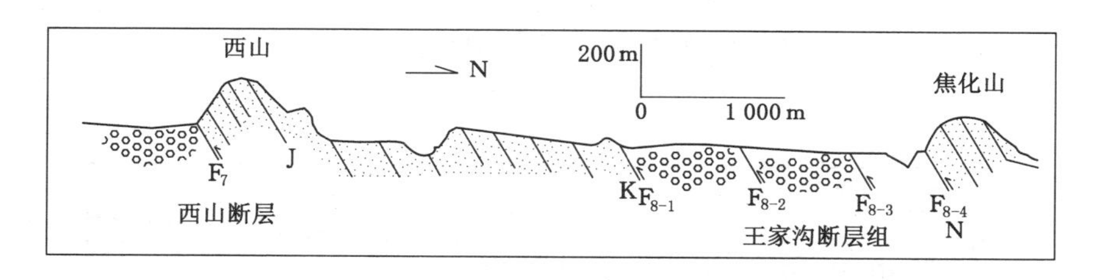

图 5-4 西山断层和王家沟断层地质剖面图

② F_8王家沟断层组。王家沟断层组始于头屯河东岸，向东经王家沟，止于苜蓿沟附近，由 4 条 ENE 向大致平行的次级断层平行排列组成（接近等间距），自北向南各断层的长度分别为 8.7 km、9.0 km、10.8 km、12.7 km，如图 5-5 所示；其断层剖面示意如图 5-6 所示。

同时，F_{8-2}和 F_{8-3}断层具有与 F_7 断层相似的构造地貌现象，均为全新世活动断层。F_{8-4}断层陡坎较平缓，该断层晚更新世晚期以来活动微弱，属于晚更新世活动断层，如图 5-7 所示。

③ F_{12}九家湾断层组。九家湾断层组由 4 条走向 NE、主断面由 NW 多条倾向相反的正断层组成，各断层近似等间距排列，自北向南各断层的长度分别为 3.2 km，4.2 km，6.8 km和4.5 km。该断层断错了该地貌面，地貌上形成断层沟槽。剖面上呈“Y”字形不对称地堑形态。地堑南侧的主断层倾向 NW，倾角为 50°～70°；北侧的次级断层倾向 SE，倾角为 50°～60°。

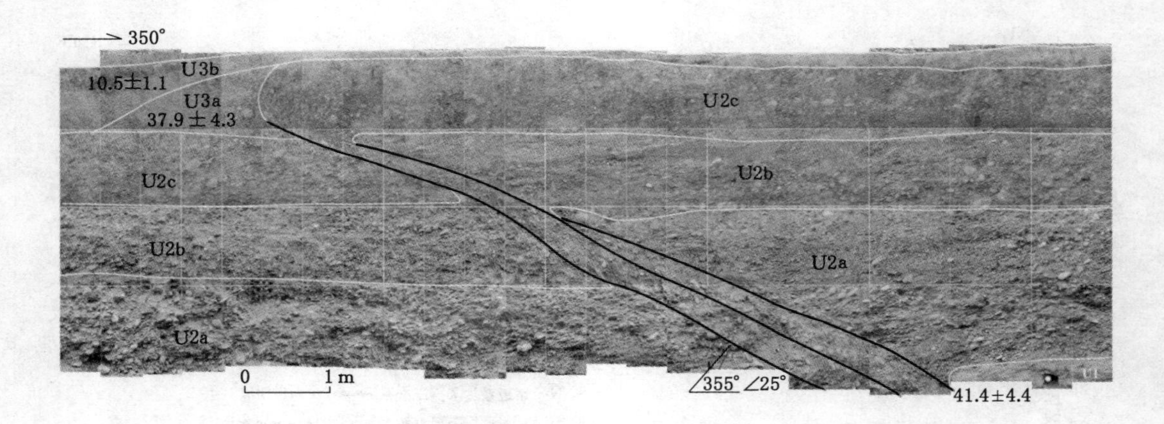

图 5-5 王家沟东岸 F_{8-1} 断层剖面图

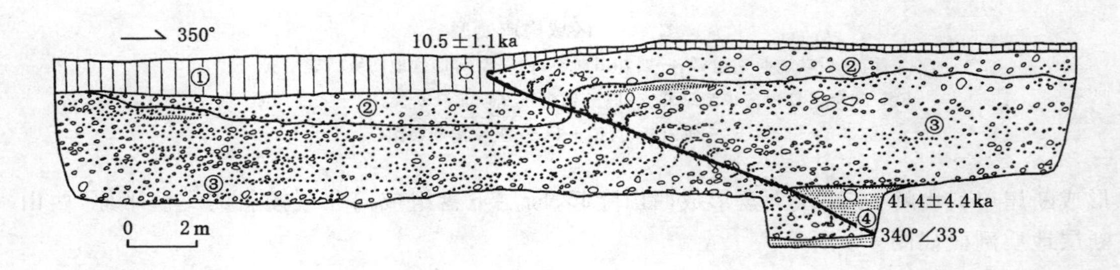

图 5-6 王家沟东岸 F_{8-1} 断层剖面示意图

①—粉土层；②—砂砾石层；③—卵砾石层；④—砂层

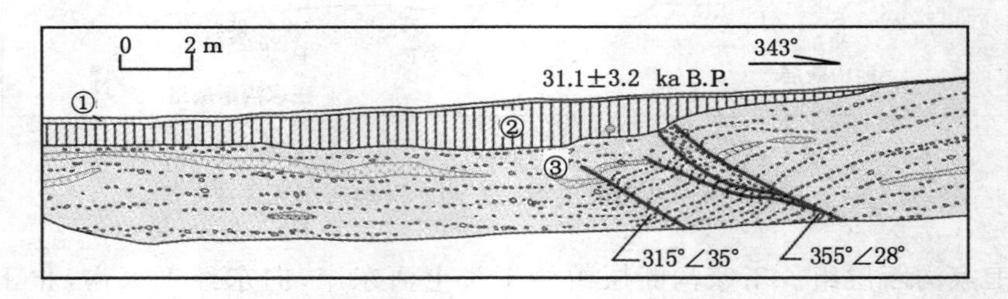

图 5-7 王家沟东岸 F_{8-4} 断层剖面示意图

①—表层含砾砂土；②—棕、红棕色含砾钙质黄土(亚砂土)；③—灰色含较多膏盐砂砾层

(2) 褶皱构造

第一排构造山前推举带由东向西发育南、北小渠子背斜、喀拉扎背斜、昌吉背斜、齐古背斜、清水河鼻状构造、南玛纳斯背斜、南安集海背斜等地表背斜构造和一系列隐伏构造三角楔，构成了齐古断褶带的主体构造，属于山麓逆断裂—背斜带。研究区褶皱构造主要有：喀拉扎背斜、西山背斜、北小渠子背斜和南小渠子背斜。区域各主要褶皱构造特征见表 5-1。

表 5-1　　区域主要构造特征

序号	构造名称	轴长/km	核部地层	褶皱要素及形态特征				断裂
				轴向/(°)	轴面	轴迹	翼部	
1	喀拉扎背斜	14.0	J_{1-2}	近 EW	S∠70°	弧形	正常	北翼断裂
2	西山背斜	10.0	J_1	75	直立	线状	北翼倒转	
3	北小渠子背斜	4.1	J_1	40	近直立	线形	正常	
4	南小渠子背斜	8.0	J_1	40	近直立	线形	正常	

① 喀拉扎背斜。喀拉扎背斜位于喀拉扎山，发育断面南倾、冲向前陆的叠瓦状基底的逆冲断层和顶部沿下侏罗统煤岩系地层滑脱冲向后陆的反冲断层所组成的Ⅱ型三角带，即沃伯顿(Warburton)所提出的被动顶板双重构造，如图 5-8 所示。

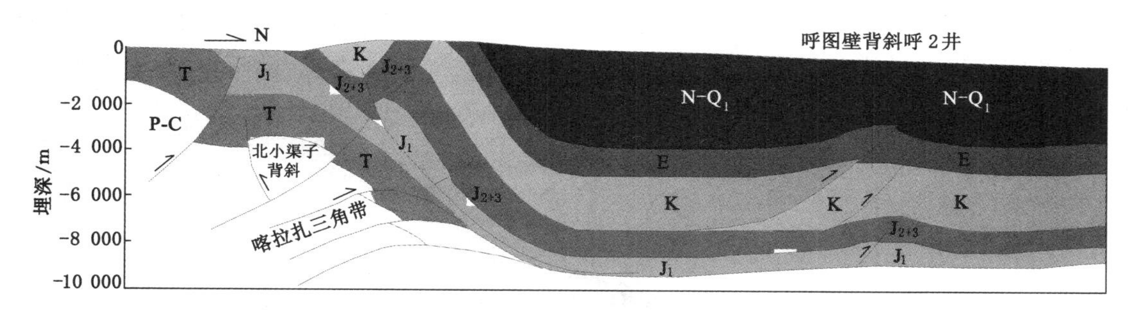

图 5-8　地震测线解析横剖面图

喀拉扎三角带，两翼呈北陡南缓，表明系来自由南向北的挤压作用造成。与下伏地层呈小角度不整合接触，属于削截不整合。头屯河地区喀拉扎背斜构造剖面图如图 5-9 所示。

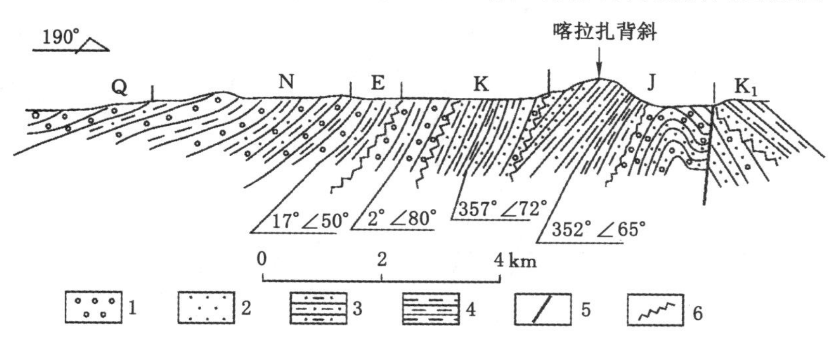

图 5-9　头屯河地区喀拉扎背斜构造剖面图

1—砾岩；2—砂岩；3—泥质砂岩；4—泥岩；5—断层；6—角度不整合界线

喀拉扎断层呈现上陡下缓，向北呈现大角度倾斜的铲状断层。断裂两侧地层总体具有下正上逆的特征。坳陷、多旋回的构造发育史造就了多种含气有利圈闭，形成的断层主要以逆冲断层为主，平面上呈宽缓的波状，不利于气体的逸散。

② 西山背斜。西山背斜是一单斜山，由侏罗系～新近系地层组成，岩层均向北倾斜。山体呈极不对称状，南陡北缓，山脊海拔为 1 200～1 280 m，与南麓平原地带相对高差达

200余米，区域头屯河地区西山背斜构造剖面图如图5-10所示。西山南侧主体为柴窝堡盆地西段冲洪积戈壁砾质平原，表面较为平坦，向北倾斜，坡度一般在5°左右。

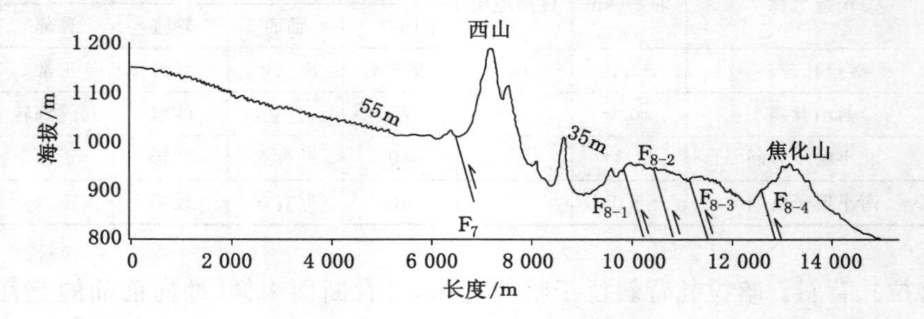

图5-10 头屯河地区西山背斜构造剖面图

西山背斜区域范围内的西山煤矿位于研究区域北倾西山单斜带中部，整体上形成向北倾斜的单斜构造，地层倾角45°～84°，由浅而深，逐渐变陡。各煤层剖面示意图如图5-11所示。

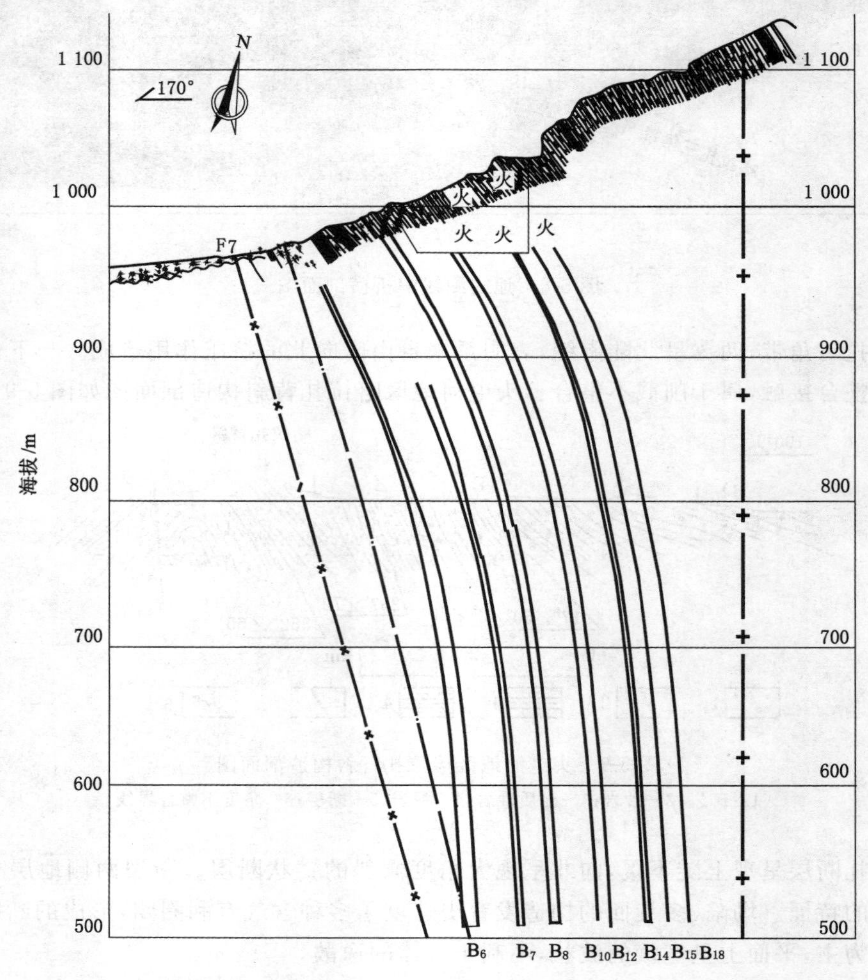

图5-11 头屯河地区西山背斜及西山煤矿煤层剖面示意图

③ 北小渠子背斜。北小渠子背斜东西长约 51.0 km，南北宽 1.2 km，构造呈上陡下缓，主要发育“Y”字形冲断层构成的背冲构造。南翼发育北倾逆断层，主逆冲断层冲向前陆，断至基底老地层，凸出地面形成一个椭圆形山包，两翼基本对称，倾角增至 20°，轴面直立，为直立倾伏褶皱，如图 5-12 所示。

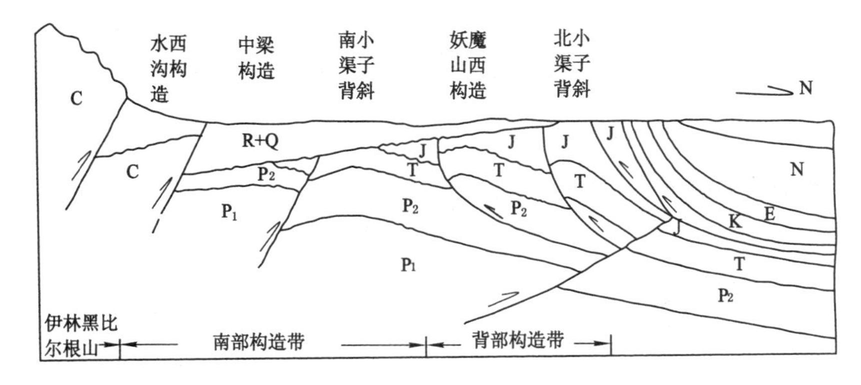

图 5-12 南、北小渠子构造剖面图

④ 南小渠子背斜呈弯窿状，为二叠系的宽缓构造，三叠系顶部为剥蚀面，其上覆的独山子组由北向南加厚。区域自南北小渠子至齐古背斜构造特征如图 5-13 所示。

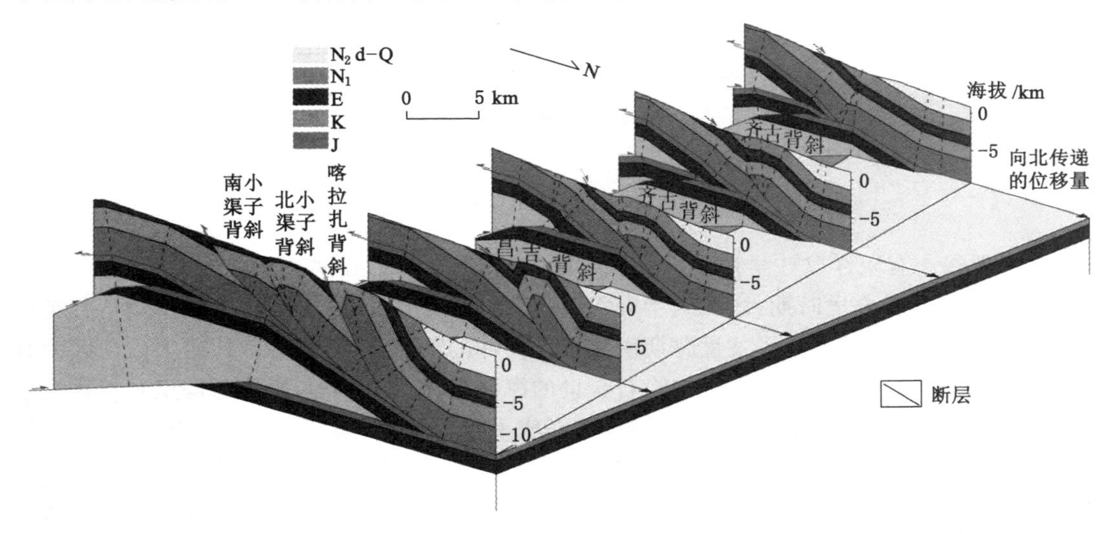

图 5-13 南北小渠子至齐古背斜构造特征

5.1.2 沉积特征

1）区域构造演化

受天山造山带及邻区构造演化控制，区域经历了海西晚期、印支期、燕山期和喜山期的叠加成盆作用和构造活动的叠加与改造。其中，喜山期活动最为剧烈并最终使盆地定型，北天山向盆地方向的强烈逆冲-推覆作用，形成了多环境、多类型的建造体系。区域自石炭纪以来经历了 3 大构造演化阶段：裂谷＋有限洋盆～早期前陆盆地阶段（石炭纪至早二叠世，C-P_1）、前陆坳陷阶段（中晚二叠世至侏罗纪，P_2-J_3）、晚期前陆盆地阶段（白垩纪至新近纪，K-Q），其各阶段形成的柴窝堡构造带、第一排背斜，第二、三排背斜及天山构造演化如图 5-14 所示。

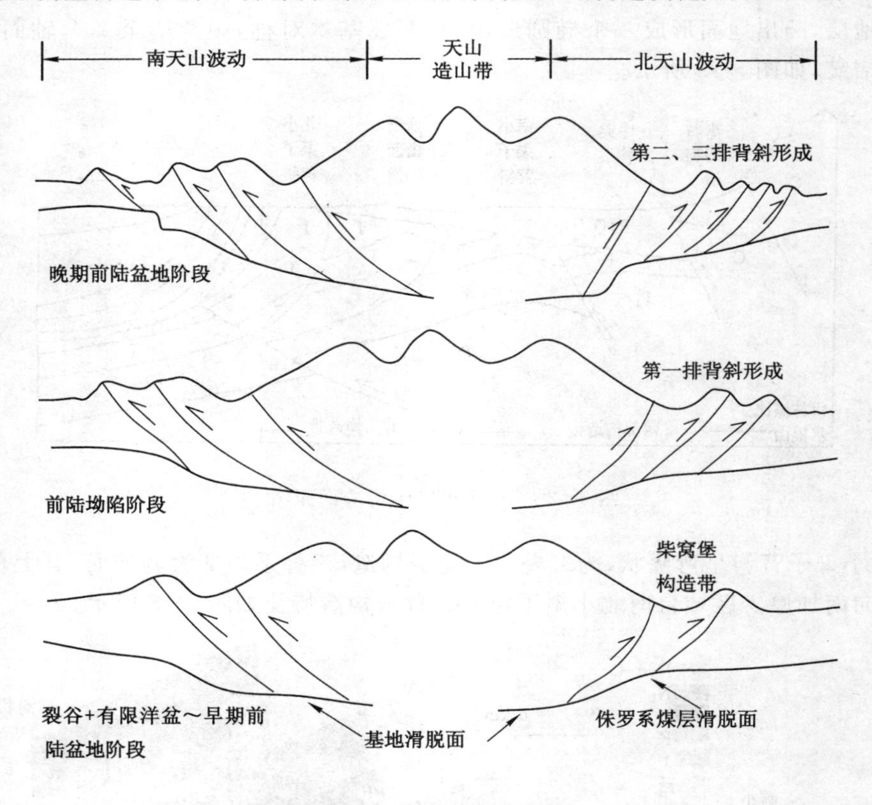

图 5-14　区域构造演化

(1) 裂谷＋有限洋盆～早期前陆盆地阶段（石炭纪至早二叠世，C-P_1）

石炭纪～早二叠世时期，区域处于裂谷＋有限洋～早期前陆盆地演化阶段。早石炭世时期，准噶尔洋盆继承了晚泥盆世时期南北双向俯冲的构造格局，伊林黑比尔根山地区为有限洋盆，博格达山区域为陆间裂谷。晚石炭世的海西运动，使准噶尔板块与塔里木板块发生碰撞，导致伊林黑比尔根山有限洋盆的封闭，形成了若干个陆内裂谷、裂陷和半地堑盆地，致使该区域进入了陆内构造演化阶段。区域地块向天山板块大俯冲运动，形成了山前沉积凹陷构造。至早二叠世（P_1）时期，准噶尔与塔旱木板块的碰撞拼合，伊林黑比尔根山得到快速隆升，区域主体进入了陆相沉积演化阶段（即早期前陆盆地演化阶段），伊林黑比尔根山及其前缘推覆体构成前陆盆地的活动翼，海水向东退出，仅残留局限海湾。

(2) 前陆坳陷阶段（中晚二叠世至侏罗纪，P_2-J_3）

该阶段区域进入了前陆坳陷阶段。早～中侏罗世时期，区域总体处于伸展构造背景下的缓慢下陷期。至中～晚侏罗世时期，区域进入了挤压构造阶段，并伴有小规模火山喷发活动。至晚侏罗世时期，北天山不断崛起并向北逆冲及准噶尔盆地南缘基底断裂复活，博格达山雏形初具，其裂谷地槽完全关闭。到了侏罗纪末期，在准噶尔盆地南缘山前凹陷下沉速度表现较明显，山前第一排构造带雏形初步形成。

(3) 晚期前陆盆地阶段（白垩纪至新近纪，K-Q）

晚白垩世燕山运动期，印度板块开始向北推进，并与欧亚板块碰撞，受其影响，北天山的向北逆冲以及博格达基底继续向北俯冲，博格达山隆起，在博格达山北麓的系列断层重新活动，伊林黑比尔根山和博格达山快速隆升已经成为准噶尔盆地南缘的主要物源区。进入喜山运动期，盆地处于统一的陆内盆地发展阶段，北天山及博格达山快速隆升，并向盆地冲断推覆，山前急剧下陷并接受巨厚沉积，使盆地又一次经历前陆盆地演化阶段。至更新世晚期，在强烈构造挤压作用下，均不同程度地卷入逆冲推覆活动并起着滑脱层的作用，控制了构造样式的形态，北天山及周边山区隆升。

由此可知，盆地自石炭纪到新近纪经历了 3 个构造旋回控制和影响下、由性质各异盆地原型复合叠加而形成的大型叠加盆地。盆地演化模式如图 5-15 所示。

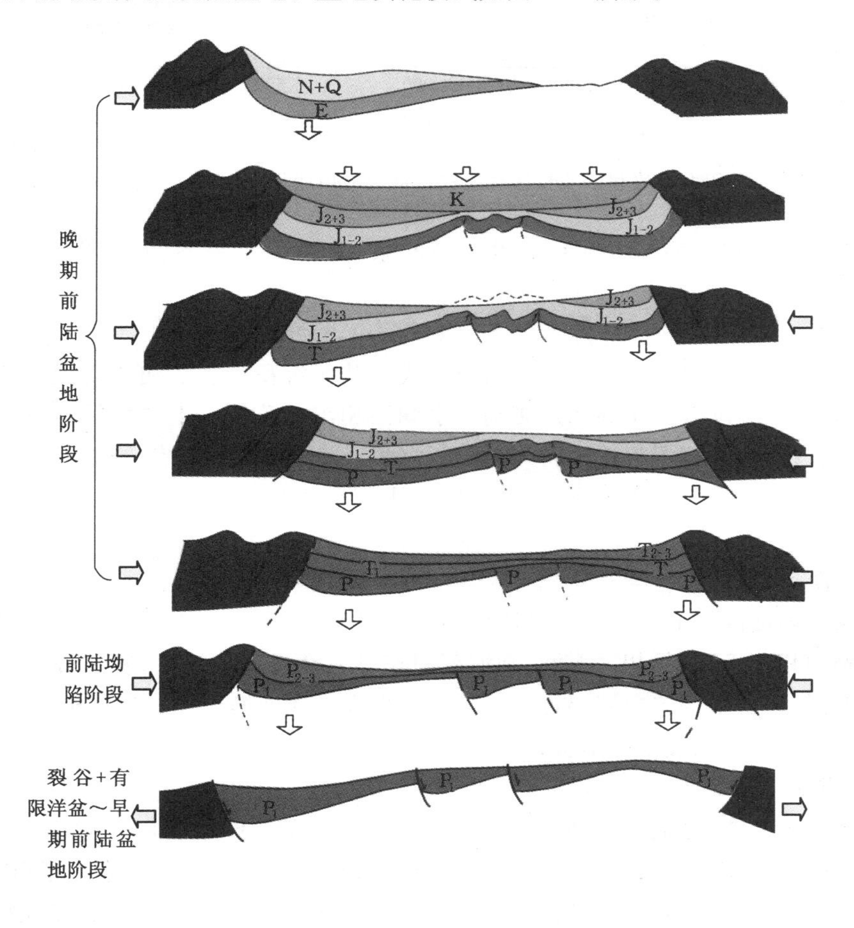

图 5-15　准噶尔盆地构造演化模式

喜山运动期，印度板块加速向北推挤，导致青藏高原的快速隆升并向北挤压塔里木盆地岩石圈，其同时被俯冲到西昆仑山及天山之下，天山造山带对碰撞动力的耗时传递使天山逆冲到准噶尔盆地之上，导致天山造山带的快速隆升，并向北推挤形成准噶尔盆地南缘前陆冲断带，且准噶尔盆地凹陷得以最终形成今日格局。印度板块和欧亚板块碰撞动力的传递与再生前陆冲断带的形成模式如图 5-16 所示。

2）区域沉积特征

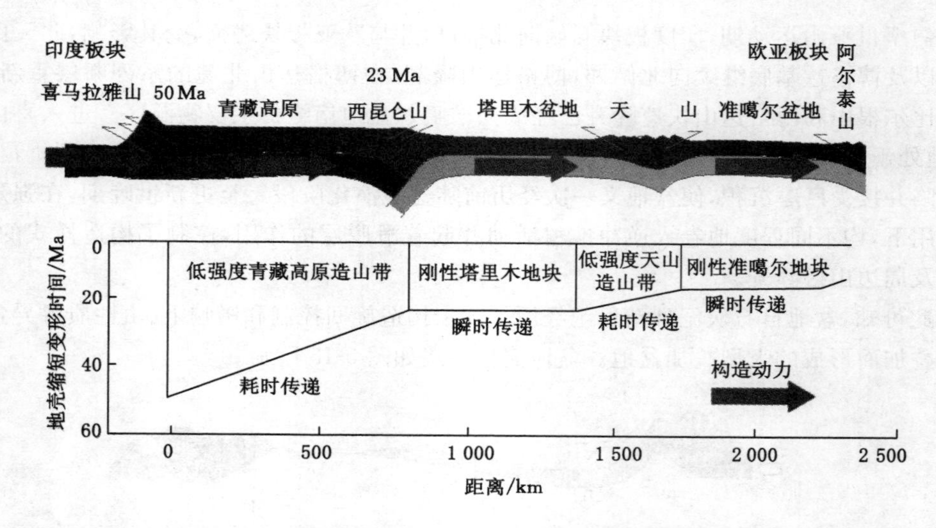

图 5-16　印度板块和欧亚板块碰撞构造动力的传递与再生前陆冲断带的形成

区域出露地层有古生界二叠系，中生界三叠系、侏罗系、白垩系、新生界第四系。沉积特征分别如下：

(1) 二叠系

早二叠世，准噶尔盆地主体进入海陆交互或以陆相沉积为主的演化阶段。中～晚二叠世进入陆相阶段，为湖滨三角洲相过渡到深水湖泊相沉积阶段。上二叠统与下二叠统接触关系为连续沉积，由海相沉积逐渐转入为陆相沉积。晚二叠世沉积范围进一步扩大，沉积环境由冲积扇、河流三角洲到滨浅湖泊相组成的由粗到细的单旋回沉积。与三叠统呈连续过渡。

(2) 三叠系

区域属于内陆湖盆的陆相沉积阶段。早三叠世时期，河流湖泊开始发育，气候干热；中三叠世为湖泊相环境，气候相对湿润，湖泊范围较早三叠世有所扩大；晚三叠世是三叠纪最大湖侵时期，气候由半潮湿向潮湿过渡。整个时期表现为湖滨相或三角洲相，与上覆侏罗系八道湾组呈不整合接触或平行不整合接触。

(3) 侏罗系

早中侏罗世时期，区域总体处于伸展构造背景下的缓慢下陷时期。早侏罗世时期，准噶尔盆地南缘边界可能位于后峡附近；至中侏罗世早期，盆地的沉降中心发生了巨大变化，由原先发育单一沉降中心演化为同时发育 3 个沉降中心(分别位于盆地西缘、东北缘和南缘)，盆地沉积范围持续扩大，边界进一步南迁，沉降速率又有所加强，表现为由北向南缓慢增大的特点；到中晚侏罗世期，区域转入挤压构造阶段；至侏罗纪晚期，气候变得干热，沉积范围发生明显萎缩，发生了强烈剥蚀和构造隆升作用，北天山不断崛起，博格达山及山前第一排构造带初具雏形，盆地边界由南向北推进。

① 八道湾组(J_1b)。早侏罗系八道湾组(J_1b)为热带条件下植物茂盛形成的以湖泊-扇三角洲沉积相为主，总体上是由多种岩性和煤层组成的具有明显正旋回特性的沉积。沉积中心在乌鲁木齐以东至阜康一带，沉积中心与聚煤带不相重合，八道湾组含煤层富煤带在阜

康至吉木萨尔一带。

② 三工河组(J_1s)。早侏罗纪时期的三工河组(J_1s)继承了八道湾组沉积特征,为一套在潮湿、温暖气候条件下形成的以湖泊、三角洲相为主的碎屑岩建造。为侏罗纪时期最大湖侵期,一般不含煤构造。沉积期间,拗陷带的东西端渐趋抬升,东部乌鲁木齐、西部四棵树区域变薄,盆地边缘区多被削蚀,地震剖面上表现为同相轴消失。

③ 西山窑组(J_2x)。中侏罗纪时期的西山窑组(J_2x)气候温暖潮湿,大型乔木生长繁茂,发育以泥炭沼泽相和河流相沉积为主的灰白、浅灰、灰绿色砾、砂岩夹炭质泥岩、泥岩及煤层旋回建造。地层进一步沉降,降幅与泥炭的形成及保存基本一致,形成了本区的主要含煤构造,厚煤层普遍集中在中、下部,煤层富含硫化氢气体。沉积层序为:浅水湖相→湖泊三角洲相→湖滨相→沼泽相→泥岩沼泽相。

④ 头屯河组(J_2t)。中侏罗纪时期的头屯河组(J_2t)基本继承了西山窑组沉积范围,沉积一套以河流相～湖泊相为主,沉积物颜色呈现为灰绿色、灰色与紫红和褐红色的交替,头屯河组自下而上红色条带增多,表现为温湿与干热气候交替沉积,且气候逐渐变得干旱的特征。

⑤ 齐古组(J_3q)。晚侏罗纪时期的齐古组(J_3q)气候变得干热,以一套河湖沉积相为主,形成了褐红、砂质和紫红色泥岩夹紫红色砂质泥岩,湖盆范围进一步缩小。

⑥ 喀拉扎组(J_3k)。晚侏罗纪时期的喀拉扎组(J_3k)为气候干燥炎热条件下的一套山麓河流相,沉积环境由还原转为氧化。灰色、黄色块状硬砂岩、粉砂岩具大型交错层理。地层被大量剥蚀,与下伏齐古组呈整合接触,地震剖面上齐古组和喀拉扎组呈楔状分布。

(4) 白垩系

早白垩纪区域以宽而浅的湖盆沉积为主,沉积范围较侏罗纪晚期有所扩大。下部以紫红色、灰绿色泥岩及粉砂岩为主,为干旱-半旱沉积环境。到晚白垩纪时期,沉积水体明显变浅,以辫状河～冲积沉积为特征,沉积范围较早期有明显缩小。

(5) 第四系

第四纪奠定了准噶尔盆地格局。由于青藏高原的崛起,欧亚板块发生了激烈的碰撞挤压作用,导致天山的快速隆升,盆地的沉降中心快速南迁到乌苏—昌吉一带。中部陆梁地区快速隆起,盆地被分隔成乌伦古拗陷和准噶尔盆地南缘前陆拗陷,强烈的挤压反转作用导致北天山山前发育近东西向的雁列式成排成带的冲断褶皱带,如图 5-17 所示。

5.1.3 区域煤层

研究区域西山窑组(J_2x)聚煤中心在乌鲁木齐—玛纳斯一带,其中,中侏罗统西山窑组下段(J_2x^1)是本区的主要含煤地段,中段(J_2x^2)基本不含可采煤层,上段(J_2x^3)含少量煤层且多为不可采煤层或煤线。以湖泊型旋回结构特征为主,夹一些滨湖亚相型及湖泊三角洲相,沼泽相、泥炭沼泽相为主体的组合沉积。在这良好沼泽相沉积环境下,植被大量发育,随之而形成泥岩沼泽,为泥炭沉积,煤的形成奠定较好的基础,从而构成泥炭沉积环境,造成了大量泥炭聚集沉积,形成了富煤区。

区域含煤岩体系由东向西沉积特征演化剖面如图 5-18 所示。

研究区域煤层总体厚度大,总厚度为 10～130 m,最厚处超过 200 m,并且形成两个大于 40 m 的等厚区,区域富煤带有明显的西移,聚煤中心范围也逐渐西移并扩大。区域煤层

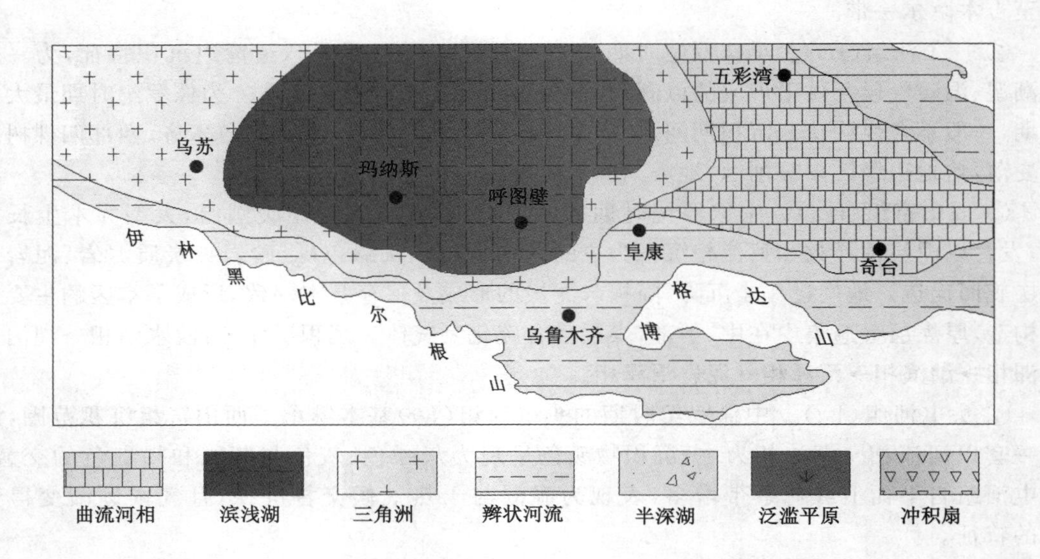

图 5-17　准噶尔盆地南缘第四纪古地理图示意图

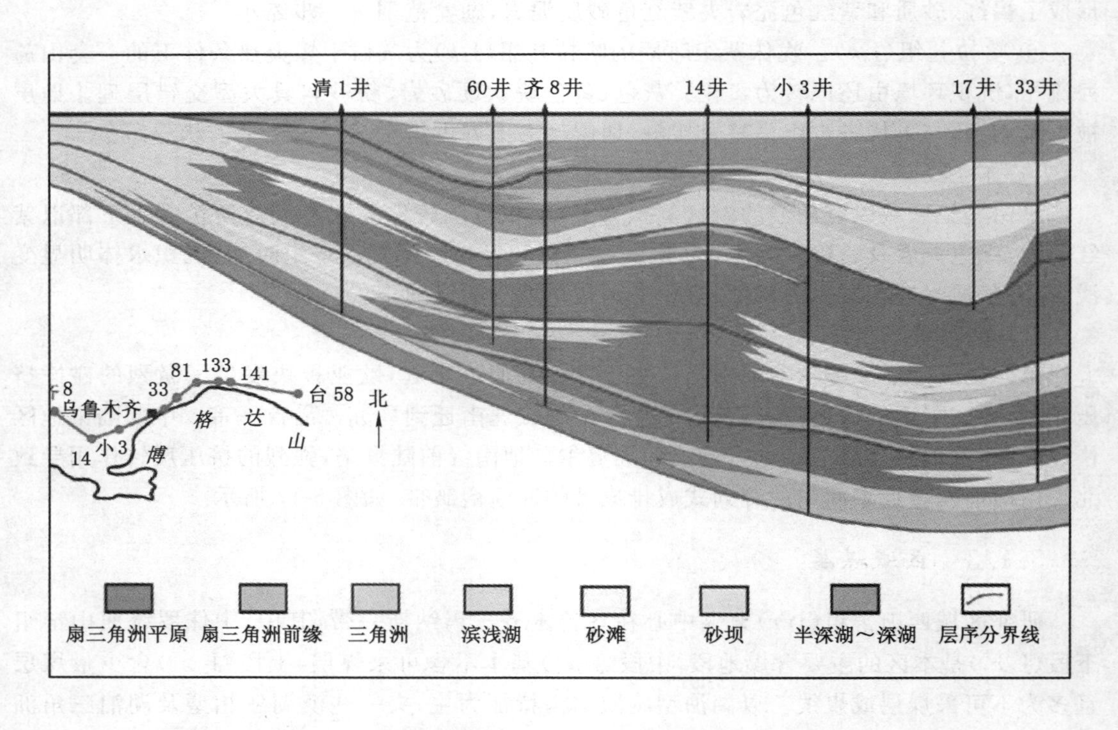

图 5-18　区域含煤岩体系由东向西沉积特征演化剖面图

埋藏深度大多数介于 400～2 800 m，局部最大埋深可达 6 000 m 左右。地层产状较陡，部分地区煤层倾角可超过 45°区域部分矿井(区)西山窑组煤层赋存特征见表 5-2；煤层等厚线分布如图 5-19 所示。

表 5-2　区域部分矿井(区)西山窑组煤层赋存特征

矿井(区)	含煤层数/m	煤层总厚/m	可采煤层数/m	可采煤层厚度/m
玛纳斯清水河	21～49	25.6～57.3	3～11	23.2～51.8
呼图壁河矿区	5～6	23.8	5～9	18.6—23.0
呼图壁白杨河矿区	12～49	46.7	17～23	39.7
西山煤矿	22～34	36.2	10	34.1
硫磺沟矿区	3～7	49.2	3～4	35.0～46.3
浅水河矿区	3～8	16.7	3～4	14.1
乌鲁木齐一带	>35	36.2～182.8	4～25	34.1～151.9

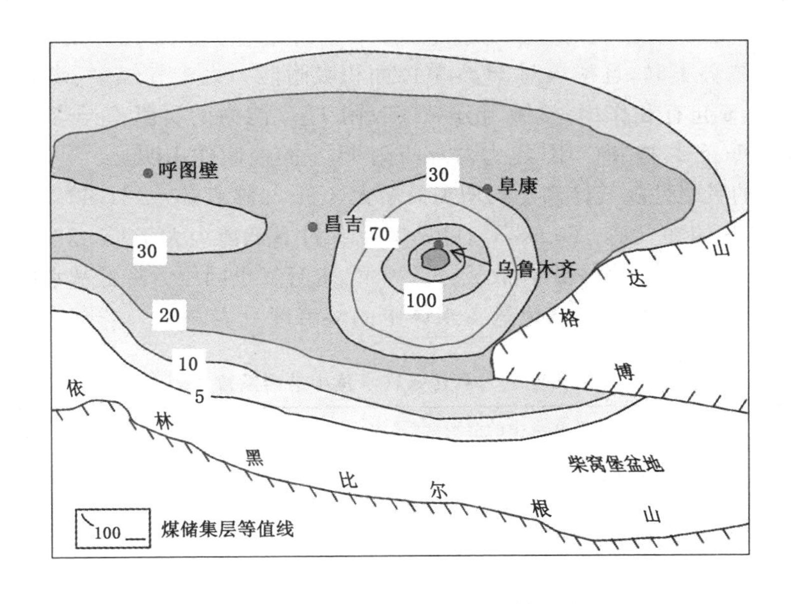

图 5-19　区域西山窑组煤层等厚线

区域煤层赋存向西向东地层变薄，含煤性逐渐变差。玛纳斯—乌鲁木齐—阜康一带，J_2x 煤储层含煤总层数可达数十层，总厚度为 75.0～218.6 m。其中，以乌鲁木齐一带发育最好，含煤 20～40 余层，总厚度为 36.2～182.8 m，可采煤层 11～35 层，可采煤层总厚度为 34.1～151.9 m，一般都在 40 m 以上，含煤系数达 11.7%～25%。向东向西煤储层发育变差，向西至头屯河一带煤储层 3～28 层，总厚度为 25.6～55.1 m，可采煤层 3～11 层，厚度为 25.6～52.5 m，含煤系数为 12.8%～17.6%。玛纳斯一带虽然含煤层数达 21～49 层，但总厚度仅为 26.1～57.3 m；可采层数为 11～23 层，可采总厚度为 23.2～51.8 m，含煤系数为 2.4%～5.3%。

煤的宏观煤岩类型以半亮～光亮型为主，宏观煤岩组分则以亮煤和丝炭为主，夹较多的暗煤条带，少量的镜煤线理。显微煤岩类型以微镜惰煤、微亮煤、微惰性煤为主要特征。煤的镜质组最大反射率在 0.5%～0.7%。煤中的无机显微组分(矿物质)以黏土类和黄铁矿居多，多以条带状和浸染状散布于煤层中。

煤层灰分变化介于 1.0%～27.0%，平均为 12.0%，低灰煤较为普遍。以低灰(<

15.0%)、低硫(<0.9%)、低磷(<0.05%)煤为主。煤的变质程度处于低变质烟煤阶段,由于煤的惰质组含量较高,导致煤的挥发分析出率和黏结性降低,以不黏煤、弱黏煤为主的弱还原程度煤。

5.2 煤对硫化氢的吸附特性及煤矿硫化氢赋存特征

5.2.1 煤对硫化氢的吸附特性

煤是多孔的固体介质,在一定范围内,煤对 H_2S、CH_4、N_2的吸附属物理吸附。在同温、同压下,吸附能力大小顺序为:H_2S>CH_4>N_2,并均受温度、压力、水分、煤化程度、孔隙度等因素的影响,煤变质程度对吸附量的影响程度最大的是 H_2S。煤化程度不同的煤对 H_2S 吸附能力的变化趋势不同,且瘦煤对 H_2S 单位面积吸附能力大于气煤;气煤和瘦煤中,较小孔隙对煤吸附 H_2S 起有利作用;显微组分对煤吸附 H_2S 能力的贡献率与煤级有关;水分和灰分均对煤吸附 H_2S 起抑制作用;压力对煤吸附 H_2S 的控制作用明显。

煤体对气体的吸附性随气体沸点的增加而增大,CH_4的沸点是−161.49 ℃,CO_2的沸点是−78.50 ℃,而 H_2S 的沸点是−60.33 ℃,可见煤吸附 H_2S 的能力大于 CO_2和 CH_4。煤炭资源开采时,煤层压力降低,吸附气不断释放成分游离气,水溶气也因压力降低从水中析出。

气相压力 101.325 kPa 下,硫化氢在水体中的溶解度见表 5-3。

表 5-3　硫化氢及二氧化碳在水体中的溶解度

H_2S 在水中的溶解度(气相分压 101.325 kPa)

温度/℃	H_2S 溶解度/(g·kg^{-1})	温度/℃	H_2S 溶解度/(g·kg^{-1})
0	0.706 6	40	0.236 1
5	0.600 1	45	0.211 0
10	0.511 2	50	0.188 3
15	0.441 1	60	0.148 0
20	0.384 6	70	0.110 1
25	0.337 5	80	0.076 5
30	0.298 3	90	0.041
35	0.266 1	100	0.040

CO_2 在水中的溶解度/(cm^3·g^{-1})

压力	温度/℃				
大气压	0	25	50	75	100
1	1.79	0.752	0.423	0.307	0.231
10	15.92	7.14	4.095	2.99	2.28
25	29.30	16.20	9.71	6.82	5.73

续表 5-2

大气压	0	25	50	75	100
50			17.25	12.59	10.18
75			22.53	17.04	14.29
100			25.63	20.61	17.67
125			26.77		
150			27.64	24.58	22.73
200			29.14	26.66	25.69
300			31.34	29.51	29.53

5.2.2 煤矿硫化氢赋存特征

煤矿瓦斯中 H_2S 的赋存状态主要是吸附气(准液态)，其次是水溶气(水溶态)、游离气(气态)，此外，还存在吸收气(固溶态)。其中，吸附气主要存在于井下开采前的煤层中，吸收气主要为地下水和煤矿积水的液—气混合双相态，游离气除了包括井下机采落煤中和运煤时不断释放的单相气态外，还包括巷道中和井上的 H_2S 释放气体。

通常情况下原位温度、压力条件下，各相态处于动态平衡。但当外界条件发生变化时，游离和吸附两种状态就可以相互转化。当外界压力升高、温度降低时，硫化氢由游离状态转化为吸附状态；当外界压力降低、温度升高时，硫化氢由吸附状态转化为游离状态。其转化形式为：

$$\text{游离}H_2S \xrightleftharpoons[\text{外界压力降低，温度升高}]{\text{外界压力升高，温度降低}} \text{吸附}H_2S \tag{5-1}$$

同样，煤体中硫化矿物的水解也是受外界条件影响的。当外界压力降低、温度升高时，硫化矿物水解产生硫化氢气体和碱；当外界压力升高、温度降低时，硫化氢气体又还原成硫化矿物。其水解反应转化形式为：

$$\text{硫化矿物}+H_2O \xrightleftharpoons[\text{压力升高，温度降低(还原)}]{\text{压力降低，温度升高(水解)}} \text{碱}+H_2S \tag{5-2}$$

随着硫化氢的不断生成，封闭的煤体裂隙和孔隙中硫化氢压力逐渐升高，还原反应将逐渐增强，水解反应随之逐渐减弱，最终达到动态平衡。在采掘过程中，当煤体受到破坏时，煤体内部硫化氢的压力自然就会降低，硫化氢存在的状态和硫化矿物水解的动态平衡也受到破坏。所以，此时存在于煤体裂隙和孔隙中的硫化氢以及新生成游离硫化氢就会大量涌向采掘空间。

5.3 煤矿硫化氢异常富集控制因素

5.3.1 地质控制作用

区域主要发育有下白垩统吐谷鲁群组以及中、下侏罗统(八道湾组和西山窑组)和中二叠统三套烃源岩，烃源岩生气强度最高可超 $100.0\times10^8\ m^3/km^2$ 以上。其中，中二叠统烃源

岩生气强度可达 $5.0\times10^8\sim40.0\times10^8$ m^3/km^2；中、下侏罗统烃源岩为低成熟一成熟的良好烃源岩。中、下侏罗统暗色泥岩(包括碳质泥岩)有机碳含量为 0.12%～27.56%，平均为 15.51%，煤中有机碳含量较高，一般为 32.69%～92.25%，平均高达 64.49%。

区域侏罗系西山窑组有机质母质类型以 0-Ⅱ 型腐殖质为主，煤的镜质体反射率 R_0 普遍为 0.4%～1.3%，峰值介于 0.5%～0.7%，多数处于低成熟-成熟阶段。区域煤层厚度大，总厚为 10～130 m，最厚超过 200 m，光西山窑组煤层就形成两个大于 40 m 的等厚区。区域发育着丰富的烃源岩，其中、下侏罗统烃源岩等厚线如图 5-20 所示。

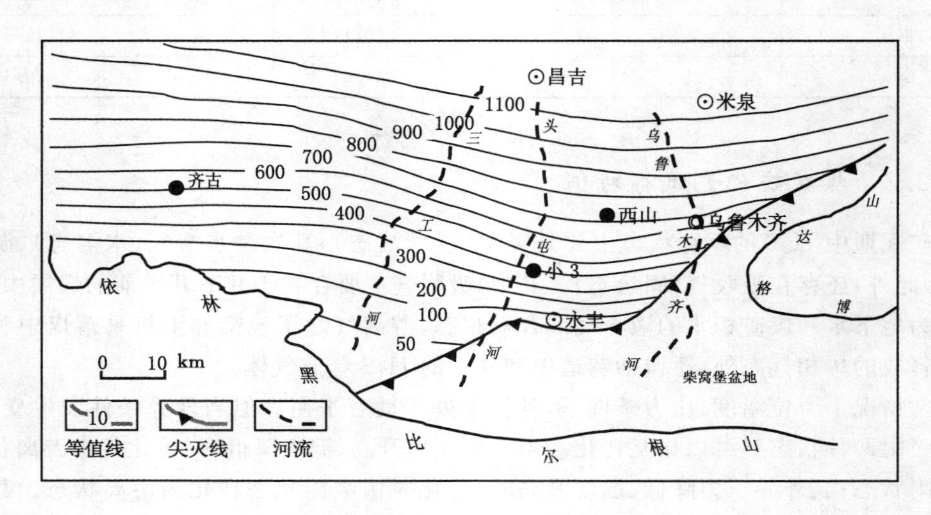

图 5-20 准噶尔盆地南缘中、下侏罗纪烃源岩等厚线

在侏罗纪早期，区域中二叠统烃源岩就开始有油生成，步入中侏罗纪生油到达高峰期，白垩纪早期开始生气。中下侏罗统烃源岩在早白垩纪时期开始生油，进入白垩纪晚期生油达到高峰期，第三纪时期开始大量生气；白垩系烃源岩在第三纪时期开始生油。丰富的烃源岩为区域硫化氢(油气)的成生提供了雄厚的物质基础。

古构造和新构造是控制区域 H_2S 分布及储集的两个主控因素。准噶尔盆地南缘为一继承性中新生代坳陷构造，经历了多旋回构造发育史，沉积了巨厚的生、储、盖组合层，造就了多套有利于硫化氢(瓦斯)的生、储、盖组合，形成了多种含气有利圈闭。由于前陆冲断带构造导致挤压强烈，逆断层普遍发育，背斜多与断裂相伴并被断层所切割，有利于油气的保存，多形成断背斜油气藏。研究区域凡侏罗系层系保存完整的圈闭经勘探研究均发现有良好的油气田，如齐古油气田、呼图壁气藏、老君庙油藏、马庄气田和甘河子油气田等，油气显示层位为侏罗系，反映了研究区域为有利的构造圈闭。由喜山运动期的压扭作用导致研究区域构造闭圈主要表现为断背斜圈闭和断鼻型圈闭，该类型圈闭的主要特点是层系较多、面积较大、闭合度非常高。如研究区域被断层切割成背斜油气藏的呼图壁气藏，及由于断层传播为褶皱背斜油气藏的老君庙油藏。区域发生了多次反转构造运动，反转构造形成的背斜直接覆盖在生储硫化氢的凹陷上，有利于硫化氢的保存(封盖)。各种构造运动造成的断裂长期活动又能为硫化氢的运移提供必要的通道及广阔的储存空间，研究区域主要的西山、王家沟及九家湾断层组都属于晚更新世活动断层组，为一个相对独立的构造体系，而且多以逆冲断层为主，平面上呈宽缓的波状，断层陡坎较平缓，地层倾角较小，上述构造有利于瓦斯气体（硫化氢）的保存。

区域构造运动控制着硫化氢储集层的分布；凹陷、多旋回的构造发育史造就了多种含气有利圈闭；丰富的烃源岩为 H_2S 的成生提供了雄厚的物质基础；凹陷构造为 H_2S 的储集创造了有利地质条件。区内上述组合具备了 H_2S 生成、储集和覆盖的物质基础和地质条件。因此，区域在硫化氢成生、运移、富集（生储盖）条件的空间上有很好的配置关系。

5.3.2 储盖层控制作用

1）储层控制作用

成煤沉积环境对硫化氢的成生、运移和储集有着重大影响。不同的成煤沉积环境，其煤岩储集层的煤岩特征、储集性能、生气潜力、自封盖性能及渗透性能都存在较大的差异，见表 5-4。

表 5-4　　成煤环境与储集层特征关系

成煤环境 高位泥炭沼泽	煤质特征		储集 性能较好	生气 潜能差	自封盖 性能较差	渗透 性能好
	灰分较低	硫分较低				
干燥森林泥炭沼泽	较低～低	特低	好	较差	较差	较好
潮湿森林泥炭沼泽	低	低	好	好	好	较好
流水泥炭沼泽	中～高	中	较差	好	好	较差
开阔水体泥炭沼泽	中～高	高	较差	好	好	差

由表 5-4 可知，潮湿森林泥炭沼泽成煤环境最有利于气体（H_2S）的成藏，其次为干燥森林泥炭沼泽成煤环境，而流水泥炭沼泽成煤环境及开阔水体泥炭沼泽成煤环境由于成煤过程中水体流动频繁，导致其储集性能较差，不利于气体（硫化氢）的成藏。区域西山窑组成煤环境从潮湿森林泥炭沼泽到干燥森林泥炭沼泽普遍发育，具有多种较好的成藏条件，形成了多套成煤储集层。因此，从成煤环境对煤储集层物质组成的控制条件来看，研究区域西山窑组煤层具有形成含 H_2S 煤层气藏的有利条件。

区域从三叠系至上第三系发育了多套有利瓦斯（硫化氢）储盖层组合，各层系中广泛发育滨湖相、河流相和三角洲相，砂岩、粉砂岩以及冲积扇相砾岩、砂砾岩等粗碎屑沉积广泛存在，而且这些碎屑岩储层的储渗条件较好，一般为中等～较好以上的储层。

组合Ⅰ：以中生界煤系为主要烃源岩，以自生自储组合为基本特征的生储盖组合。区域发育一套中、下侏罗统煤系为主要烃源岩，其间的砂岩为有效的储集层，八道湾组为盖层的有效组合，如区域齐古油气田的侏罗系油气藏。区域侏罗系三工河组、西山窑组、头屯河组是已被证实的良好储层。其储层岩性主要以细砂岩为主，为石英长石岩屑砂岩及混合砂岩。储层孔隙度为 5.91%～16.13%，平均值在 10.00% 以上，渗透率介于 0.11×10^{-3}～$122.30\times10^{-3}\ \mu m^2$。储层的孔隙类型较好，以粒间孔和粒内溶孔为主，为中等孔隙及低渗透的储集特征，空隙类型以裂隙～孔隙型为主。研究区域昌吉以南区域各煤层的孔隙度为 0.21%～16.42%，均值为 8.41%，渗透率介于 0.22×10^{-3}～$23.2\times10^{-3}\ \mu m^2$，均值为 $11.6\times10^{-3}\ \mu m^2$；硫磺沟矿区各煤层的孔隙度为 4.12%～15.91%，均值为 8.71%，平均渗透率为 $2.12\times10^{-3}\ \mu m^2$；乌鲁木齐河西矿区各煤层的平均孔隙度为 8.51%，平均渗透率为

5.36×10^{-3} μm^2；西山煤矿各煤层的平均孔隙度为8.0%，平均渗透率为2.56×10^{-3} μm^2，各煤层物性总体较好。区域内中等～较好储层的分布范围较广，从而为区域内瓦斯（硫化氢）的储集提供了广阔有利空间。

组合Ⅱ：主要存在于白垩～古近系。区域白垩系、古近系储层的物性总体良好，平均孔隙度一般为10.2%～17.6%，古近系安集海河组为区域有效盖层。

组合Ⅲ：主要分布于新近系。区域该组合主要在安集海河组区域盖层之上，储层为新近纪沙湾组和塔西河组。该储层的物性总体较好，平均孔隙度为10.6%～22.1%，塔西河组泥岩层为其有效的盖层。

准噶尔盆地南缘前陆冲断带储集层物性特征见表5-5。

表5-5　准噶尔盆地南缘前陆冲断带储集层物性

层位	相带	岩性	平均厚度/m	孔隙度/%	渗透率/($10^{-3}\mu m^2$)	古地温梯度/(℃·hm^{-1})
吐谷鲁群(K_1tg)	浅水湖泊	以紫红、灰绿色泥岩、粉砂岩为主	449～1 525	6.60	18.86	2.1～2.7
喀拉扎组(J_3k)	山麓河流	灰色、黄色块状硬砂岩、粉砂岩具交错层理	50～750	16.12	122.30	2.1～2.7
齐古组(J_3q)	河湖	褐红、紫红色泥岩夹紫红、灰绿色砂质泥岩及凝灰岩	183～824	9.53	15.38	2.1～2.7
头屯河组(J_2t)	河流～湖泊	杂色砂质泥岩、砂岩和细砾岩	210～804	10.49	57.51	2.1～2.7
西山窑组(J_2x)	三角洲相	灰绿、浅黄、灰黑色细砂岩、粉砂岩、中砂岩及煤层	380～1 080	7.91	0.16	2.1～2.7
三工河组(J_1s)	湖泊～三角洲	灰色、灰黄、绿色泥岩、砂岩，夹少量薄煤层	565～782	8.31	5.13	2.1～2.7
八道湾组(J_1b)	湖泊～扇三角洲	砂岩、粉砂岩、泥岩及薄煤层	245～850	9.00	3.25	2.1～2.7
小泉沟群($T_{2+3}xq$)	湖泊～沼泽～河流	杂色砂、泥质碎屑，下部为杂色粗碎屑岩和杂色砂岩	500～1 000	5.95	0.15	3.2～3.6

由表5-5所示的区域各储集层的物性参数可以看出，盖层渗透率总体较低。根据戴金星院士泥岩盖层分级评价标准可知：区域上二叠系储集层，以昌吉以南、齐古构造以东—博格达山前拗陷带为最有利区；中、下三叠系储集层，沿北天山山前一带（研究区域内）为有利区，向北即盆地中心方向过渡为不利区；侏罗系储集层，齐古—昌吉—乌鲁木齐—阜康（研究区域内）一带为有利区，向北过渡为不利区；白垩纪储集层，独南构造以东至呼图壁区域为最有利区；第三系～新近系储集层，研究区域一带为不利区。总体而言，本研究区域自上二叠系到白垩系储集层大多都为有利地区。由此可见，区域储盖层的封闭、储集性能良好，为区内的有效储盖层。

在研究区间内选取区域块煤样，制成直径为2.5 cm的圆柱样品，利用压汞仪进行测试，压力为100 MPa，如图5-21所示。

由图5-21可知，区域煤样孔隙结构属于裂隙～孔隙型。在低压阶段，排驱压力多数低

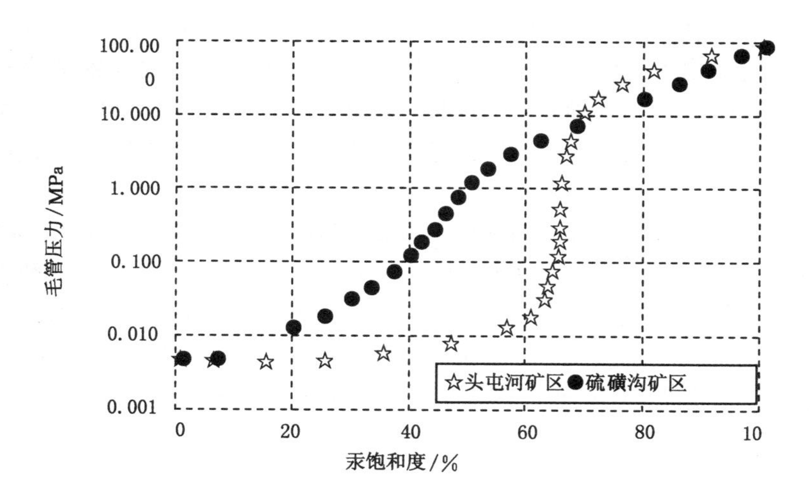

图 5-21　区域煤的压汞曲线图

于 0.01 MPa，进汞量可高达 40.0%～50.0%，中值压力较小；而在高压阶段，随着压力的递增，进汞量变化非常小，表明早期以宽大裂隙进汞为主，后期以微小孔隙进汞为主。因此，区域煤储层整体渗透性较好，从而有利于煤层硫化氢（瓦斯）聚集。

研究期间，通过对区域各煤矿井下原始煤层裂隙进行观测及资料收集，得到区域原始煤层裂隙发育特征，见表 5-6。

表 5-6　　区域井下原始煤层裂隙发育情况

观察点	煤岩类型	裂隙组别	裂隙频率	长度/cm	高度/cm
西山煤矿	光亮～半亮煤	主裂隙	18 条/10 cm	＞10.0	4～7
		次裂隙	6 条/10 cm		＜1
大浦沟煤矿	光亮煤	主裂隙	25 条/15 cm	＞10.0	2～5
		次裂隙	22 条/8 cm	0.2～4.0	＜1
硫磺沟胜利煤矿	光亮煤	主裂隙	7 条/10 cm	27.0	3～8
		次裂隙			
	半亮煤	主裂隙	9 条/10 cm		
		次裂隙			
浅水河矿区	光亮煤	主裂隙	15 条/15 cm	25.0	＞10
		次裂隙	22 条/10 cm	0.3～3.0	＜1
	半亮煤	主裂隙	10 条/10 cm	＞10.0	1～4
		次裂隙	5 条/10 cm		＜1
呼图壁小东沟煤矿	光暗煤	主裂隙 次裂隙	9 条/10 cm	＞23.0	5
			7 条/10 cm		
呼图壁白杨沟矿区	光暗煤	主裂隙	9 条/10 cm		
		次裂隙	10 条/10 cm		

由表 5-6 可知，区域各煤矿煤层裂隙多为原生结构，次为碎裂结构，煤层裂隙相对发育，裂隙具有横向上延伸较长，纵向上切穿煤层的高度较大的特点。裂隙密度分布高达 60～250 条/m，裂隙的开放性，连通性较好。区域煤层裂隙大多数未被矿物质充填，增加了煤层的渗透性，如研究区域的西山煤矿、大浦沟煤矿浅水河矿区和硫磺沟矿区。从而为煤层硫化氢的运移及储集提供有利空间。

从已有的研究可知，煤储集层中微裂隙与煤岩类型的关系非常密切，从光亮煤～半亮煤～半暗煤～暗淡煤，其微裂隙发育程度逐渐减弱。研究区域各煤层主要为光亮煤和半亮煤，表明研究区域煤储层中的微裂隙发育程度较高，有利于煤储层硫化氢（瓦斯）的聚集。

煤的吸附特性决定了煤层气（瓦斯、硫化氢）的赋存状态和储集能力，研究区域煤的吸附能力普遍较高，其朗格缪尔体积普遍大于 10.0 m^3/t，最高可超过 20.0 m^3/t。区域部分煤矿煤的等温吸附曲线如图 5-22 所示。

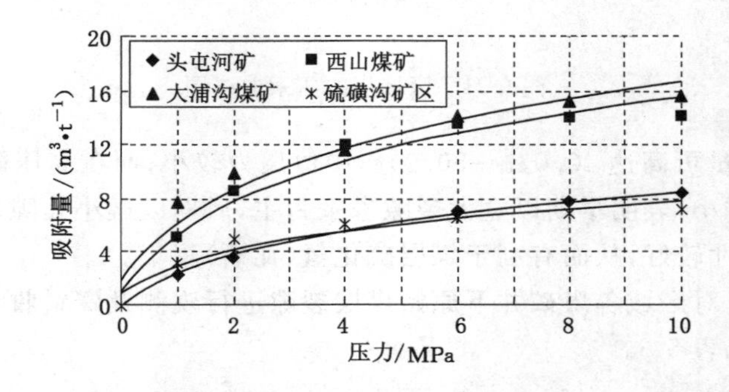

图 5-22　区域煤的甲烷等温（30 ℃）吸附曲线

区域侏罗系八道湾组、西山窑组煤储集层的兰氏体积一般为 4.96～16.29 m^3/t，平均为 10.64 m^3/t。表明区域煤储集层的吸附能力较高，其中西山窑组煤储集层可燃基兰氏体积介于 5.65～31.87 m^3/t，平均可达 20.07 m^3/t。以清 1 井—齐 8 井、西山煤矿、昌吉—乌东—阜康一带煤层的吸附能力大，最大吸附量可超 20.00 m^3/t；硫磺沟矿区一带大概为 7.16 m^3/t，阜康一带干燥无灰基兰氏体积为 12.36～26.51 m^3/t。研究期间，在研究区域西山煤矿测定的原煤瓦斯含量最大值达 18.03 m^3/t。

区域低煤级煤储层普遍发育，西山窑组煤储层煤级主要以长焰煤、弱黏煤和气煤为主。各矿区煤层气体组分甲烷成分普遍较低，且组分中富含氮气和二氧化碳。当煤层埋深小于 420 m 瓦斯组分普遍小于 80%，大多处于瓦斯风化带，硫化氢浓度也较低。当煤层埋深大于 750 m 时，瓦斯含量大幅增加，瓦斯组分相应提高，硫化氢含量也急剧攀升，硫化氢含量与埋深具有正相关性。瓦斯含量与甲烷气体组成呈显著的正相关关系，并且随着煤储层埋深的增加，表现出较快的递增趋势。

2）盖层控制作用

区域盖层性能比较稳定，具有比较一致的特点，第三系的膏岩、膏泥岩，白垩系及侏罗系的泥岩为区域主要的良好盖层。研究区域第一排构造带内主要发育有三工河组、八道湾组和三叠系小群沟群三套区域性盖层，这些盖层均被证明为有效的盖层。

为有效的阐明煤层顶底板岩性粒度大小及其对煤层瓦斯（硫化氢）气体的封闭能力，文中把研究区域侏罗系西山窑组煤层顶底板岩性组合划为两大类:第 1 大类为粗碎屑岩,包含砾岩、粗砂岩及中砂岩归;第 2 大类为细碎屑岩,包含粉砂岩、泥岩、页岩及其互层归类。根据上述岩性组合的归类方法对区域西山窑组主要煤层的顶底板岩性进行统计划分,如图 5-23和图 5-24 所示。

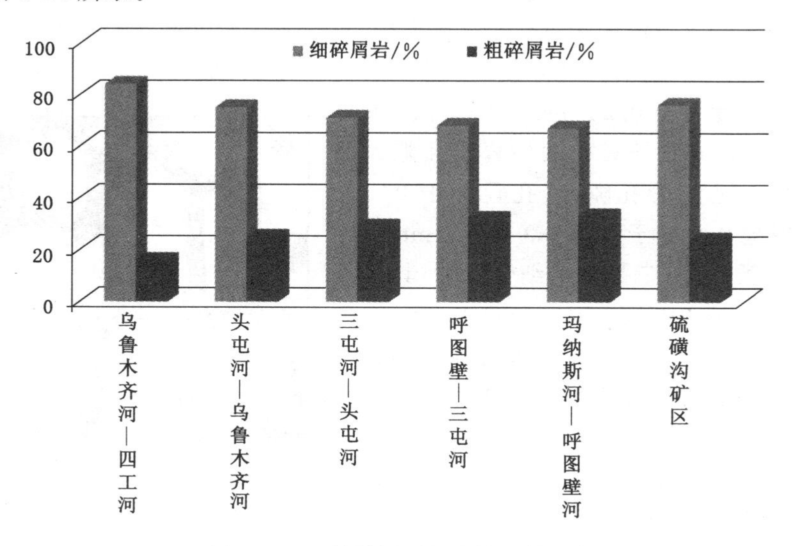

图 5-23　区域煤层顶板岩性比例示意图

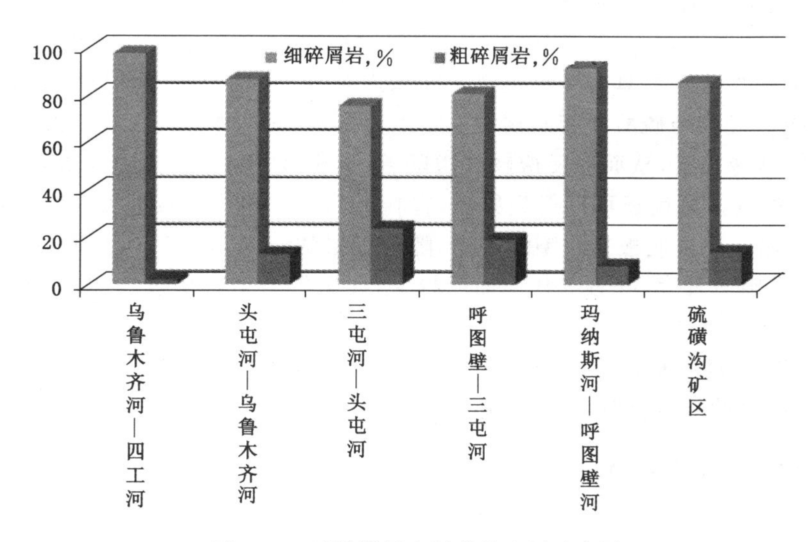

图 5-24　区域煤层底板岩性比例示意图

由图 5-23 和图 5-24 可知,区域煤层顶底板细碎屑岩比例均占 67.2%以上,乌鲁木齐河—四工河一带底板最高达到 98.1%,头屯河区域及硫磺沟矿区顶板细碎屑岩比例分别为 75.4%和 76.2%,底板细碎屑岩比例分别为 87.0%和 86.3%。由此可知,区域煤层顶底板岩性主要以细碎屑岩为主,为低渗透性隔挡层,透气性能差,比较有利于煤层瓦斯(硫化氢)气体的保存,因而煤层顶底板对煤层瓦斯(硫化氢)气体的封盖能力较强。因此,区域侏罗系西山窑组煤层顶底板岩性组合为硫化氢生储盖的有效组合。

5.3.3 孔隙型储层的控制作用

围岩由不同岩性组成，不同类型的岩石多少都有一定的孔隙和裂缝。孔隙型储层是指未被固体物质所填充的空间，它包括岩石颗粒之间的粒间孔隙，颗粒内部的粒内孔隙，岩石裂缝以及各种各样的孔、洞、缝的总和。这些孔隙可以是连通的，也可以是独立的。地壳中不存在没有孔隙的岩石，岩石的孔隙按其大小可分为 3 种：一是超毛细管孔隙，其孔径大于 0.5 mm，或裂缝宽度大于 0.25 mm。岩石中的大裂缝、溶洞及未胶结的或胶结疏松的砂岩层孔隙大部分属于此类；二是毛细管孔隙，其孔径介于 0.5～0.000 2 mm，裂缝宽度介于0.25～0.000 1 mm。碎屑岩多半具有这类孔隙；三是微毛细管孔隙，其孔径小于 0.000 2 mm，裂缝宽度小于 0.000 1 mm，这种孔隙对气体储集的作用不大。只有彼此连通的超毛细管孔隙和毛细管孔隙才是有效的气体储层，即“有效的”孔隙。

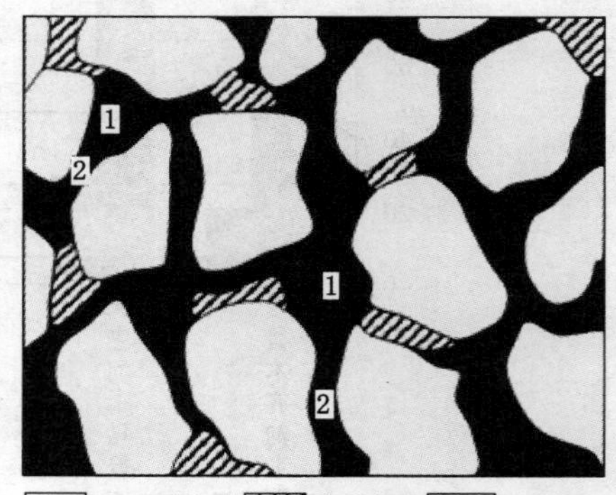

图 5-25 岩石的孔隙系统

1—孔隙；2—喉道

岩石的孔隙系统由孔隙和喉道两部分组成，孔隙为系统中的膨大部分，它们被细小的喉道所沟通，如图 5-25 所示。

虽然 H_2S 的溶蚀作用对碳酸盐岩储层次生孔隙的发育具有重要的影响，是深部碳酸盐岩优质储层形成的一种重要机制，但是在 H_2S 形成之前，储层的储集性能需要具有一定孔隙空间和连通性。孔隙型储层是 H_2S 形成的重要车间，一方面提供了烃类与硫酸盐相互接触的场地，另一方面又能保证烃类的继续供给和形成的 H_2S、CO_2 气体转移走，从而使反应物烃类随着 H_2S 形成的消耗又继续得到补充；反应产物 H_2S 和 CO_2 的气体浓度还可以得到稀释，有利于 H_2S 形成向正反应方向继续进行。反应所形成的 H_2S 储藏于顶底板空隙型储层中，随着煤层的开采，是 H_2S 自顶底板涌出的重要原因。煤体的孔隙越发育，孔容与比表面积越大，会聚集更多硫化氢气体，导致煤层硫化氢浓度升高。

孔隙型储层是 H_2S 形成的基础，而 H_2S 形成后又对空隙型储层进行溶蚀改造，进一步优化了储层的储集性能，使储层次生孔隙更好。

5.3.4 地下水控制作用

TSR 作用实质上是烃岩源（$\sum CH$，C）与硫酸根离子（SO_4^{2-}）发生反应，其决定了发生 TSR 作用离不开水。而发生 BSR 作用的本质系有机质和可溶解的硫酸盐在硫酸盐还原菌作用下发生硫酸盐生物还原作用，因而发生 BSR 作用也离不开水。而煤岩层局部区段通常同时具备丰富烃岩源和硫酸根离子（硫酸盐），烃岩源和 SO_4^{2-}（硫酸盐）接触的机会也最高，所以 TSR 或 BSR 的发生往往需要水汽的参与。从已有的研究来看，在气—水界面附近，硫化氢含量通常比远离气—水界面的部位要高得多，充分证明了水在 TSR 或 BSR 过程中的重要性。

1）地层水活动控制作用

地层水与 H_2S(瓦斯)共存于含煤岩系及围岩之中,它们的共性都是流体,其运移和赋存都与煤岩层的孔隙特性、裂隙通道及地下水的活动紧密相关。因此,地层水的活动不停地驱动着裂隙、孔隙和溶于地层水体中的 H_2S 运移和流动。

由硫化氢的性质可知,H_2S 为酸性水溶气体,在水体中的溶解度符合气体水溶性规律,具有随温度升高而降低,随压力升高而增加的特点,在 0 ℃和 0.1 MPa 状态下,其溶解系数为 2.67 m^3/m^3。在常压条件下溶解于地层水中的 H_2S 要比瓦斯(或气体气体)高得多,в. А. соколов 指出,在温度为 71~171 ℃和压力为 20 MPa 条件下硫化氢的水溶量可达 138.1~149.3 m^3/m^3。苏联北里什坦气田在地层埋深为 995 m,温度为 33.6 ℃,压力为 9.34 MPa下游离气与水溶气的组分对比见表 5-7。

表 5-7　　北里什坦气田游离气与水溶气的组分对比

组分	A_{H_2S}/%	A_{CO_2}/%	A_{N_2}/%	A_{CH_4}/%	$A_{C_{2+}}$/%
游离气	4.05	3.75	4.5	85.15	2.55
水溶气	60.85	29.20	1.0	8.30	1.65

区域西山煤矿在煤层埋深小于 420 m 时,其煤层(含水层)中的硫化氢含量普遍较低。当煤层埋藏深度大于 750 m 时,瓦斯中及水体中的硫化氢中含量都急剧攀升,也说明区域硫化氢含量与埋深具有正相关特性。

研究区域位于准噶尔盆地南缘,依林黑比尔根山北麓,乌鲁木齐山前坳陷带的中部(第一排构造带)。区域南部依林黑比尔根山丰富的积雪和冰川,是构成山前坳陷和山前倾斜平原带地下水的主要补给源。区域自东向西年均径流量大于 1.0×10^8 m^3/a 的河流有头屯河、三工河。临近有乌鲁木齐河、呼图壁河及塔西河等。

区域新构造运动控制着第四系以来的沉积建造,对区内地貌形态、水系发育、地下水的运移与展布有着十分重要的控制作用。而地下水的活动又严重影响着 H_2S 的富集和运移。新构造运动控制山前平原区储水构造的产状,研究区域内平原基底变化主要有两种:

① 凹槽式沉降:其基底受断层或隆起运动而凹陷,中部隆起端出露地表,使潜水分布出现不连续性,如头屯河东部至乌鲁木齐一带。

② 隆起式起伏:其基底受山体上升运动的牵引和不均匀隆升运动的影响,形成纵向上的起伏,如区域第一排构造至第二排构造之间。在上述两种平原基地构造的影响下,区域富含硫化氢的潜水当遇到断层或构造堵隔后多以沼泽或泉水形式溢出地表,如图 5-26 所示。

第三系构成的山前褶皱带,区域地层水通过河流切穿的山口或断层出露补给到山前平原区。同时,由流动受阻的地层水以泉水形式溢出地表。区域山体与平原接触关系如图 5-27所示。

区域山前的坳陷或断陷带内第四系沉积物厚 400~1 300 m。区内第一排构造与第二排构造隆起之间、第三排构造与第二排构造隆起之间形成了雁行排列的构造洼地,堆积了巨厚松散的砂卵砾石层,坳陷的地质构造或基底隆起为地下水(H_2S)赋存与运移提供了巨大的空间。区域地下水循环特征如图 5-28 所示。地下水补给径流带—径流溢出带—垂向交替带—水平径流带等。

区域含水类型可分松散岩类孔隙水,碎屑岩类孔隙水、裂隙水。局部因有黄土层隔水,

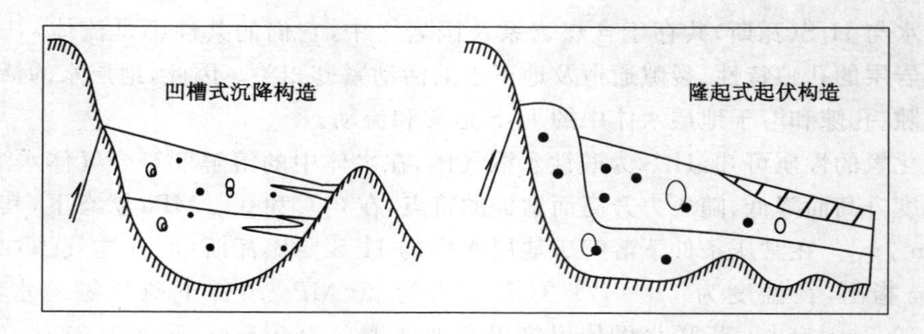

图 5-26　山前平原基地变化示意图

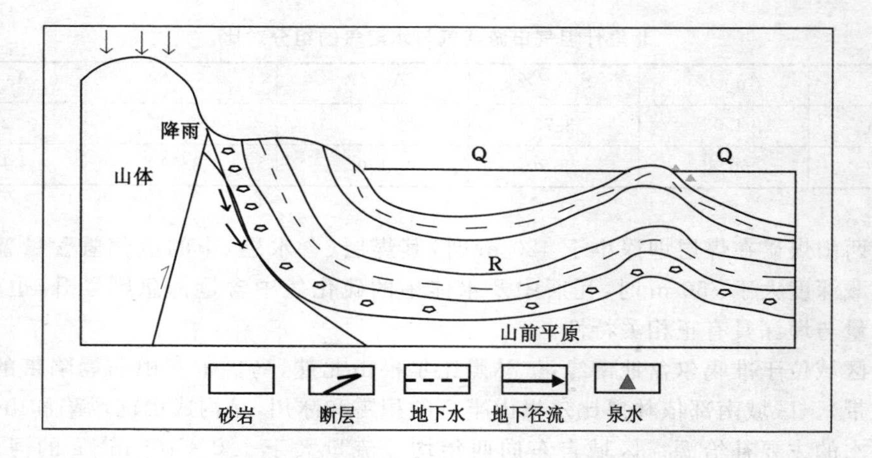

图 5-27　区域山体与平原接触关系图

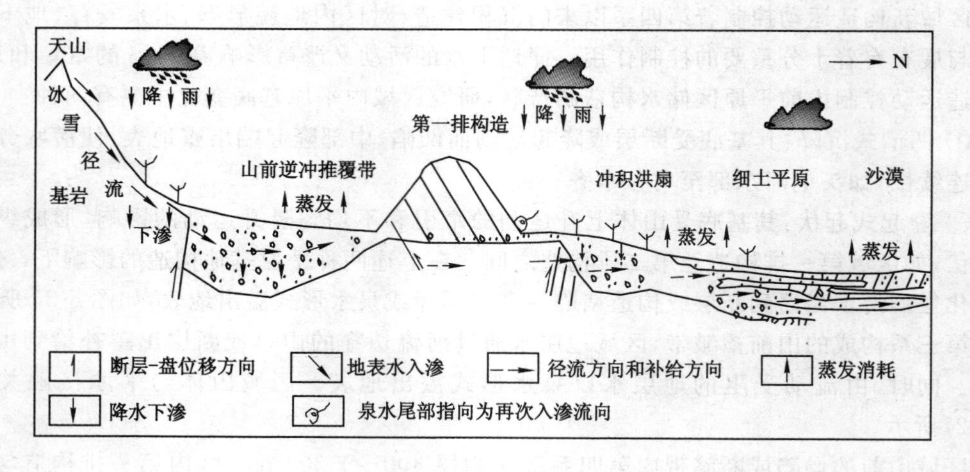

图 5-28　区域水循环特征

因此地下水局部具有承压性质，硫化氢在具有压力条件下，溶解度显著提高，导致含 H_2S 水富集异常突出。区内西山煤矿在 2011 年 11 月 5 日零点班，轨道上山工作面打眼爆破后，由于受到冲击振动影响，突然从 B_{19} 号煤层顶板及四周涌出大量高含硫化氢积水。巷道气流中的硫化氢浓度瞬时高达 400×10^{-6}，瓦斯浓度高达 19.5%。

研究区域侏罗系煤储层水动力控气作用主要表现为水动力封闭控气和水动力封堵控气2种作用类型，如图5-29所示。

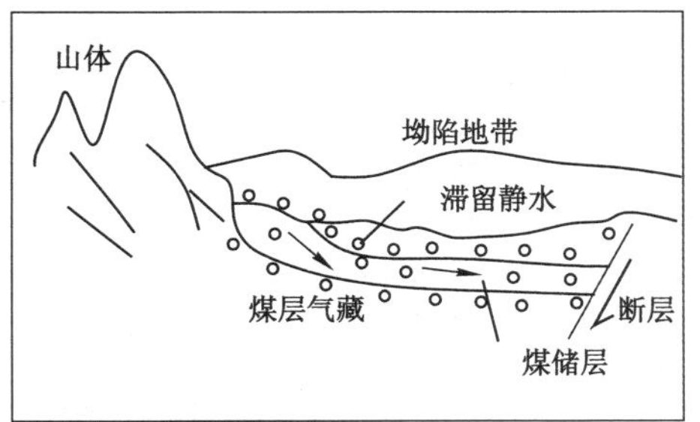

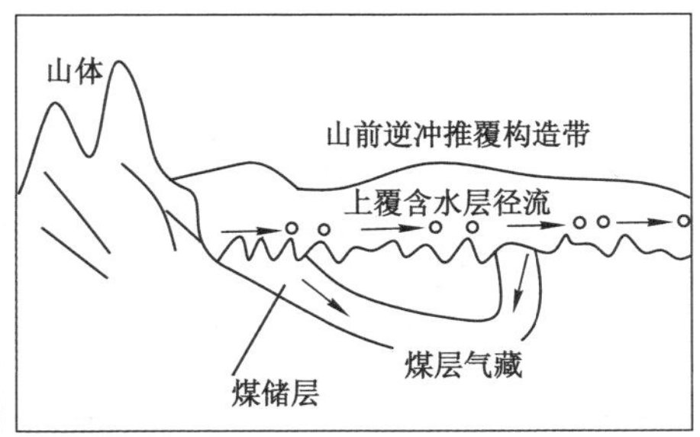

图5-29　区域水动力控气作用与煤层气封存模式

区域昌吉拗陷带煤层埋藏深度普遍大于2 000 m，其水动力控气作用主要表现为水动力封闭控气作用。因西山窑组煤系地层上、下部都存在有良好的隔水层，区域地下水自北天山接收补给后，自南向北向心流动，水体在重力的作用下向盆地凹陷内汇聚，导致区域自第一排至第三排构造带内煤储层的地下水总体呈滞流和封闭状态，因而在水力封闭作用下硫化氢得以封闭及保存。

研究区域山前断坳带内，其水动力控气作用主要表现为水动力封堵控气作用。地下水在伊林黑比尔根山北麓接受冰雪融化（地表水）补给，并逐步向深部流动。因含煤地层上、下部发育有泥岩隔水层，深部煤岩层的渗透性能较差而阻止其内部水、气的运动；同时，围岩砂体的连续性较差，导致含煤地段内的地下水运动缓慢或停滞。因此，煤岩层中向上逸散的H_2S将被封堵；同时，地下水的缓慢运移并携带H_2S（瓦斯）向深部运移并被封堵，导致煤岩层和水体中H_2S的富集异常。

2）区域温（泉）井含水特性

新构造运动导致区域温（泉）井的普遍出露，多属断层泉，且水体富含硫化氢。区域温（泉）井分布如图5-30所示（第109页）。

区域部分温（泉）井水的水化学特性见表5-8。

表5-8　区域部分温（泉）井水化学特性

泉水编号	出露区域	构造特征	含水层岩性时代	水化学特性	地下水成因类型	硫化氢含量/(mg·L^{-1})	pH值	矿化度/(g·L^{-1})	水温/℃
1	二宫	七道湾背斜北翼	砾岩石头，泥质粉砂岩	SO_4—HCO_3—Cl—Na	断裂渗透水		7.7	0.88	10.8
2	北门	红山背斜南翼	硅质砂岩，油页岩	SO_4—HCO_3—Cl—Na—K	裂隙渗透水		7.1	2.86	11.5
3	马料地	西山断裂	砂砾岩，砂岩	SO_4—Cl—Na	孔隙渗透水		7.2	2.86	10.4
3a	碱泉沟	乌鲁木齐向斜	砂岩，粉砂岩，泥岩	SO_4—HCO_3—Na—K	裂隙渗透水	25.9	8.6	0.78	11.3

续表 5-8

泉水编号	出露区域	构造特征	含水层岩性时代	水化学特性	地下水成因类型	硫化氢含量/(mg·L^{-1})	pH值	矿化度/(g·L^{-1})	水温/℃
4	乌市东部水磨沟	妖魔山断层	二叠系硅质砂岩、油页岩	$Cl-HCO_3-SO_4-Na$	沿断裂上涌深循环热水与浅层基岩裂隙承压水	135～204	9.6	1.66	19.5
4b	乌市东部水磨沟	妖魔山断层	二叠系粉砂质泥岩	$CO_3-HCO_3-Cl-Na$	承压含热水	21.0～35.6	9.3	7.98	21.0
9	乌市南红雁池水库	红雁池断层	二叠系砂岩、砾岩	SO_4-HCO_3-Na	裂隙渗透水	2.1～3.3	8.0	0.85	11.6
10	乌市南红雁池水库	红雁池断层	二叠系砂岩、砾岩	$HCO_3-SO_4-Cl-Na$	承压断裂渗透水	2.8～3.5	8.6	1.04	12.0
15	公园	红山背斜	砂岩、灰岩	$SO_4-HCO_3-Cl-Ca+Na$	裂隙渗透水		7.6	0.86	10.4
19	永丰渠	南小渠子背斜	砂岩、泥岩、砾岩	$Cl-Na+K$	古封存陈积水			14.4	11.4
新20	西山大泉沟	西山背斜、西山断裂	侏罗系砂岩、泥岩、砾岩	$Cl-SO_4-HCO_3-Na$	基岩裂隙水	56.0～89.0	8.2	1.78	8.0
21号	呼图壁中游白杨河沟口	准噶尔南缘断裂附近	石炭系深灰色火山凝灰岩、角砾岩	$Cl-Na$	裂隙渗透水	6.4	7.3	0.44	35.8

(1) 位于乌市西南 30 km 处硫磺沟矿区，出露多处热气泉。其温度为 45～90 ℃，水体富含 H_2S 和 CO_2 等气体。

(2) 位于呼图壁河流域的出露诸多热(温)泉。① 兰特尔热泉群。位于呼图壁县城南 110 km 处的天山腹地，有 7 组温泉出露点，水温最高达 54 ℃，最低为 38 ℃，泉水中富含有 H_2S。② 阿克萨依温泉群。位于呼图壁河上游阿克萨依沟内，水温最高达 54 ℃，最低为 28 ℃，泉水硫化氢气味浓烈。③ 西沟热气泉群。位于呼图壁县城西南 70 km 处的大西沟上游沙拉喀斯喀右侧山坡上。有热气口 6 个，气泉出口处的气温在 55～63 ℃，泉水硫化氢气味浓烈。④ 阿拉赛热气泉群。位于西沟热气泉群东南 6 km 处的白杨沟西侧一山坡上。有 2 个热气口，气泉出口处的气温在 53～62 ℃，水体中富含有 H_2S。上述热(温)泉 H_2S 含

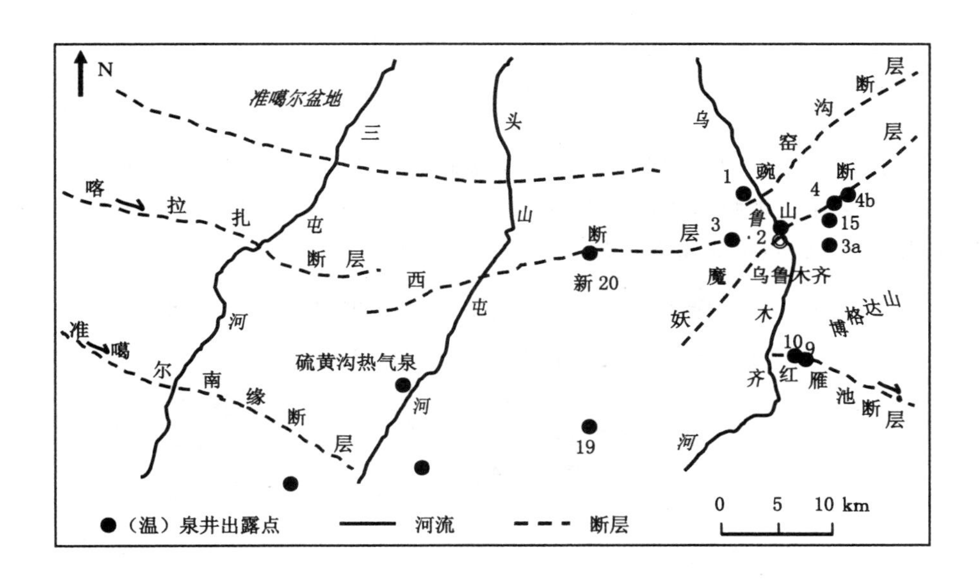

图 5-30 区域温(泉)井分布

量为 5.8～12.1 mg/L。

可知,山前褶皱带雁排式的构造导致流动受阻的地层水以泉水形式溢出地表,区域温泉(井)多出露在断层、背斜构造复杂带。水体呈弱碱性,富含 H_2S 气体,水化学特性以 HCO_3^-,SO_4^{2-},Cl^- 和 Na^+ 为主。

3) 地层水化学特性对硫化氢成生的控制作用

地层水的化学性质、pH 值、离子浓度以及矿化度等对 H_2S 的成生与保存都具有重要影响。研究区域自南向北流域各煤矿(区)地下水水化学特性见表 5-9。

表 5-9　　区域自南向北流域各煤矿(区)地下水化学特性

煤(矿)区	大西沟区域	浅水河矿区	硫磺沟矿区	西山煤矿
水化学类型	SO_4—Cl—HCO_3—Ca	SO_4—Cl—Na	SO_4—Cl—K—Na	Cl—SO_4—K—Na
矿化度/(g・L^{-1})	1.1	1.6	3.5	6.2
硫化氢含量/(mg・L^{-1})	7.89～25.32	9.26～51.29	23.89～69.45	41.89～259.63
pH 值	8.3	8.5	8.5	9.0

研究区域地下水具有如下特征:

(1) 头屯河流域地下水埋深在研究区域内由南向北逐渐变浅,至第一排构造带溢出地表汇入至西山煤矿附近的大、小泉沟内。沿河流地下径流方向地层水的化学类型由 HCO_3—Ca—Na,HCO_3—SO_4—Na—Ca 型水,演变成 HCO_3—SO_4—Cl—Na—K 型水。地下水体中富含硫化氢气体。

(2) 矿化度和硬度自依林黑比尔根山到研究区域,均由低逐渐变高。矿化度由不到 1.0 g/L快速增大到 6.0 g/L,pH 值由 8.1 上升到 9.3,为弱碱性水。

(3) 区域深层承压水沿地下径流方向,常量离子质量浓度组分(除 HCO_3^-)均由小变大,

阳离子 Na^+、K^+ 毫克当量百分数呈快速增加趋势，由 27.4%快速增加到 72.9%；阳离子由以 Ca^{2+} 占优势逐渐演变以 Na^+ 为主，Ca^{2+} 由 57.8%减少到 21.2%。阴离子虽然始终是以 HCO_3^- 为主，但存在被 SO_4^{2-} 超越的趋势，HCO_3^- 由 73.5%降到 48.1%，SO_4^{2-} 由19.3%增加到 30.2%，Cl^- 由 6.7%增加到 13.3%。区域深层承压水的水化学特性的演变，反映了区域溶滤作用、阳离子交替吸附作用及 BSR 或 TSR 等的作用对深层承压水演变的影响。区域地层水化学成分分布特征如图 5-31 所示。

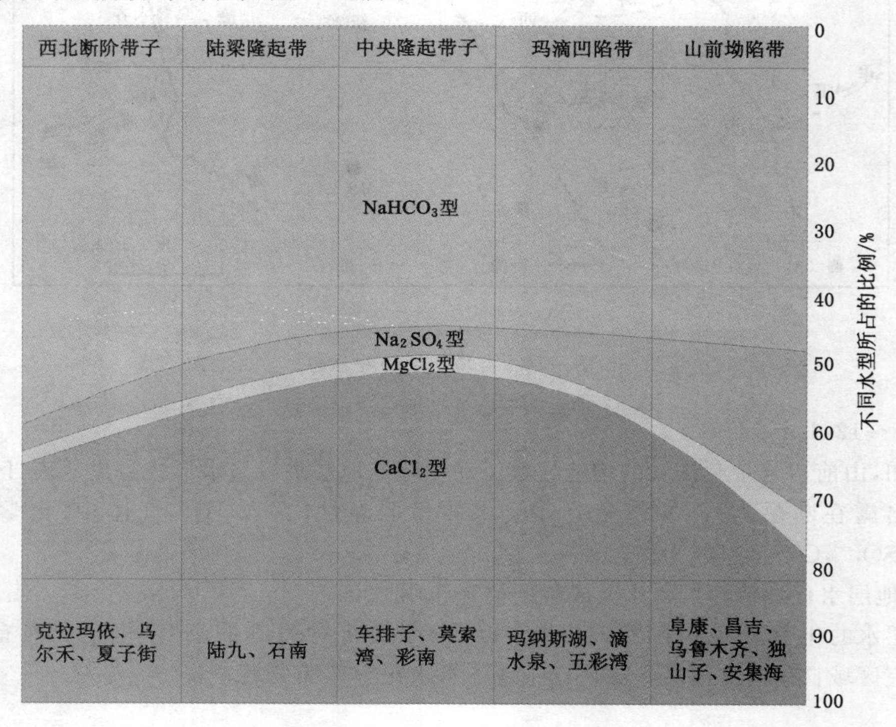

图 5-31　区域地层水化学成分分布特征

4）含硫化氢水成因模式

区域南部依林黑比尔根山山川耸立，富含硫酸根及 Cl^- 的冰雪融化，沿径流方向，因水力坡度大，凹槽式沉降平原基地，导致水交替作用强烈。补给水在入渗、径流过程中可能会与钙长石、钠长石等硫酸盐岩、碳酸盐岩和膏盐类等发生溶解和溶滤作用。其主要化学反应如下：

$$CaCO_3 \cdot 2Al_2O_3 \cdot 4SiO_2(\text{长钙石}) + 2CO_2 + 5H_2O \longrightarrow 2HCO_3^- + Ca^{2+} + 2H_4Al_2Si_2O_9 \tag{5-2}$$

$$CaSO_4 \longrightarrow Ca^{2+} + SO_4^{2-} \tag{5-3}$$

$$Na_2Al_2Si_6O_{16}(\text{钠长石}) + 2CO_2 + 3H_2O \longrightarrow 2HCO_3^- + 2Na^{2+} + 2H_4Al_2Si_2O_9 + 4SiO_2 \tag{5-4}$$

$$NaCl \longrightarrow Na^{2+} + Cl^- \tag{5-5}$$

$$MgCO_3 + CO_2 + H_2O \longrightarrow 2HCO_3^- + Mg^{2-} \tag{5-6}$$

在上述溶解、溶滤及强烈的干旱蒸发作用下，高矿化度的 HCO_3—Ca—Na，HCO_3—

SO_4—Na—Ca，Cl·SO_4—Na 和 HCO_3—SO_4—Cl—Na—K 型水则可能形成，且 Na^+，SO_4^{2-}含量得到稳步提升。

同时区域水体富含硫化氢，反应深层承压水环境封闭良好，在还原环境中，在硫酸盐还原菌及热动力因素的作用下，当煤岩层中充足的烃类有机质（$\sum CH$ 或 C），在适当的条件下，经历 BSR 或 TSR 作用，H_2S 及其他物质便可能形成。其反应式如下：

$$\sum CH(\text{或 C}) + SO_4^{2-} + H_2O \xrightarrow{\text{硫酸盐还原菌作用}} H_2S\uparrow + CO_2\uparrow + CO_3^{2-} \quad (\text{BSR 作用}) \tag{5-7}$$

$$2C + CaSO_4 + H_2O \longrightarrow CaCO_3\downarrow + H_2S\uparrow + CO_2\uparrow \quad (\text{TSR 作用}) \tag{5-8}$$

$$\sum CH + CaSO_4 \longrightarrow CaCO_3\downarrow + H_2S\uparrow + CO_2\uparrow \quad (\text{TSR 作用}) \tag{5-9}$$

$$C_nH_{2n+2}(\text{较重烃类}) + nSO_4^{2-} \longrightarrow C_{n-1}H_{2n}(\text{较轻烃类}) + CO_2\uparrow + (n-1)H_2S\uparrow + S + H_2O + CO_3^{2-}(n\geqslant 2) \quad (\text{TSR 作用}) \tag{5-10}$$

结果导致地层水体中 Ca^{2+} 浓度下降，H_2S 和 CO_2 气体得以形成。已有研究表明，参与 TSR 反应过程中的硫酸盐是以离子状态（SO_4^{2-}）参与反应，因而只需地层水中有充足的溶解态的 SO_4^{2-}，在较高温度条件下，当与烃类共存时，便能产生硫化氢气体。例如，在 Mg^{2+} 和 NaCl 的参与（催化）作用下，能降低起始反应温度、加快反应进程。

区域各矿区地下水（泉水）多为弱碱性水，而 H_2S 为酸性气体，因此存在以下平衡关系：

$$\begin{aligned} H_2S + OH^- &\rightleftharpoons HS^- + H_2O \\ HS^- + OH^- &\rightleftharpoons S^{2-} + H_2O \end{aligned} \tag{5-11}$$

由式(5-11)可知，随着硫化物（硫化氢）含量的上升，HS^- 的浓度将相应增加，由其水解而形成的 OH^- 浓度也将相应上升，即水中的碱性将增强，pH 值将缓慢增加。而 pH 值的增加可促进 H_2S 的进一步溶解，H_2S 的溶解又促使 S^{2-} 含量的增加。因此，区域地层水进入一个促使硫化物（硫化氢）总量不断上升的循环过程，pH 值也缓慢增加。

在断层附近，地层水受阻，富含 H_2S 的水（泉）则出露地表，区域含硫化氢水形成模式如图 5-32 所示。

5.3.5 埋深及温度控制作用

在气体的保存方面，由于硫化氢的化学特性，能与地层中的大多数金属离子进行反应，因而硫化氢的保存条件应该较甲烷更为苛刻，但其应该与 CH_4 具有类似的规律，其煤岩层中的硫化氢含量或组分具有随着煤岩层埋藏深度的增加而上升的趋势。近年来，全球尤其是在我国，由于煤矿 H_2S 气体突发性涌出导致的伤亡事故越来越严重，亦印证了煤岩层中的 H_2S 气体含量与煤炭开采深度有同增加趋势相关。研究区域各煤矿在煤层埋深小于350 m 时，测定的瓦斯含量也较小，硫化氢浓度也较低，在埋深小于 420 m 时瓦斯气体中甲烷组分普遍低于 80%。在埋深 420 m 时又上升一个台阶，甲烷浓度达到 80%以上，表明煤层瓦斯风化带深度在 420 m 左右。当煤层埋深大于 650 m 时，瓦斯含量增加较快，硫化氢含量也急剧攀升，表明硫化氢含量与埋深具有正相关性。总之，随着煤层埋藏深度的增加，煤层含气性变好，甲烷浓度增高，硫化氢含量变大，如图 5-33 所示。

区域目前侏罗系煤层埋藏深度大多位于 400～2 800 m，最深部位可达 6 000 m。

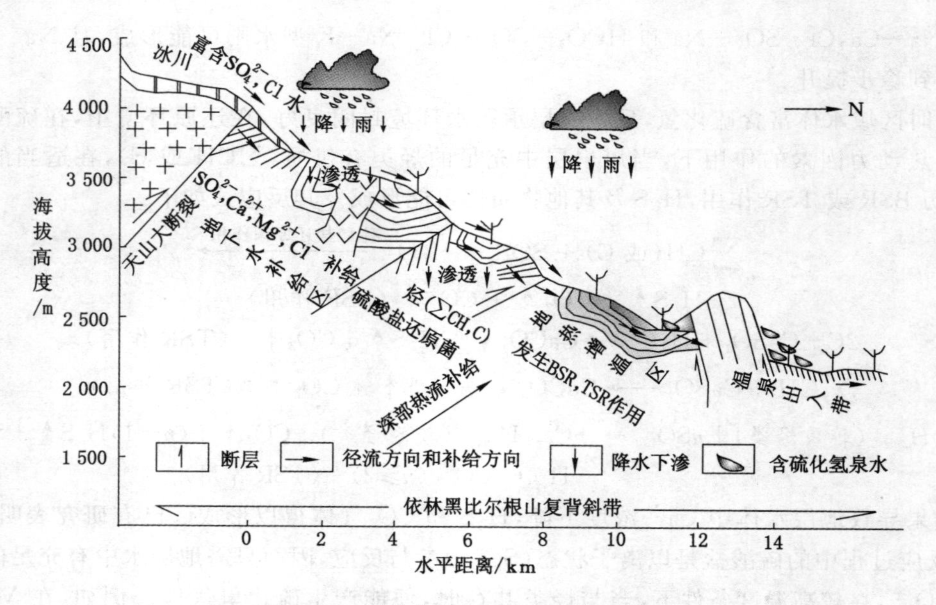

图 5-32　区域含硫化氢水(泉)成因模式

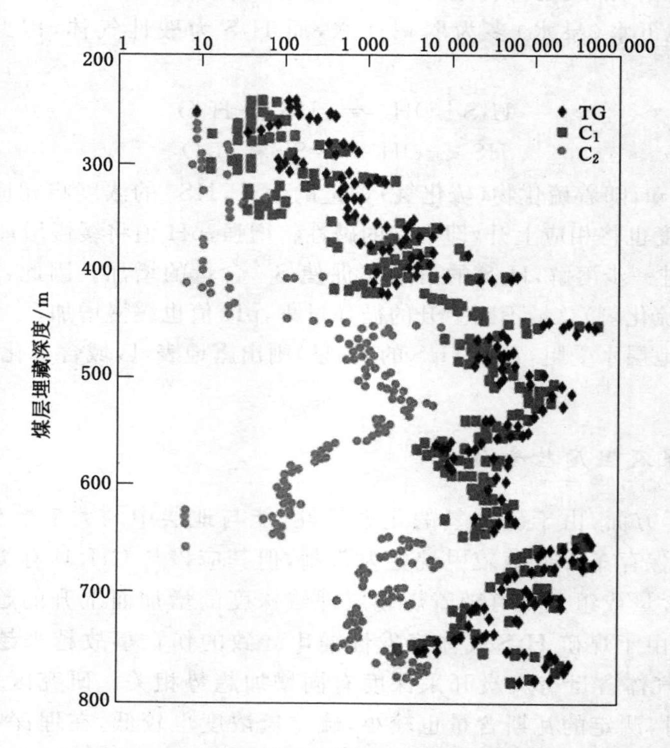

图 5-33　区域煤层气测值与煤层埋藏深度的关系

温度是 H_2S 生成的一个重要条件，研究表明，各种成因的 H_2S 都与温度密切关联。在 0～80 ℃的成煤环境中容易发生 BSR 作用，最适宜的温度为 20～40 ℃，对应的镜质体反射率为 0.2%～0.3%；在 80～100 ℃至 150～180 ℃的高温成煤环境中容易产生 TSR 作用，对应的镜质体反射率为 1.0%～4.0%。发生 TSR 作用公认的温度下限应该在 120 ℃以上，并且在一定的温度范围内（120～180 ℃），温度与硫化氢的形成量通常成正比，温度越高越有利于 TSR 的反应形成硫化氢。

图 5-34 所示为我国含硫化氢油气田硫化氢含量与储层温度之间的关系。可以看出，我国含硫化氢油气其硫化氢储层绝大多数经历了 120 ℃以上的高温环境，且储存经历的温度越高其储存中的硫化氢含量也越高，印证了温度与硫化氢的形成量成正比。

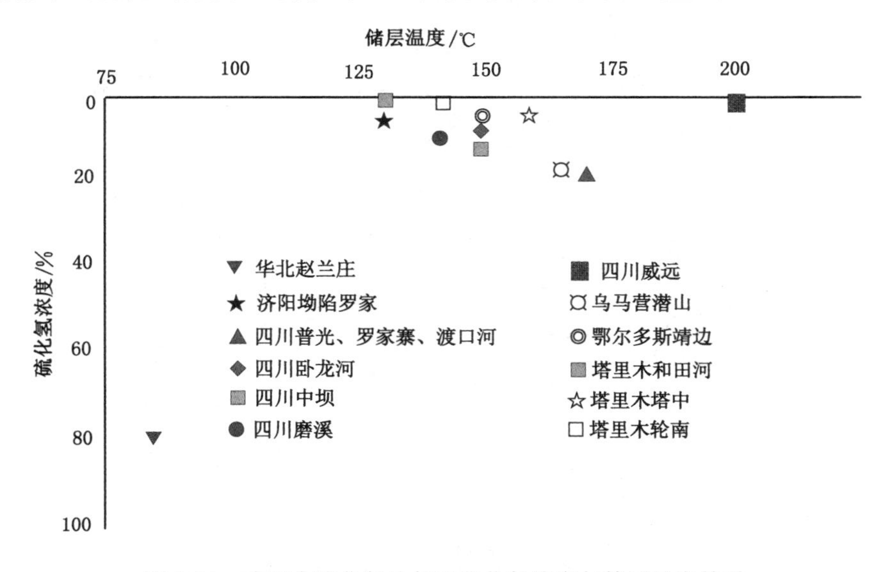

图 5-34　我国含硫化氢油气田硫化氢浓度与储层温度关系

区域测试及统计的煤的镜质体反射率见表 3-11。根据巴克（Barker）和帕韦尔维茨（Pawlewicz）建立的最大古地温与镜质体反射率之间的关系，则：

$$\ln R_0 = 0.0078\,T_{\max} - 1.2 \tag{5-12}$$

式中　R_0——镜质体反射率；

$T_{\max}$——最大古地温。

由表 3-11 可推算出区域西山窑组成煤岩阶段的古地温，见表 5-10，从而可知，区域侏罗系西山窑组煤岩层经历的古地温范围为 81.8～133.0 ℃，平均温度为 101.1 ℃，极少数区段经历温度超 120 ℃。

已有研究表明：区域古地温高于今地温，准噶尔盆地侏罗系古地温梯度大概为 3.6～3.2 ℃/100 m。区域古地温梯度及如今地温梯度值见表 5-10。

表 5-10　　区域古地温及如今地温值

地质时代	古地温梯度/(℃·km^{-1})	古地温梯度/(℃·km^{-1})	现今地温梯度/(℃·km^{-1})
石炭纪～早二叠世	30～25	80～50	20～14
晚二叠世～三叠纪	30～25	50～30	20～14
侏罗纪～第三纪	30～25	30～25	20～14

如今，区域现地温梯度随地层深度变化的规律为：埋深小于 1 000 m 时，地温在 24～

41 ℃，平均为 33 ℃；埋深为 1 000～2 000 m，地温介于 34～73 ℃，平均为 53.8 ℃；埋深为 2 000～3 000 m，地温介于 47～104 ℃，平均为 74.7 ℃；埋深为 3 000～4000 m，地温介于 58～113 ℃，平均为 95.9 ℃。区域如今地温梯度为 14～20 ℃/km，可推测得到准噶尔盆地现今定深 3 000 m 及 6 000 m 煤岩层温度分布，如图 5-35 所示。

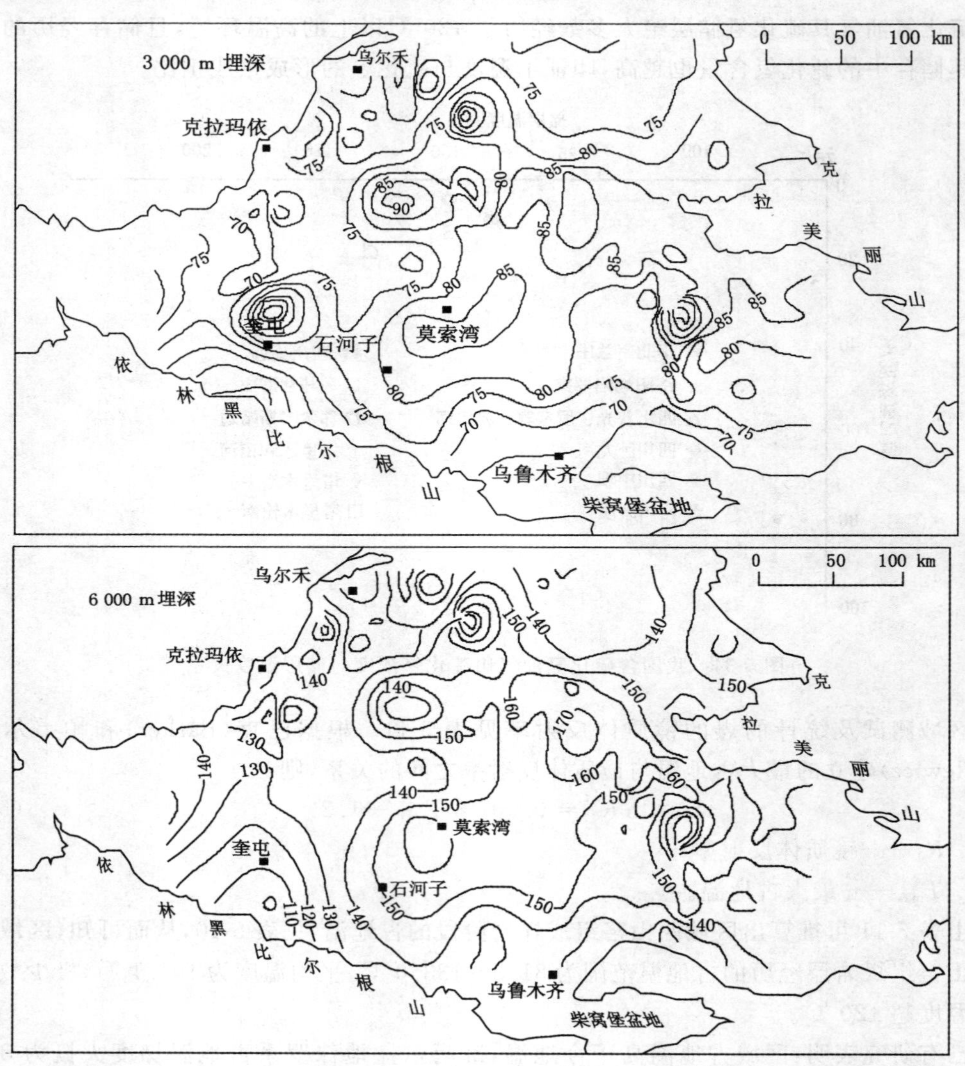

图 5-35　准噶尔盆地现今埋深 3 000 m 及 6 000 m 温度分布图

目前准噶尔盆地储集层埋深如图 5-36 所示，在研究区域山前推举带侏罗系西山窑组煤岩层藏深度大多位于 400～2 800 m，最大埋深可达 6 000 m。根据今地温梯度关系，结合图 5-35的温度分布，可推测研究区域煤岩层温度多数小于 70 ℃，局部煤层埋深在 5 000～6 000 m处，其地温可达 110～120 ℃高温。

采用凯查姆(Ketcham)等(1999)退火模型进行时间—温度的曲线模拟，通过定量模拟显示位于石场—玛纳斯河剖面的裂变径迹数据及其时间—温度曲线。由此可知，区域西山窑组(J_2x)样品对应的镜质体反射率 R_0 值可能经历部分超过 120 ℃的高温环境。模拟显示

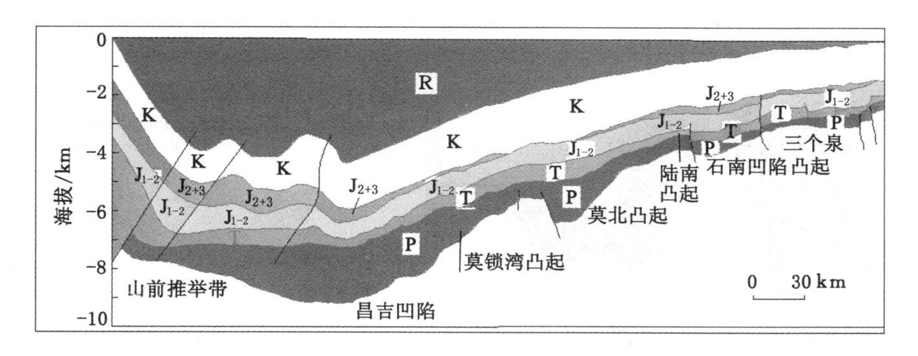

图 5-36 准噶尔盆地各储集层赋存特征

该区域的西山窑组煤层演化程度较高，接近完全退火，其数据见图 5-37 及表 5-11。

表 5-11　　石场—玛纳斯河区域侏罗系煤的镜质体反射率分析与对应磷灰石裂变径迹分析数据

样品号	层位	岩性	R_{min} /%	R_{max} /%	标准差	测点数	R_0/%	T_{max} /℃	AFT 年龄 /Ma(±1σ)
FSC-02	J_1b	煤	0.53	0.59	0.02	52	0.56	85～90	85.4±5.7
FSC-08	J_1b	煤	0.58	0.69	0.02	60	0.64	100	87.8±5.9
FSC-04	J_1x	煤	0.49	0.56	0.03	36	0.53	80～85	81.3±4.7
FSC-05	J_2x	煤	0.78	0.85	0.02	52	0.81	120～125	44.0±5.4
FMN-05	J_2x	煤	1.76	0.85	0.03	43	0.80	120～125	11.8±1.1 22.5±3.2

统计收集到的后峡地区侏罗系西山窑组煤层煤的镜质体反射率 R_0 与对应的磷灰石裂变径迹数据见表 5-12。

表 5-12　　后峡地区侏罗系煤的镜质体反射率分析与对应磷灰石裂变径迹分析数据

样品号	层位	岩性	R_{min} /%	R_{max} /%	标准差	测点数	R_0/%	T_{max} /℃	AFT 年龄 /Ma(±1σ)
HX06-08	J_2x	煤	0.66	0.78	0.03	52	0.71	110～115	83.7±6.9
HX10-02	J_2x	煤	0.62	0.72	0.04	52	0.68	105～110	74.1±4.5
HX11-03	J_2x	煤	0.65	0.75	0.03	50	0.72	110～115	37.8±2.7
HX13-05	J_2x	煤	0.31	0.40	0.02	40	0.34	45	36.9±3.0

从表 5-12 可知，区域样品煤的镜质体反射率 R_0 在 0.7%左右，参照 R_0 与 T_{max} 的关系，得到 T_{max} 为 105～115 ℃，表明后峡地区的西山窑组煤演化程度较高，但还没有达到磷灰石裂变径迹完全退火的温度 115～120 ℃，如图 5-38 所示。

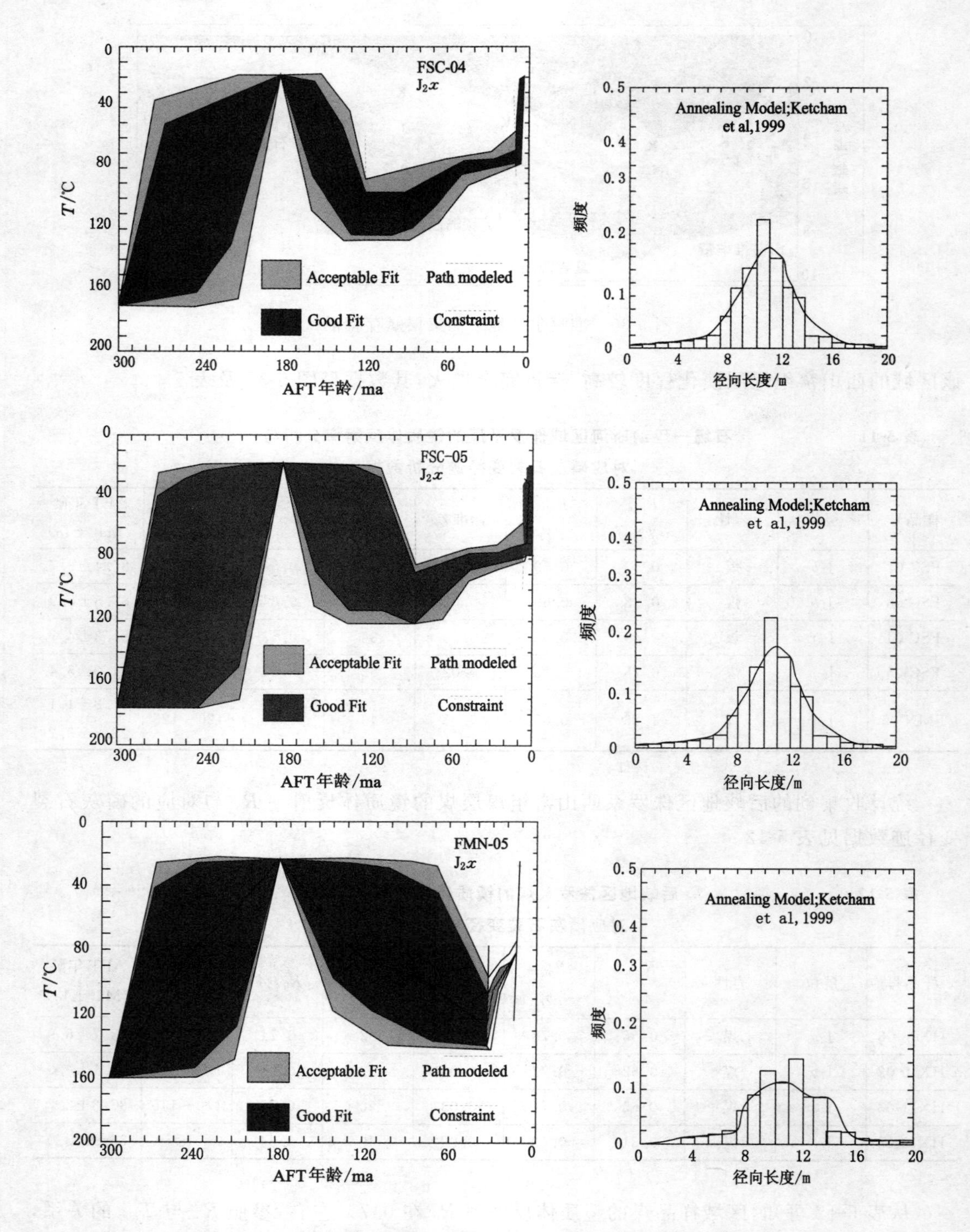

图 5-37 玛纳斯河剖面裂变径迹数据的时间—温度曲线定量模拟图

注：Acceptable Fit—可接受的模拟结果，Good Fit—符合良好的模拟结果，

Path Modeled—符合较好的 t—T 曲线，Constraint—限制条件

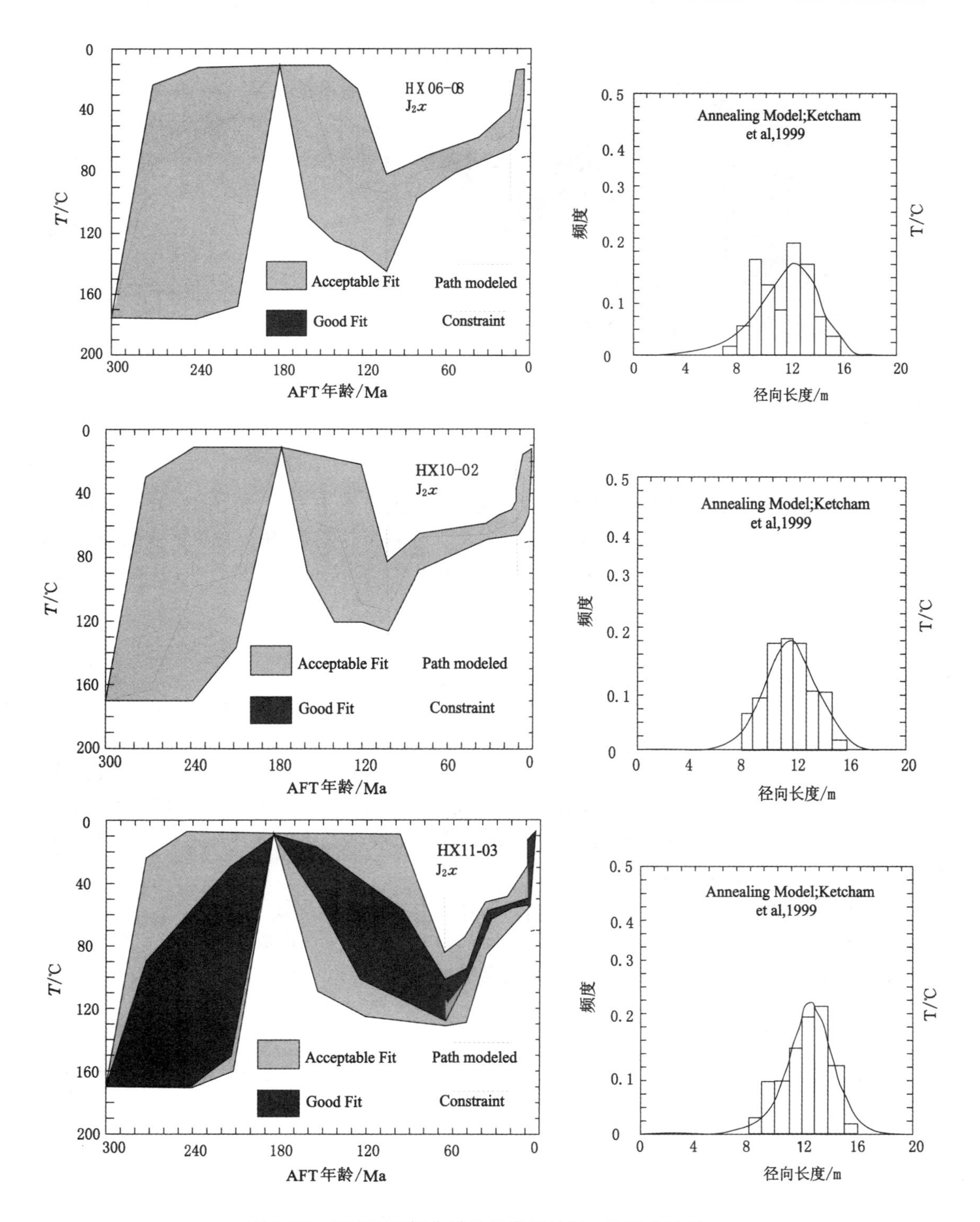

图 5-38　后峡地区部分样品的模拟时间—温度曲线图

注：Acceptable Fit—可接受的模拟结果，Good Fit—符合良好的模拟结果，

Path Modeled—符合较好的 t—T 曲线，Constraint—限制条件

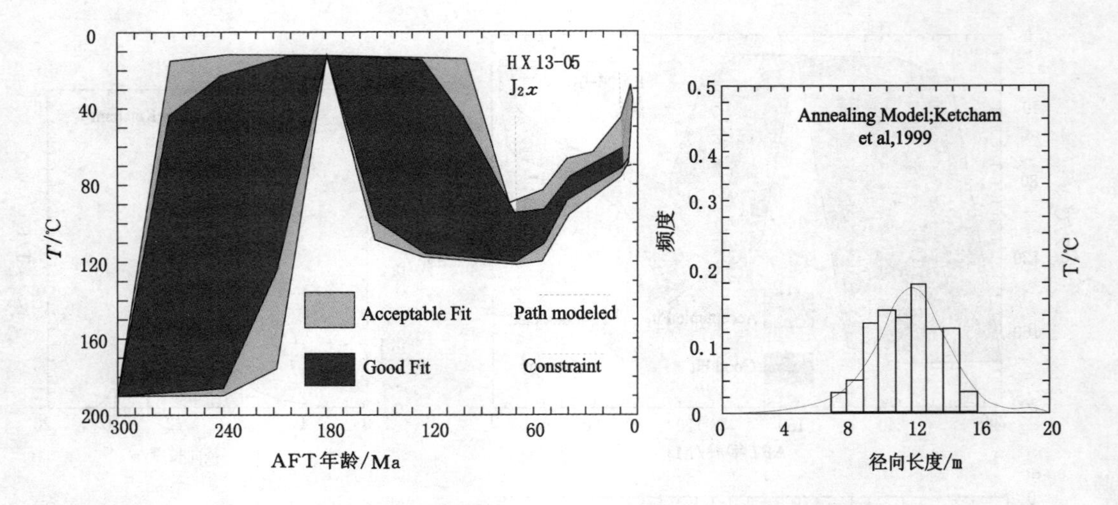

续图 5-38　后峡地区部分样品的模拟时间—温度曲线图

可知，区域侏罗系西山窑组煤储集层多数经历了温度小于 120 ℃的阶段，极少数样品经历或接近 120 ℃的高温环境。从而可知，区域从二叠系至侏罗系，研究地区大多数地段处在 BSR 发生的温度范围内，极少部区段具备了硫化氢 TSR 成生的温度条件，其储集层处于 TSR 反应能够进行的能量范围内。

5.3.6　岩浆(火成岩)侵入

岩浆(火成岩)侵入可把地下岩浆中挥发成分脱气分离形成的 H_2S 气体运移进入煤岩层中，也可以由岩浆(火成岩)的烘烤使煤层升温热裂解或 TSR 作用形成 H_2S。岩浆(火成岩)侵入含煤岩系、煤层，使煤、岩层产生胀裂及压缩。岩浆的高温烘烤可使煤的变质程度升高。另外，岩浆岩体有时使煤层局部补充覆盖或封闭。但也有时因岩脉蚀变带裂隙增，造成风化作用加强，逐渐形成裂隙通道。所以，岩浆侵入煤层对硫化氢气体赋存既有成、存硫化氢的作用，在某些条件下又有使 H_2S 逸散的可能。

岩浆(火成岩)侵入煤层对 H_2S 生成和保存的有利影响比较普遍，山东崔庄煤矿三采区 $33_{上}$ 由于受火成岩侵入的影响，煤的碳化程度高，由岩浆岩侵入造成煤体覆盖或封闭，生成的硫化氢得以较好的保存，导致该区域硫化氢气体涌出异常。

5.3.7　还原性指数

灰分指数和全硫含量是两个能够较好的反应成煤环境还原性的指标，其灰分指数计算公式如下：

$$AI=\frac{C_{Fe_2O_3}+C_{MgO}+C_{CaO}}{C_{SiO_2}+C_{Al_2O_3}} \tag{5-13}$$

通常认为：当 AI 值小于 1 时，煤层具有较弱的还原特征；当 AI 值大于 1 时，煤层的还原性则较强。

还原性指数(K)可以用来评价煤层还原性的强弱，而硫化氢的生成即为复杂还原反应。判别煤层还原程度强弱的经验式如下：

$$K = 0.8I + C_O - AI - 2C_H \tag{5-14}$$

式中 K——还原性指数；

I——煤中惰质组分，%；

C_O——氧的质量分数，%；

C_H——氢的质量分数，%；

AI——灰分指数。

一般来说，K 值越小，煤层的还原性越强；K 值越大，其还原性越弱。硫化氢浓度与灰分指数 AI 和还原性指数 K 均多数呈正相关性。

5.4 煤岩层硫化氢聚集模式

构造控制着硫化氢（煤层气）的生、储、盖组合，在特殊的地质条件下，区域形成了北倾单斜式及叠瓦状式两种硫化氢聚集模式。

5.4.1 北倾单斜式硫化氢聚集模式

北倾单斜式硫化氢聚集模在乌鲁木齐以东地区广泛分布，此类构造硫化氢聚集多受水文地质条件控制，单斜南翼接受河流与冰川融水补给，滞留区环境封闭良好、地下水矿化度高、水体流动性差，有利于 SRB 繁衍，在水气（固）界面 BSR 作用便可发生，H_2S 则得以形成，并溶解到水体中或逸散到瓦斯气体中，并随水流向煤岩层深部运移，同时围岩砂体的连续性较差，导致含煤地段内的地下水运动缓慢或停滞。因此，煤岩层中向上逸散的 H_2S 将被封堵，同时地下水的缓慢运移并携带 H_2S 向深部运移并被封堵，导致煤岩层和水体中 H_2S的富集异常。北倾单斜式硫化氢聚集模式如图 5-39 所示。

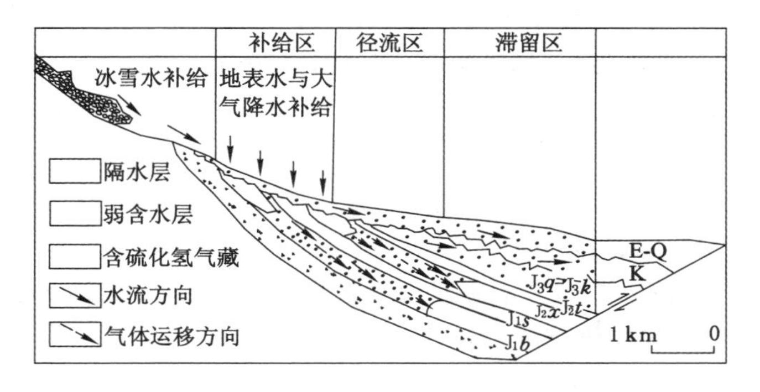

图 5-39 北倾单斜式硫化氢聚集模式

5.4.2 叠瓦状式硫化氢聚集模式

叠瓦状式硫化氢聚集模式主要发生在乌鲁木齐以西西山煤矿区域，区域受乌鲁木齐～米泉走滑大断裂影响，发育着逆冲推覆构造带，为一种断裂一侧以垂直于断裂面而发生滑移运动的断裂，其最明显的构造特征是具有成雁排式的背斜分布，是以强烈的、呈叠瓦状形态分布。

由 BSR 作用产生的硫化氢气体，一部分 H_2S 遇到金属离子，并与之反应，形成新的产物；另一部分气体融入水体，随水流缓慢向深部运移，形成氢硫酸，导致水体富含硫化氢；还有一部分 H_2S 混入煤岩层瓦斯气体中，在凹陷部位沿气源断裂垂向或纵向运移，导致煤岩层 H_2S 富集异常。区域断层多为一个相对独立的构造体系，且多以逆冲断层为主。叠瓦状式硫化氢聚集模式如图 5-40 所示。

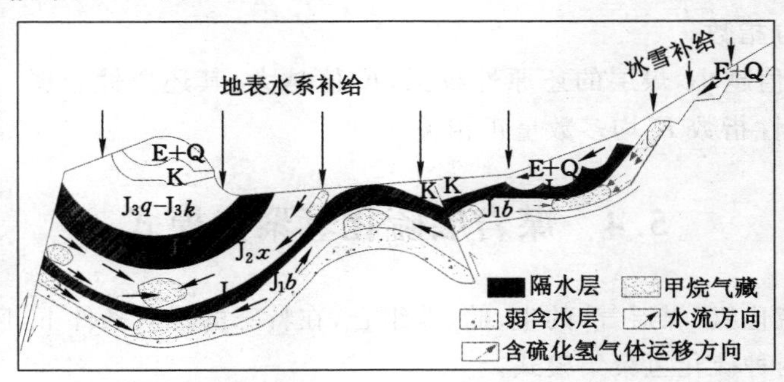

图 5-40 叠瓦状式硫化氢聚集模式

本章参考文献

[1] 陈书平，漆家福，于福生，等. 准噶尔盆地南缘构造变形特征及其主控因素[J]. 地质学报，2007，81(2)：151-157.

[2] 程光锁，陈安玉，李文霞. 准噶尔盆地南缘中段燕山期构造层不整合面和油气运聚关系[J]. 铀矿地质，2010，26(1)：41-45.

[3] 邓奇根，温洁洁，刘明举，等. 基于泉(井)水特性的准噶尔盆地东南缘煤矿硫化氢成因研究[J]. 河南理工大学学报(自然科学版)，2018，37(01)：8-14.

[4] 邓起东，张培震，冉勇康，等. 中国活动构造基本特征[J]. 中国科学(D 辑：地球科学)，2002，32(12)：1021-1030+1057.

[5] 方世虎，贾承造，宋岩，等. 准南地区前陆冲断带晚新生代构造变形特征与油气成藏[J]. 石油学报，2007，11(6)：1-5.

[6] 傅雪海，何也，刘小辉，等. 乌鲁木齐西山井田原位煤层瓦斯中 H_2S 含量的影响因素及成因分析[J]. 中国煤炭地质，2015，27(01)：28-30，43.

[7] 高锐，李朋武，李秋生，等. 青藏高原北缘碰撞变形的深部过程)深地震探测成果之启示[J]. 中国科学(D 辑：地球科学)，2001，31(S1)：66-71.

[8] 高志勇，韩国猛，朱如凯，等. 准噶尔盆地南缘古近纪-新近纪前陆盆地沉积格局与演变[J]. 古地理学报，2009，11(5)：491-502.

[9] 葛鸣，赵纯青，刘景元. 高密度电法在乌鲁木齐西山断裂探测中的应用[J]. 内陆地震2014，28(2)：147-155.

[10] 何也，傅雪海，路露. 不同煤级煤对 H_2S 的吸附影响因素分析[J]. 煤矿安全，2015，46(11)：149-151，155.

[11] 胡宝林，杨起，刘大锰，等. 新疆地区侏罗纪中低变质煤储层吸附特征及煤层气资源前

景[J]. 现代地质,2002,16(1):77-82.

[12] 贾承造,魏国齐,李本亮,等. 中国中西部两期前陆盆地的形成及其控气作用[J]. 石油学报,2003,24(2):13-17.

[13] 贾承造,杨树锋,魏国齐,等. 中国环青藏高原新生代巨型盆山体系构造特征与含油气前景[J]. 天然气工业,2008,28(8):1-10.

[14] 康西栋,杨起,张瑞生,等. 华北晚古生代煤中有机硫的赋存状态及其成因[J]. 地球科学-中国地质大学学报,1999,24(4):413-417.

[15] 卢华复,王胜利,贾承造. 准噶尔南缘新生代断裂的形成机制[J]. 地学前缘(中国地质大学(北京);北京大学),2007,14(4):158-174.

[16] 桑树勋,秦勇,范炳恒,等. 陆相盆地低煤级煤储层特征研究——以准噶尔、吐哈盆地为例[J]. 中国矿业大学学报,2001,30(4):341-345.

[17] 沈军,宋和平,李军. 乌鲁木齐城市活断层发震模型初探[J]. 内陆地震,2007,21(3):193-204.

[18] 史兴民,杨景春,李有利,等. 天山北麓玛纳斯河河流阶地变形与新构造运动[J]. 北京大学学报:自然科学版,2004,40(6):971-978.

[19] 田继军,杨曙光. 准噶尔盆地南缘下-中侏罗统层序地层格架与聚煤规律[J]. 煤炭学报,2011,36(1):58-64.

[20] 王俊民. 准噶尔含煤盆地构造演化与聚煤作用[J]. 新疆地质,1998,12(1):25-30.

[21] 王佟,田野,邵龙义,等. 新疆准噶尔盆地早-中侏罗世层序-古地理及聚煤特征[J]. 煤炭学报,2013,38(1):114-121.

[22] 蔚远江,汪永华,杨起,等. 准噶尔盆地低煤阶煤储集层吸附特征及煤层气开发潜力[J]. 石油勘探与开发,2008,35(4):410-416.

[23] 魏国齐,贾承造,施央申,等. 塔里木新生代复合前陆盆地构造特征与油气[J]. 地质学报,2000,74(2):123-133.

[24] 吴朝东,杨承运. 湘西黑色岩系地球化学特征和成因意义[J]. 岩石矿物学杂志,1999,18(1):26-39.

[25] 吴传勇,沈军,李军,等. 乌鲁木齐地区 N 倾断层系的构造特征[J]. 内陆地震,2010,24(6):124-130.

[26] 吴孔友,查明,王绪龙,等. 准噶尔盆地构造演化与动力学背景再认识[J]. 地球学报,2005,26(3):217-222.

[27] 肖序常. 新疆北部及其邻区大地构造演化[M]. 北京:地质出版社,1992.

[28] 薛景战,傅雪海,范春杰,等. 不同煤级煤对 H_2S 气体的吸附差异及吸附模型[J]. 煤田地质与勘探,2016,44(06):75-78.

[29] 杨建业,任德贻,邵龙义. 沉积有机相在陆相层序地层格架中的分布特征-以吐哈盆地台北凹陷及准噶尔盆地南缘中侏罗世煤系为例[J]. 沉积学报,2000,18(4):585-590.

[30] 姚素平,毛鹤龄,金奎励,等. 准噶尔盆地侏罗纪西山窑组沉积有机相研究及烃源岩评价[J]. 中国矿业大学学报,1997,26(1):60-64.

6　煤矿硫化氢防治技术

煤矿开采过程中，由于煤岩层硫化氢异常富集而导致伤亡事故及潜在危害在国内外地不断出现，并呈快速增长趋势。对煤矿工人身心健康、机电设备及管网带来严重的危害，严重地威胁着企业的安全、高效生产。本章探讨煤矿硫化氢含量(浓度)测试技术；开展巷道风流中硫化氢防治模拟实验，以喷雾的方式使药剂与空气中的硫化氢充分接触，模拟确定了不同风速、不同硫化氢浓度、不同喷雾量等条件下的不同化学吸收液和添加剂对硫化氢吸收的影响，试验优选化学吸收药剂及添加剂；根据 H_2S 在煤矿煤岩层中的分布特征、赋存形式和涌出形态，探讨不同的防治技术，提出一种“除、排、堵、疏、抽”等相结合的硫化氢综合防治方案。

6.1　硫化氢含量(浓度)测试技术

6.1.1　气(液)体中硫化氢测试技术

近年来，国内外检测气体或液体中硫化氢的方式方法有很多，根据其检测原理可分为物理法和化学法两类。物理法是根据物理原理并参考硫化氢的物理性质，以此为手段测定硫化氢含量的方法。化学法则是通过某种物质与硫化氢发生化学反应，通过对二次生成物的测定从而得到硫化氢含量的方法。

1) 碘量法

碘量法是一种比较经典的化学分析硫化氢含量方法。该方法可靠、准确，指示剂灵敏，操作简单，检测限低，被广泛应用于冶金、石油化工等行业。碘量法是利用过量的碘溶液氧化硫化氢和过量的乙酸锌溶液反应的硫化锌沉淀，之后剩余的碘用硫代硫酸钠标准溶液来滴定。但是，操作过程中碘量法步骤烦琐，其测定结果的准确性受配制溶液、通气速度、残存沉淀、指示剂加入的时机等因素影响，测定结果具有一定的局限性。

2) 汞量法

汞量法也是利用化学反应测定硫化氢含量。其原理为：利用氢氧化钾溶液吸收气体中的微量硫化氢，生成不会挥发的负二价硫离子，用正二价汞离子与负二价硫离子反应生成硫化汞沉淀，然后过量的汞离子与二硫腙形成红色络合物。由于汞具有毒性且二硫腙很容易被氧化，所以此种方法目前应用的比较少。

3) 亚甲基蓝法

亚甲基蓝法适用于测量硫化氢含量较低的样品。其原理为：利用氢氧化镉与硫化氢反应生成硫化镉沉淀，硫化镉和氨基二甲基苯胺溶液、$FeCl_3$ 在弱酸环境下生成亚甲基蓝。该方法的测定范围仅为 0.1～23 mg/m^3，应用范围比较局限。

4) 醋酸铅反应速率法

醋酸铅反应速率法也是一种经典的硫化氢测定方法。其原理是:含有硫化氢的混合气体经过湿润,然后通过浸有醋酸铅的纸带,继而与醋酸铅发生反应,最终生成硫化铅;硫化铅在纸带上显示为棕色色斑。反应速度越快,纸带颜色变化就越快,说明硫化氢浓度越高。将检测纸带的色斑强度与已知浓度的标样进行比较,从而确定混合气体中硫化氢的含量。

5)硝酸银法

硝酸银法是根据硝酸银与硫化氢反应能生成黄褐色的硫化银胶体,然后比色定量。该方法依靠目视比色,误差较大,多用于空气中中等浓度硫化氢的测定。用硝酸银发测定硫化氢的特征波长一般为 422 mm。

值得一提的是,国内外学者也用硝酸银法对煤样中的硫化氢做了一些初步研究,如利用硝酸银测试可以测量煤样粉碎过程中产生的 H_2S 含量。该方法通过 H_2S 与过量的硝酸银反应来测试 H_2S 含量,即:

$$C_{H_2S}=(0.028\,2G_1-0.025\,0\times 22.4\times 1\,000V)/2W \tag{6-1}$$

式中 G_1——硝酸银溶液质量浓度,g/mL;

V——滴定体积,mL;

W——样品质量,g。

最终 H_2S 含量等于测试样品中 H_2S 含量减去空白样品中 H_2S 含量,如果空白样品中 H_2S 含量多于测试样品中的,那么就假设在空白样品中的 H_2S 含量为 0。硝酸银测试有以下几个缺点:如果 H_2S 与装煤样的金属反应,则测试结果不准确;粉碎以及处理磨碎的样品和硝酸银反应的结果也是比较困难的。

6)光谱法

物质由于受到光的照射而导致其分子与光的碰撞,根据动量守恒定律,该物质的分子吸收光的能量从而发生电子跃迁,原来处于稳定状态下的分子由于其能量改变而变成很不稳定的激发状态,物质的分子各不相同,所以其分子由稳定变为激发态所需要的能量是不一样的。光谱法就是基于此原理来测定硫化氢含量的。

7)紫外光度法

物质的分子各不相同,而不同分子吸收不同波长的光谱的能力各不相同,通过检测物质对不同紫外光辐射条件下的吸光度,运用布格定律、理想气体定律和 Beer-Lambert定律计算硫化氢的浓度。实践证明,该方法的精密度和准确性比较好,并且操作简便。

8)激光法

激光法是利用硫化氢在激光照射下,会在红外光谱区产生吸收的物质。其原理为:当检测管中的气体被半导体发出的激光束穿过时,气体分子吸收能量而使激光束能量衰减,被测气体浓度与接收单元测到的激光强度的衰减成正比,由此可以测得硫化氢的浓度。该方法所测得的结果精度高,应用范围比较广。

9)电化学分析法

电化学分析法是根据物质在溶液中的电化学基础上进行分析的仪器分析法。其原理为:将试液作为化学电池的组成部分,然后根据该化学电池的某种参数,如电流、电阻、电位等和被测物质的浓度有一定的关系从而测得被测溶液的浓度。

10)快速检测法

快速检测法主要是采用硫化氢检测管,硫化氢被动式检测气管。其原理为:基于化学吸收原理以及菲克定律，检测精度较差。

11）色谱法

色谱法作为分离方法的一种，它是利用待分离的各种组分在两相中的分配系数的微差进行分离。在两相做相对运动的过程中，被测组分将在两相内进行数次分配，使被测组分之间的微差最大化，以至于被测组分能够分离，达到分析与测定的目的。其分离原理为：利用待分离的各种组分在两相中的分配系数、吸附能力等契合能力的不同来分离的。该方法具有高效能、高灵敏度、分析速度快及应用广泛等特点。

6.1.2 煤岩层中硫化氢含量测定技术

目前，国内外硫化氢含量测定多为对气体、液体环境中硫化氢含量进行测定，针对煤矿硫化氢涌出危害，在采取硫化氢治理措施时，不仅需要确定风流中硫化氢的体积分数，还迫切需要探明吨煤硫化氢的含量。由于硫化氢能与诸多物质发生化学反应，且硫化氢具有腐蚀性和易溶于水等特性，目前煤岩层中硫化氢含量测定技术尚不成熟。

1）钻屑法

梁冰等根据硫化氢气体的物理、化学性质，借鉴煤层瓦斯含量测定方法，建立煤层硫化氢吨煤含量测定方法——钻屑法，即通过钻屑取样、解吸、色谱分析与化学离子分析测定煤层硫化氢吨煤含量。其测定原理如下：

在未受采动影响的新鲜煤壁，采用钻屑法取样，通过测定煤样硫化氢解吸量、取样过程损失量和残存硫化氢含量确定煤层硫化氢含量。煤样采集后，用瓦斯解吸仪解吸煤中吸附气体，测定解吸前后量管中水的 pH 值以及排出水的 pH 值。采集解吸仪中收集的解吸气体，同煤样罐一并送至实验室。采用气相色谱分析仪分别分析采集气体和煤样罐残存气体中的硫化氢体积分数，对试验数据进行整理，计算硫化氢解吸体积和残存体积。煤样采集过程损失的硫化氢体积，根据损失的混合气体体积与硫化氢体积分数的乘积确定。

测定步骤煤样硫化氢含量测定的具体步骤如下：

(1) 采样。在新暴露的采掘工作面煤壁，用风煤钻垂直煤壁打 ϕ42 mm，孔深 12 m 以上的钻孔。当钻孔钻至 12 m 以上时开始取样，并记录采样开始时间。

(2) 解吸。首先将采集的新鲜煤样装罐，量测 FHJ-2 型瓦斯解吸仪中水的 pH 值，记录开始解吸时间；然后测定不同时间煤样累计解吸气体体积，同时收集排出的水；解吸结束后，拧紧煤样罐，量测解吸仪中剩余水和排出水的 pH 值，采集解吸仪中气样，将气样和煤样罐送实验室。

(3) 气样色谱分析。实验室气相色谱分析仪（色谱工作站）分析解吸气样的 H_2S 体积分数和煤样罐中残存气体的硫化氢体积分数。硫化氢气体体积分数检测后，打开煤样罐，测定煤样质量、干密度。

(4) 确定损失气体量。根据$\sqrt{t}$法，以煤样解吸时间的平方根为横坐标，以标准状态下解吸气体量为纵坐标进行线性拟合，直线在纵坐标上的截距即为煤样采集过程的损失气体量。

(5) 计算煤样硫化氢含量。由测定的各部分硫化氢气体体积与煤样质量，计算煤样硫化氢解吸量、损失量和残存量，三者之和即为煤样硫化氢含量。

2）地勘解吸法

邓奇根、刘明举等根据硫化氢在煤岩层中的吸附特征及硫化氢的化学特性，建立了一种硫化氢地勘解吸法。

(1) 煤样罐。取样用的煤样罐制作材质是哈C合金(Hastelloy C-2000)。C系列合金是低碳硅型Ni-Mo-Cr合金,铬可以在合金表面钝化,即形成致密的氧化膜,提供抗氧化环境能力,钼可以提供抗原换环境能力。C系列的合金无论在氧化还是还原状态下,都具有很好的耐缝隙腐蚀、耐点腐蚀、耐应力腐蚀开裂等性能。C系列合金应用非常广泛,尤其是超低碳型镍基哈氏哈金,它是含钨的镍-铬-钼锻造的合金,硅、炭含量极低,物理性能、力学性能以及耐腐蚀性能都很特殊,在200～1 090 ℃的环境中可以经受各种腐蚀,被称为万能抗腐蚀合金,解决了其他金属以及非金属、不锈钢材料等不能解决的腐蚀问题,无论在化学还是石油工业这些对工作环境要求苛刻的行业中,都得到了广泛的应用。而镍-铬-钼合金的哈C合金无论是氧化性酸还是还原性酸,都比其他C系列合金有更好的抗腐蚀能力,尤其对氢氟酸以及含氟介质有无可比拟的抵抗能力。

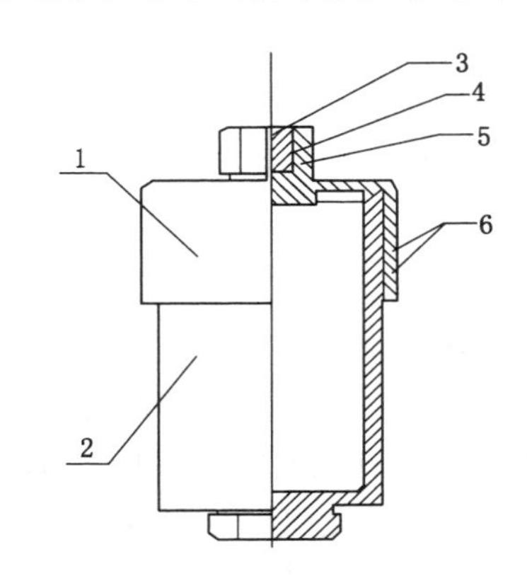

图6-1 煤样罐

1—罐盖;2—罐体;3—压紧螺丝;4—垫圈;5—胶垫;6—O形密封圈

煤样罐如图6-1所示。

(2) 气体解吸装置及解吸过程描述。基本原理:当煤样用煤样罐采集后,连接解吸仪,并记录每分钟解吸量。当连续一段时间液面变化很小时,使用气体取样袋收集量筒中的气体,用便携罐色谱测定其中硫化氢的组分。由于硫化氢具有腐蚀性,因此需要找到一种耐腐蚀材料作为管体的材料,石英玻璃由于具有一系列的物理化学性质,被称为玻璃王,它具有很好的光谱性能,不仅能通过可见光,而且还能透过紫外、红外线。其次它具有良好的耐高温性能,熔点与白金熔点接近,膨胀系数很小,最重要的是石英玻璃是良好的耐酸材料,而且也耐中性物质的腐蚀,虽然会和碱反应,但是反应速度很小。井下解吸装置如图6-2所示。选用泰德拉(Tedlar)材质气体取样袋,具有良好的抗腐蚀性,如图6-3所示。

石英的化学稳定性很强,硫酸、盐酸、硝酸等对石英玻璃的腐蚀作用很小,而硫化氢的酸性比前者要小得多,因此对石英玻璃的腐蚀性更小。

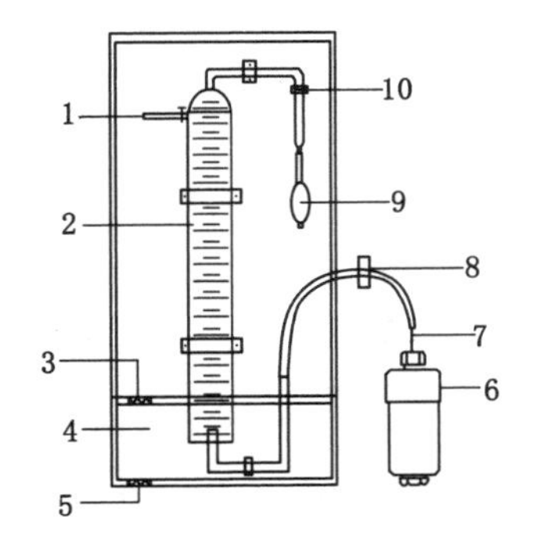

图6-2 井下解吸装置

1—气体采样口;2—量筒;3—进液口;4—液槽;5—排液口;6—煤样罐;7—穿刺针头;8—弹簧夹;9—吸气球;10—弹簧夹

① 首先将井下解吸仪底塞打开灌液至适当刻度,放入密封垫圈后拧紧底塞。待灌液完毕后上紧底塞,并倒置解吸仪,使底座朝下观察底塞是否有漏液现象。当不漏液时,用胶管一端连接解吸仪进气嘴,另一端待煤样筒装入煤样后连接煤样筒出气嘴。

② 打开煤样筒盖,对煤样进行取样,在取样的同时记录取样时长。取样结束后,拧紧煤样筒,检测漏气性。在不漏气的情况下,用解吸仪进行解吸。

③ 解吸过程中,每间隔一定时间记录量管读数及测定时间,连续观测60～120 min或解吸量小于2 cm^3/min为止。开始观测前30 min内,每间隔1 min读1次数,以后每隔2～5 min读1次数,得到井下常

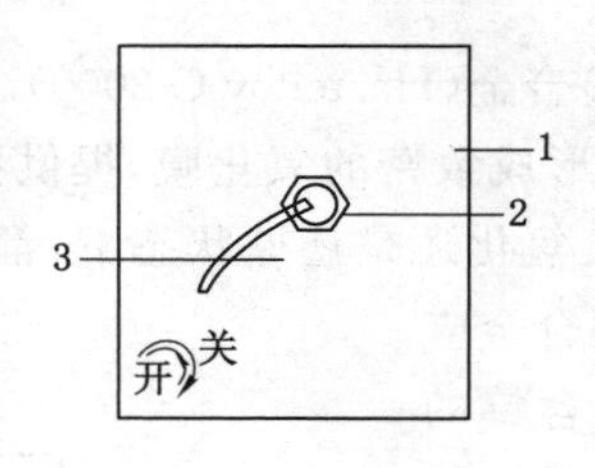

图 6-3　气体取样袋

1—取样袋；2—开关；3—气体取样管

压解吸量 W_1。

④ 测定结束后，密封煤样罐，并将煤样罐沉入清水中，仔细观察 10 min，检查是否漏气，如果发现有气泡冒出，则该试样作废，应重新取样测试；如果不漏气，则送至地面进行解吸。

(3) 硫化氢组分测试。为减少测试解吸出来硫化氢组分大小的误差，现场作业采用便携式气相色谱仪，进行硫化氢组分测试，如图 6-4 所示。

图 6-4　便携式气相色谱仪

(4) 地面解吸装置。煤样从井下密封好之后带至实验室，由于从开始密封这段时间煤样仍在缓慢解吸，将煤样罐与常压解吸装置相连，解吸的气体向量筒中逸散，关闭量筒上方的阀门，由于量筒内上方的压力增大，液面会下降，通过液面差读出解吸出的气体体积，解吸完毕后用真空集气袋在取样口接样，用气相色谱仪气相色谱仪测定其中硫化氢组分。地面解吸装置如图 6-5 所示。

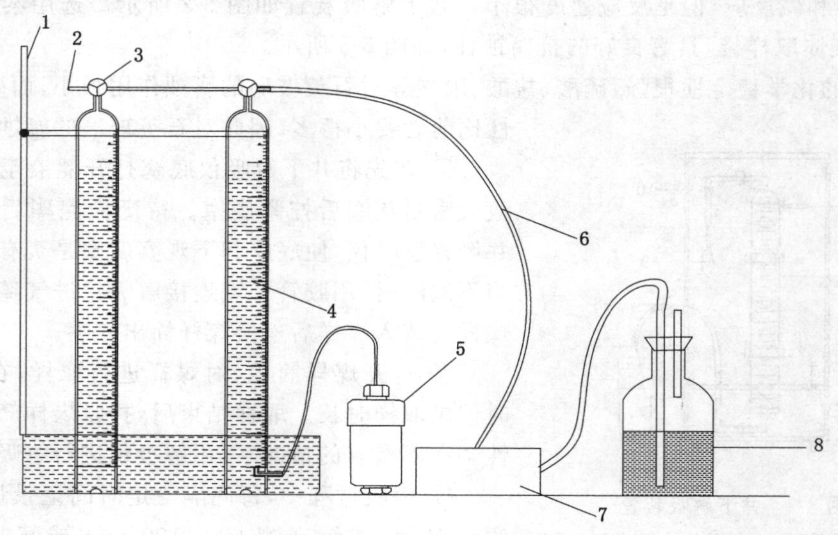

图 6-5　地面解吸装置

1—试验架；2—气体取样口；3—三通阀；4—量筒；5—煤样罐；6—抽气管；7—微型真空泵；8—尾气处理瓶

试验架:固定量筒,使量筒内液面保持水平。

气体取样口:气体收集完毕后,用真空集气袋或注射器在取样口取样。

三通阀:调节量筒与取样口的开关,及调节量筒内液面高度。

量筒:读取收集到的气体的体积。

尾气处理瓶:硫化氢是有毒气体,很低的浓度就能对人体造成伤害。因此,为了保证实验人员的安全,需要设置尾气吸收装置,消除气体中的硫化氢。

① 煤样筒送至地面后,立即带入实验室进行地面解吸。

② 在确认设备密封完好后,记录解吸管的初始刻度,缓慢打开煤样筒阀门,隔一定时间读取一次气体的解吸量,时间间隔的长短取决于解吸速度,解吸时间约 40 min,具体视解吸情况而定;注意观察解吸累计量的变化规律,发现异常及时处理或报废;若长时间无气体出现可停止解吸,记录终止读数。

③ 当实测解吸气体体积达到测量管最大量程 85%时,关闭煤样筒阀门进行换液,并重复上述操作步骤。

④ 测量结束后,记录地面粉碎前常压自然解吸量 W_2。

(5) 粉碎研磨机。由于自然解吸无法将煤样中吸附的气体完全释放完,为了促使吸附在煤体中的气体解吸的更充分,需要将煤样进行粉碎,此装置粉碎筒且有很好的密闭性,可以实现真空抽气功能;同时,为了防治粉碎过程中释放出的硫化氢同金属材料反应,此粉碎筒内壁采用陶瓷内衬,可有效预防粉碎过程中释放出的硫化氢与内壁发生化学反应而导致测试结果不准确。由于硫化氢在高温下易分解,因此在粉碎过程中需要对粉碎机增加降温装置。所选用改进后的高频共振研磨机如图 6-6 所示。

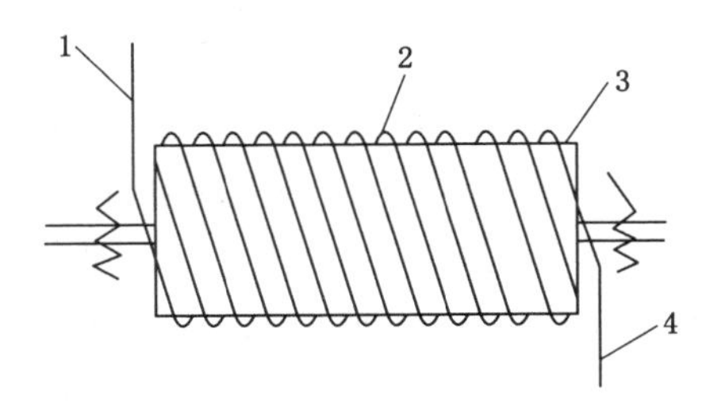

图 6-6 高频共振研磨机

1—进水口;2—水管;3—粉碎筒;4—出水管

高频共振研磨机可以生产微米、甚至纳米级分体。基本原理为:利用惯性产生高频振动,使研磨筒在共振的同时并进行三维振动,冲击波可以在粉碎筒内产生高能量场,使煤样沿着筒壁做高速旋转运动,使煤样在离心力与挤压力的作用下受到冲击、挤压以及研磨剪切作用,最终达到粉碎效果。

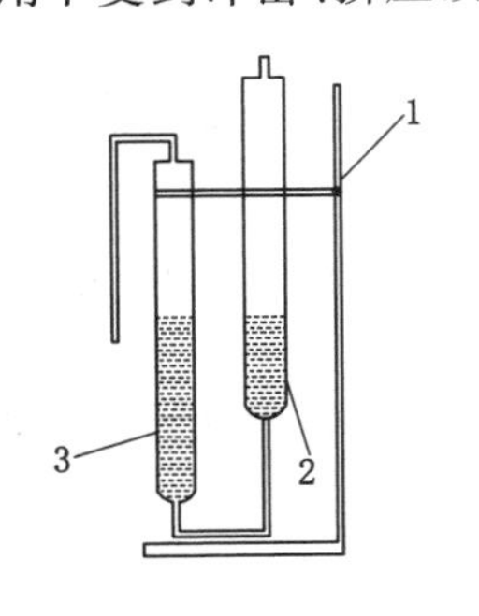

图 6-7 真空抽气系统示意图

1—试验架;2—吸液瓶;3—真空瓶

(6) 真空抽气系统。气体在煤样中的吸附与压力有关,为了使硫化氢完全从煤样中解吸出来,需要在负压状态下使其更好地解吸,所以需要设计一种真空环境装置,如图 6-7 所示。解吸过程中通过真空泵向真空瓶中抽气,使真空瓶中形成负压环境,吸液瓶中液面下降,煤样罐中解吸的气体由于压力差流向吸液瓶,然后通过调节三通阀使真空瓶通大气,此时由于大气压作用,吸液瓶中液面上升,压力增大,促使其中收集到的气体排出。

由于整个过程需要真空瓶提供负压环境,所以考虑耐腐蚀以及易于读数等方面综合考虑,同样采用石英玻璃作为管体材料,系统中的吸液瓶以及量管都和真空瓶采用同样的材料。

(7) 地面真空脱气解吸装置。地面真空脱气解吸装置如图 6-8 所示。将地面解吸过后的煤样进行称重,确定其质量。将称量好的煤样放入粉碎机缸体内,密封严实,对粉碎机缸体进行预抽真空。预抽真空后,对煤样进行粉碎。

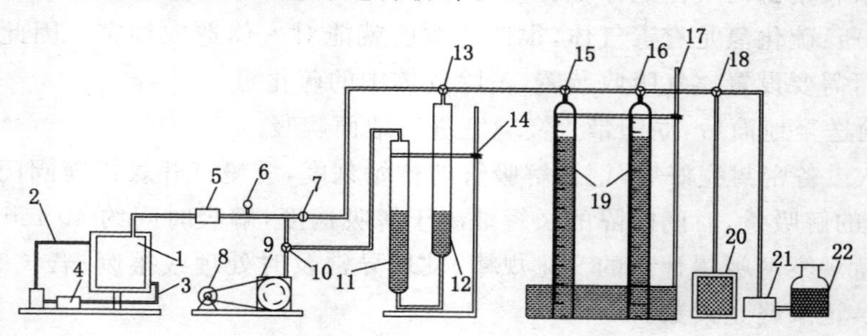

图 6-8　煤层硫化氢含量测定装置

1—粉碎研磨机;2—冷却水出水管;3—冷却水进水管;4—循环水泵;
5—过滤器;6—智能转子流量计;7—阀门;8—电动机;9—真空泵;
10,13,15,16,18—三通阀;11—真空瓶;12—吸气瓶;14,17—试验架;
19—1 000 mL 量管;20—气体取样装置;21—微型真空泵;22—尾气吸收瓶

① 粉碎时打开阀门 7,调节三通阀 13,使吸液瓶与粉碎机连通,调节三通阀 10,使发动机与真空瓶 11 相连,启动发动机,使真空瓶 11 以及吸液瓶 12 处于负压状态。

② 当真空瓶 11 中液体快上升至管口时关闭发动机,这时粉碎机缸体内的气体因气压作用进入吸液瓶 12,瓶中成正压状态。此时调节三通阀 13,使吸液瓶 12 与右侧相连通,在气压作用下,气体进入量管 19,记录量管液面下降读数。观测解吸气体量体积,当实测解吸瓦斯体积达到测量管最大量程的 85%时,打开转换开关用第 2 根测量管测量。

③ 如上述两根管量程不够,则暂时关闭阀门 7,采用微型真空泵 21 对量管 19 吸液至适当刻度;然后重复上述步骤①和②,直至基本不脱气(或脱气甚微)为止。

解吸结束后读取的量管终止读数与解吸前量管初始读数之差即为在本次条件下的解吸气体体积,即粉碎解吸量 W_3。

粉碎研磨机:为了使煤样中吸附的气体更好地释放,需要对煤样进行粉碎,所以需要使用粉碎研磨机。

水循环冷却系统:为了防止在粉碎研磨中温度过高,影响硫化氢的性质,需要设置水循环冷却系统。

过滤器:在粉碎后真空脱气过程中,为了防止煤粉被倒吸入装置里面,影响装置的使用,需要加装过滤器。

智能转子流量计:为了使实验结果更加准确,在采用排液法测定解析体积时,同时加装转子流量计,作为参照读数。

阀门:抽真空及控制气体流动。

电动机和真空泵:提供煤样负压条件下的解吸环境。

三通阀:改变气体流向,以及改变装置内环境气压作用。

真空瓶:与真空泵相连,在负压状态下工作。

吸气瓶：与真空瓶相连，利用连通器原理，改变煤样所处气压环境。

试验架：固定试验系统，保持液面水平。

量管：测定解吸气体体积。

气体取样装置：用于取解吸气体分析其气体（硫化氢）组分。

真空泵，试验完毕用于快速排出废气。

尾气吸收瓶：吸收尾气中含有的硫化氢气体。

（8）硫化氢含量计算

① 气体损失含量 W_4。根据井下常压解吸量 W_1，通过测定煤样初始解吸速度、损失时间，采用气体解吸模型推算，可得到损失气体含量 W_4。

② 煤层瓦斯含量计算。煤样中所含瓦斯总量 $W=W_1+W_2+W_3+W_4$。

③ 气体组分分析。在煤矿井下采用气相色谱仪进行气体组分测定，可测得气体组分中硫化氢组分大小 A_{H_2S}（%）。

根据气相色谱检测的硫化氢在气体中的组分浓度，可计算出煤层硫化氢吨煤含量 W_{H_2S}，即：

$$W_{H_2S}=(W_1+W_2+W_3+W_4)\cdot A_{H_2O}/M_{煤} \tag{6-2}$$

6.2 巷道风流中硫化氢防治模拟实验

6.2.1 化学试剂及规格

因硫化氢易溶于水，形成弱酸，宜采用碱性溶液进行雾化与硫化氢气体发生反应，结合碱性化学物质价格及煤矿实际使用情况，碱性溶液主要使用碳酸钠和碳酸氢钠。添加剂主要是考虑氧化性和表面活性剂，氧化剂可以使反应彻底，生成的物质不容易再次生成硫化氢，表面活性剂主要是为了降低碱性溶液的表面张力，加快气液两相间的传质过程，使反应发生的更加容易。试验中，氧化剂主要采用次氯酸钠、氯胺-T和芬顿试剂，主要是考虑三者都具有强氧化性，表面活性剂采用十六烷基苯磺酸钠。所用到的主要化学试剂见表6-1。

表6-1　所用到的主要化学试剂及规格

试剂名称	规格型号	生产厂家
硫化氢气体	99.99%	河南源正科技发展有限公司
氮气	99.99%	河南源正科技发展有限公司
碳酸钠(分析纯)	99.8%	天津永大化学试剂有限公司
碳酸氢钠(分析纯)	99.5%	天津永大化学试剂有限公司
氯胺-T(分析纯)	99.3%	上海谱振生物有限公司
次氯酸钠	≥10.0%	天津永大化学试剂有限公司
十六烷基苯磺酸钠	≥90.0%	天津永大化学试剂有限公司
过氧化氢	≥27.5%	山东巨业集团鲁晋化工
硫酸亚铁	≥90.0%	深圳长隆科技有限公司

6.2.2　实验装置及流程

如图 6-9 所示，模拟实验在直径 600 mm 的聚四氟乙烯材质的管道内进行。试验过程中，首先将纯度为 99.99%的硫化氢气体和氮气通过减压阀和质量流量计进行调节，然后通过喷嘴进入管道中，与管道中风流进行充分混合，形成含一定硫化氢浓度的风流场。硫化氢进入管道中入口与喷雾装置之间距离相距 2.5 m，通过质量流量计控制进入管道中气体量，氮气出口压力与硫化氢气体出口压力之比为 2∶1；使用双流雾化喷嘴进行喷雾，在管道上方安装有自行设计的碱性溶液计量装置，喷雾流量可以通过开启不同组数与调节空气压缩机压力得以实现。在喷雾系统上游 1.0 m 和下游 1.0 m 处各设置一个硫化氢气体检测装置，喷雾过后根据传感器数据比较前后硫化氢浓度变化情况，继而换算出不同条件下管道风流中硫化氢的吸收效率。

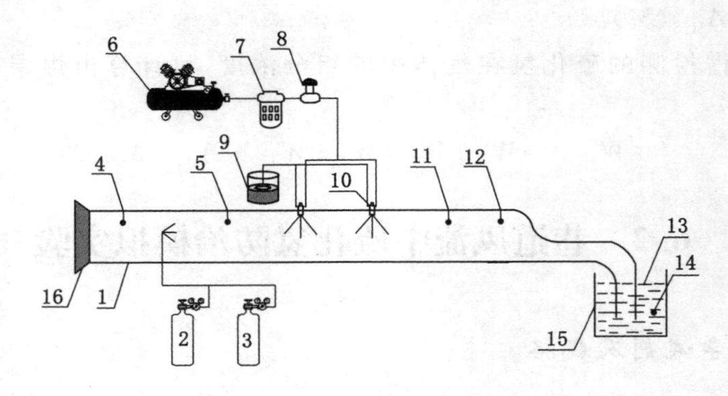

图 6-9　风流中脱除硫化氢气体实验装置

1—聚四氟乙烯管道；2—氮气瓶；3—硫化氢瓶；4—风速传感器；5—硫化氢浓度传感器；
6—直联式空气压缩机；7—空气过滤器；8—空气开闭阀；9—碱液容器；10—双流雾化喷嘴；
11—硫化氢浓度传感器；12—温度传感器；13—碱性溶液；14—pH 值传感器；15—尾气处理池；16—离心式通风机

实验装置主要包括聚四氟乙烯管道、离心式通风机、直联式空气压缩机、双流雾化喷嘴和尾气处理池等，在管道内部安装有风速传感器、硫化氢传感器、温度传感器，在尾气处理池中安装有 pH 值传感器，双流雾化喷嘴上的 AIR 接口连接直联式空气压缩机，LIQUID 接口通过虹吸管连接碱液容器，所有传感器连接到有毒有害智能气体变送器，利用 24 V 开关电源为有毒有害智能气体变送器提供电力，然后通过计算机将检测到的数据显示出来。在每个硫化氢气体传感器旁边设置一个取样孔，可用气带取适量空气在实验室进行测量，对管道中硫化氢传感器进行验证。不取样时，取样孔是处于关闭状态，在尾液池前方管道下方设置有尾液取样孔，可用容器取适量尾液，在实验室利用水质分析仪进行测量。

试验进行过程中所用的装置仪器见表 6-2。

表 6-2　　主要实验装置型号

实验仪器	规格型号	生产厂家
直联式空气压缩机	Z-0.12/8	力达(中国)机电有限公司
有毒有害智能气体变送器	KYL/A-16BS1V0	北京昆仑远洋仪器科技有限公司

续表 6-2

实验仪器	规格型号	生产厂家
气体质量流量控制器	CS-200-C	北京七星华创电子股份有限公司
硫化氢气体检测仪	KYP-2000	北京昆仑远洋仪器科技有限公司
离心式通风机	T35-11No6.3	上海祥宇风机电机有限公司
双流雾化喷嘴	1/4 英寸可调	腾达喷雾净化科技有限公司
气相色谱仪	GC-2014	深圳市瑞盛科技有限公司
风速传感器		
pH 值传感器		
便携式硫化氢检测器	CZ-SP40	英思科传感仪器有限公司
气瓶柜		

1）喷嘴喷雾系统

试验所用到的喷嘴为双流雾化喷嘴，喷嘴喷雾效果好，雾滴颗粒较小且喷雾角度和喷雾流量均可调，材质为不锈钢，耐腐蚀。

本试验的喷雾系统由直联式空气压缩机、虹吸式双流雾化喷嘴、空气过滤器和阀门等组成，如图 6-10 所示。双流体雾化喷雾将气体和液体在喷嘴内部直接混合，在高压射流作用下直接雾化，雾化的小液滴与风流中硫化氢气体反应，从而脱除风流中的硫化氢气体。空气压缩机中的高压气体通过空气（AIR）入口进入喷嘴中，空气雾化喷嘴中就会形成负压状态，碱性溶液通过虹吸管或重力传输通过液体（LIQUID）接口进入到喷嘴中，空气与溶液混合后形成精细雾状喷洒在巷道中，使用这种系统可以把溶液足够细化，这样硫化氢气体与颗粒接触的概率就会大大提高。

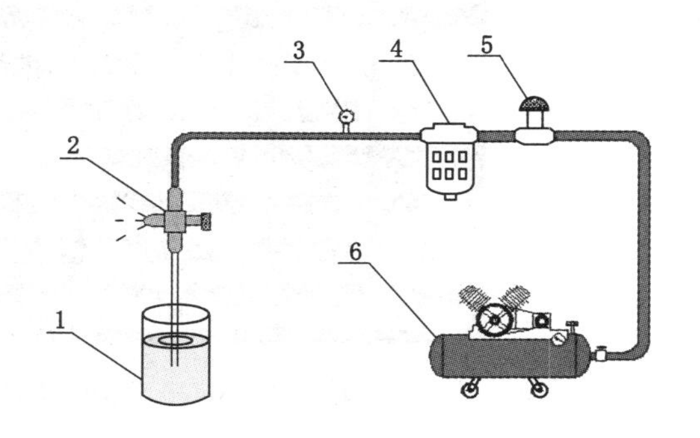

图 6-10　雾化喷嘴工作原理图

1—碱性溶液；2—双流雾化喷嘴；3—压力表；4—空气过滤器；5—空气开闭阀；6—直联式空气压缩机

2）数据采集系统

试验数据采集系统是通过有毒有害智能气体变送器把信号传送到 M400 数据采集管理软件，通过计算机串口采集仪表测量数据并实时显示，可对存储数据进行曲线分析、趋势浏览、报表生成、转化生成 TXT、EXCEL 文件等，可得到数据采集/处理的所有基本功能。

运行该软件之后，弹出搜索仪表窗口。在该窗口中，对串口进行基本配置。

串行端口号：选择挂接仪表的串行端口。

通信波特率：选择串行端口通信波特率。

地址范围：设置仪表地址的搜索范围。

开始搜索：根据地址范围搜索串行端口上的仪表。

搜索结果：依次显示被搜索到的仪表的名称、地址、参数位数、型号、是否标准仪表。

选中需要操作的仪表即可进入测试项。如果搜索结果没有找到仪表，则需要进行如下检查。

(1) 检查通信线路是否连接正确。

(2) 检查仪表测试程序串行端口是否与实际连接计算机串口一致。

(3) 检查仪表通信波特率是否与仪表测试程序通信波特率一致。

(4) 检查仪表设定的地址是否在搜索地址范围内。

(5) 如果多块仪表连接，检查仪表设定的地址是否有重叠。

(6) 重新进行搜索。

显示首路和显示路数可自主进行设置，M400 数据采集管理软件实时显示见图 6-11。

图 6-11　M400 数据采集管理软件实时显示

实时曲线/历史曲线界面相同，操作方式相同，通信速率：0.1～60 s/次可设，M400 数据采集管理软件实时曲线，如图 6-12 所示。

实时数据显示：16 个实时数据自动更新显示。

曲线自动刷新时间：按设置时间间隔自动更新曲线显示。若选择“OFF”，则停止自动更新。

横轴：曲线数据对应的绝对时钟。横轴时间，可以通过始末时间输入框输入后按“回车”键调整。

纵轴：曲线数据对应的工程量上、下限范围与网格线对应的工程量值。上、下两限值可以通过上、下端的输入框输入，然后按“回车”键，曲线即按新输入值显示。

信息框：任何时间始终显示当前竖光标所在位置的各工程量信息。

曲线 01～16：分别对应打开数据的第 01～16 路。

线型：表示当前绘制对应曲线的颜色与线宽。

当前值：表示出竖光标所在处的时刻及该时刻对应的工程量值（若该处没有有效的数据，则显示空白）。

不显示的曲线：该信息框中将不会列出。

定位/移动：信息框可以定位在当前位置或随着鼠标移动，由单击曲线框实现切换。

显示/隐藏：信息框可以显示或隐藏，由双击曲线框实现切换。

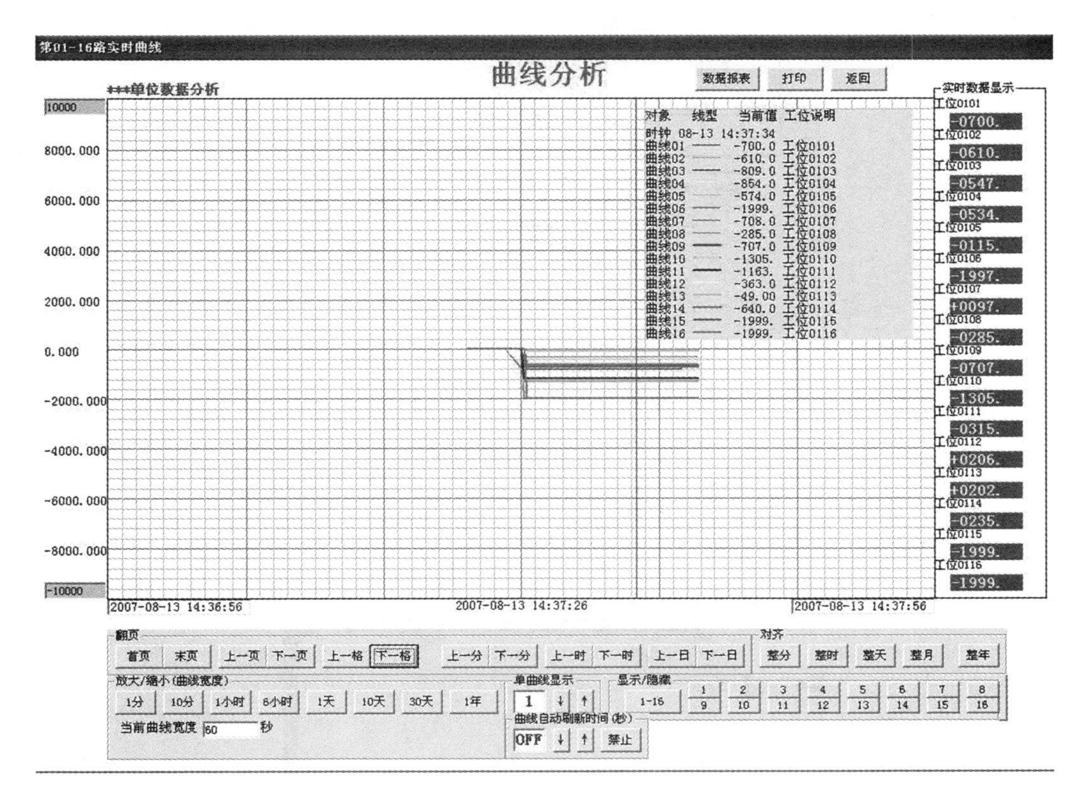

图 6-12 M400 数据采集管理软件实时曲线

3）实验装置线路连接

实验装置中包含很多实验仪表和装置，线路的连接对于实验是极为重要的一部分，在保证安全可靠的情况下完成线路连接。由于实验装置是在户外环境中，为防止实验装置长时间放在户外出现故障，每次试验完成后都把实验装置放置在收纳箱中，所以制定线路连接图以方便线路连接，如图 6-13 所示。

24 V 开关电源，输入 AC100～240 V，输出 DC24 V 的电源。24 V 电源就是用通过电路控制开关管进行高速的道通与截止。将直流电转化为高频率的交流电提供给变压器进行变压，从而产生所需要的一组或多组 24 V 电压，转化为高频交流电的原因是高频交流在变压器变压电路中的效率要比 50 Hz 高得多。对于气体质量流量计和有毒有害智能气体，变送器采用 24 V 开关电源。由于实验装置较多，将实验线路进行编号，以备每次连接时较为容易不出现错误，否则影响试验进度。

4）碱性溶液计量装置

试验过程中需要计算喷嘴喷雾流量和喷雾量，所以采用带有刻度的防腐容器，便于观察喷雾量。碱性溶液依靠喷嘴中形成的负压和液体自身重力进入雾化喷嘴，当喷嘴中形成的负压或容器中液体较少时，碱性溶液进入喷嘴的量就会逐渐减少。为了增加喷嘴流量，在容器上方对液体提供一定的压力，如图 6-14 所示。

直联式空气压缩机上面连接有多用接口，可以连接多个用气的实验装置。在保证喷雾设备压力充足的情况下，连接一部分气体到碱性溶液设备中，这样相当于对碱液提供了额外

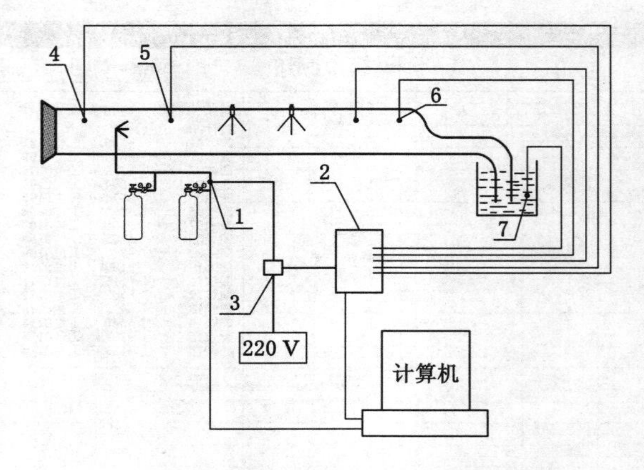

图 6-13 传感器线路连接图

1—气体质量流量计；2—有毒有害智能气体变送器；3—24 V 开关电源；4—风速传感器；5—硫化氢浓度传感器；6—温度传感器；7—pH 传感器

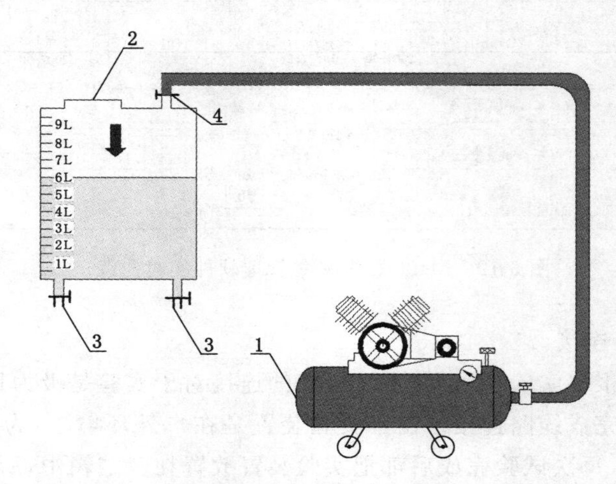

图 6-14 碱性溶液计量装置图

1—空气压缩机；2—碱性溶液入口；3—双流雾化喷嘴接口；4—空气入口开关；

的压力，喷雾流量更大，又节省压力水泵。

6.2.3 实验注意事项

(1) 实验设备应安装在宽阔、通风较好的地方，实验中人员待在上风侧环境中。试验时，应穿戴防毒面罩，封闭性要好，尽量采用带有氧气罐的防毒面具，防止空气进入引起硫化氢气体中毒，必要情况下还应穿戴防火服。

(2) 试验时，应在不同部位设置安装便携式硫化氢检测器，设定报警模式，当硫化氢浓度较大时可以发出警报声，应及时离开实验地点，防止外人进入。待浓度达到安全浓度时，方可进入进行试验。硫化氢检测器使用之前应进行校准。当发现硫化氢气体泄漏情况后，应迅速脱离现场至空气新鲜处。

(3) 试验时，可以把计算机放在室内，管道放在室外。实验室应备用一些硫化氢解毒药物，以备不时之需。眼睛接触硫化氢气体后，应立即提起眼睑，用大量清水或生理盐水彻底冲洗至少 15 min。

(4) 配制碱性溶液时应防止碱性溶液直接接触皮肤,应穿戴防酸碱溶液手套。硫化氢气瓶应放置在气瓶柜中,使用前后应对气瓶气密性和气瓶柜报警系统进行检查。

6.2.4 硫化氢气体脱除效率影响因素研究

1) 喷洒碱液脱除硫化氢机理

硫化氢气体既是一种刺激性气体,也是一种窒息性气体,同时还是一种腐蚀性的气体。煤矿防治硫化氢气体的有效措施主要是在井下硫化氢涌出地区喷洒或向煤层注入苏打、石灰水等碱性溶液,以吸收巷道风流中和煤层内吸附的硫化氢。脱除风流中硫化氢气体正在向喷洒碱性溶法转变,这种方法具有设备简单、操作简便、占地空间小、无次生危害、经济实惠等优点,是目前比较常用的方法。常用的碱性溶液有碳酸氢钠、碳酸钠、石灰水等,其反应方程式如下:

$$Na_2CO_3 + H_2S \longrightarrow NaHS + NaHCO_3 \tag{6-3}$$

$$NaHCO_3 + H_2S \longrightarrow NaHS + H_2O + CO_2 \tag{6-4}$$

$$Na_2CO_3 + CO_2 + H_2O \longrightarrow 2NaHCO_3 \tag{6-5}$$

HS^- 不稳定,在环境的影响下又会重新转化成 H_2S 并释放到空气当中。因此,在碱液中必须加入一种试剂使 HS^- 氧化成单质硫或者硫价态更高的化合物。一方面促使碱液对 H_2S 的吸收平衡向正反应方向移动,提高吸收效率;另一方面氧化 HS^-,防止 H_2S 在矿井水稀释及水流扰动作用下从吸收尾液中逸出,从而彻底地去除风流中的 H_2S。

2) 不同碱液对硫化氢的脱除效果

碳酸盐溶液是最早用于从风流中脱除二氧化碳和硫化氢等气体的方法,碳酸盐溶液在化学性质上较稳定,不会与 COS,O_2 等物质发生反应。目前,研究主要集中在新型添加剂的研究开发上。试验选择碳酸钠溶液对硫化氢进行吸收反应,碳酸氢钠溶液对风流中硫化氢气体也有一定的脱除效果,但 25 ℃,50 g/L 碳酸氢钠溶液的 pH 值为 8.6 左右,通过配制不同浓度的碳酸钠溶液和碳酸氢钠溶液对风流中硫化氢气体进行脱除试验。当模拟管道中风速为 2.5 m/s、风流中硫化氢浓度为 50×10^{-6}时,监测喷洒不同浓度的碱性溶液前后风流中硫化氢含量,如图 6-15 所示。

由图 6-15 可看出:当碳酸钠溶液质量分数为 0.5%时,对管道风流中硫化氢的脱除效率接近 86%,随着碳酸钠浓度的升高对硫化氢的脱除效率也逐渐升高,升高幅度较小然后趋于稳定;当碳酸氢钠溶液质量分数为 5%时,对管道风流中硫化氢的脱除效果最佳,脱除效率在 79%左右;当碳酸氢钠用量大于 5%时,对管道风流中硫化氢的脱除效率反而下降。由此可知,碳酸氢钠溶液对硫化氢的脱除效率远不如碳酸钠溶液。

碳酸钠和碳酸氢钠碱性溶液吸收 H_2S 的中和反应是可逆的,反应生成的硫氢化钠又是一种化学性质不稳定的化合物,故在碳酸钠溶液的浓度较低时,生成的硫氢化钠又与二氧化碳反应释放出 H_2S。试验通过对吸收尾液以 100 次/min 的速率振荡 1 min,振荡结束后检测反应器内 H_2S 浓度,计算振荡后脱除效率,如图 6-16 所示。

当碳酸钠溶液浓度增加到 1.0%时,硫化氢初始脱除率为 91%。通过比较初始脱除效率曲线和振荡后的脱除效率曲线可知:碳酸钠溶液对硫化氢的吸收不彻底,振荡后硫化氢从吸收尾液中逸出,即使在碳酸钠浓度为 1.0%的情况下,吸收尾液振荡后仍释放出 H_2S 气体。在矿

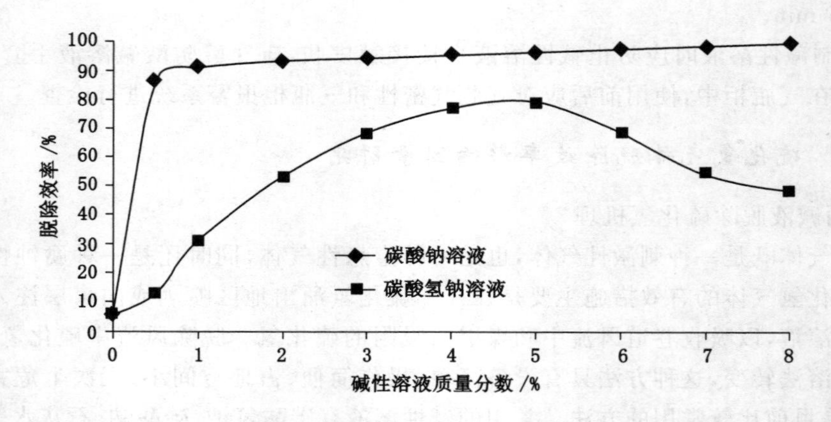

图 6-15　不同浓度碳酸钠与碳酸氢钠对硫化氢的吸收效率

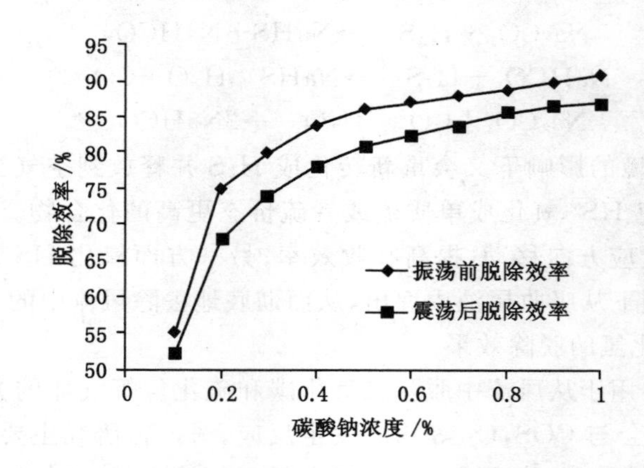

图 6-16　不同浓度碳酸钠溶液对硫化氢的脱除效率

井环境下，吸收液受到矿井水的稀释以及水流的扰动，H_2S 的二次释放问题将更为突出。

3）碱性溶液质量分数对脱除效率的影响

试验中，碳酸钠碱性溶液质量分数分别设定为 0.1%～1.0%，考察在不同吸收液质量分数时 H_2S 脱除效率；同时，喷雾压力仍设定为 2 MPa，喷雾流量为 40 L/h，风速为 2.0 m/s。不同碳酸钠碱性溶液质量分数下 H_2S 脱除效率对比图如图 6-17 所示。

图 6-17 表明，风流中 H_2S 脱除效率随碳酸钠溶液质量分数的增加而增大，当溶液质量分数大于 0.2%后脱除效率增幅有所减缓。当风流中 H_2S 浓度为 100×10^{-6} 时，碱性溶液质量分数由 0.1%增加到 1.0%时，H_2S 脱除效率则由 71%增加到 90%。可见，增加喷洒碱性溶液质量分数是提高硫化氢脱除效率的一种比较有效的途径，但碱性溶液质量分数越大，溶液 pH 值就会越大，工人在井下工作的舒适度就会降低。

4）风速对脱除效率的影响

管道中模拟实验风速设定在 0.5～3.0 m/s，每隔 0.5 m/s 进行一次模拟实验，并使用双流雾化喷嘴进行喷雾，同时采用两个双流雾化喷嘴并排排列进行喷雾，空压机压力固定为 2 MPa，喷雾流量为 40 L/h，碳酸钠碱性溶液质量分数为 0.5%，硫化氢气体浓度分别设置为 50×10^{-6}、100×10^{-6}、200×10^{-6}、300×10^{-6}，如图 6-18 所示。

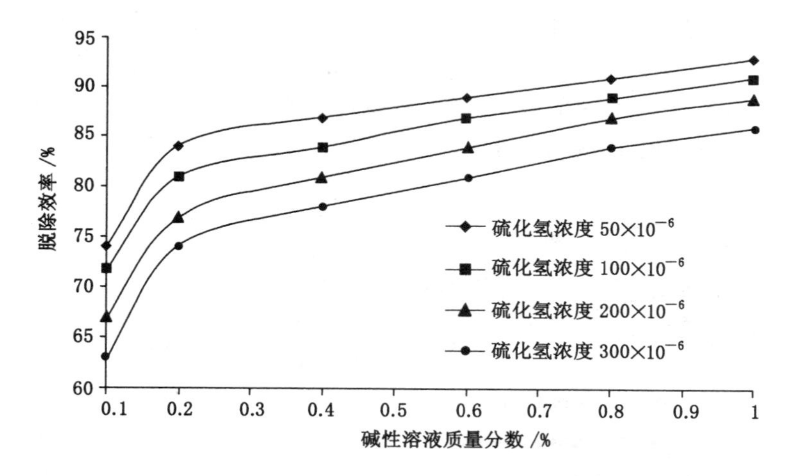

图 6-17　碱性溶液质量分数与脱除效率的线性关系

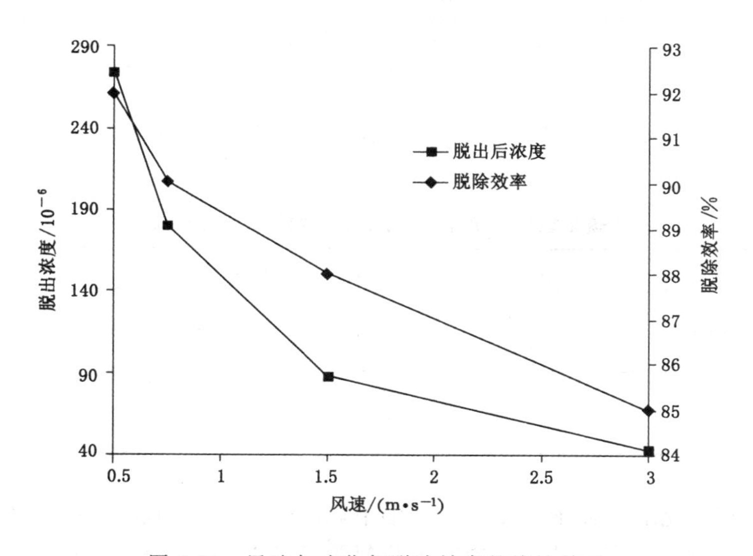

图 6-18　风速与硫化氢脱除效率的线性关系

由图 6-18 可以看出，虽然风流中硫化氢气体浓度不一样，但总体均呈现出相同一致的规律，即随着风速的增加硫化氢脱除效率逐渐降低。风流中硫化氢气体浓度为 300×10^{-6} 时，当风速为 0.5 m/s 时，硫化氢的脱除效率可达 91%；当风速为 2 m/s 时，风流中硫化氢气体脱除效率在 80%左右；当风速增加到 3.0 m/s 时，脱除效率则下降到 74%。可以看出，风速对硫化氢气体脱除效率还是有很大的影响。这主要是由于管道模拟系统中风速增加，硫化氢气体在风流中的扩散速度加快，但喷雾流量没有变化，造成硫化氢气体与喷雾形成的碳酸钠溶液细水滴接触发生化学反应的概率大大降低。此外，随着风速的增大，管道中的风量也相应地增多，虽然系统中的硫化氢浓度不变，但是实际上硫化氢的绝对量增加了。因此，在喷嘴流量没有加大的情况下，硫化氢气体还没与碱性溶液发生反应就已经吹出喷雾区域，这样就造成了脱除效率的下降。

考虑到实验系统硫化氢气体浓度为体积比浓度，因而随风速的不同，即为管道中风量的不同，管道中硫化氢经过的绝对量也是不同的。鉴于此，若以实验系统中流经的硫化氢气体绝对量不变作为参考，则能更进一步明确风速对硫化氢气体脱除效率的影响程度，更能直观地表现出来。通过对图 6-19 中的数据进行整理筛选，可得硫化氢绝对量不变情形下风速对硫化氢吸收效率的影响规律，见表 6-3。

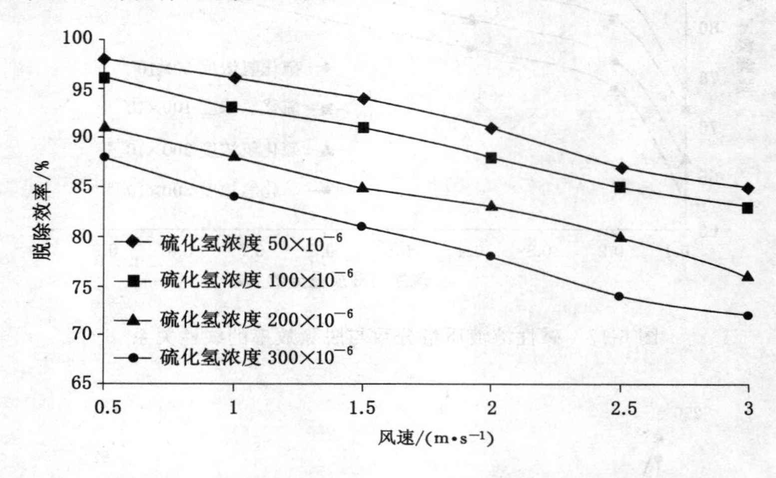

图 6-19　硫化氢绝对量不变时风速对脱除效率的影响

表 6-3　　**硫化氢绝对量不变时风速对脱除效率的影响**

风速/(m·s^{-1})	脱除前浓度/10^{-6}	脱出后浓度/10^{-6}	脱除效率/%
0.5	300	25	92
0.75	200	20	90
1.5	100	12	88
3	50	7	85

综上所述，在硫化氢气体绝对量不变情形下，硫化氢气体的脱除效率随风速的增加而明显降低，硫化氢绝对量不变条件下风速对硫化氢脱除效率的影响规律，如图 6-19 所示。

显然，图 6-19 中硫化氢脱除效率的变化规律与图 6-18 中不考虑硫化氢气体绝对量的情况是一致的。这进一步表明，在硫化氢气体绝对量不变的前提下，风速的增大将加快硫化氢气体在实验系统中的扩散速度，降低与碱性溶液液滴碰撞接触的概率，继而产生硫化氢气体脱除效率随风速变大而下降的现象。

5）喷雾流量对脱除效率的影响

模拟实验中通过调节实验系统的空气压力和喷雾组数达到控制喷雾流量的目的，喷雾流量设置范围为 30～90 L/h，喷雾压力设定为 0～3 MPa，碱性溶液质量分数为 0.3%，H_2S 浓度分别设置为 50×10^{-6}，100×10^{-6}，200×10^{-6}，300×10^{-6}，风速设定为 2.0 m/s。不同喷雾流量情形下，H_2S 脱除效率结果如图 6-20 所示。

由图 6-20 可知，当模拟实验系统风速一定时，各浓度下硫化氢气体脱除效率随碱性溶液喷雾量的增加而升高，均呈现出一致的规律趋势。以风速为 2.0 m/s、浓度为 100×10^{-6} 的硫化氢气体为例，当喷雾流量为 30 L/h 时，吸收效率为 83%；当喷雾流量增加到 90 L/h

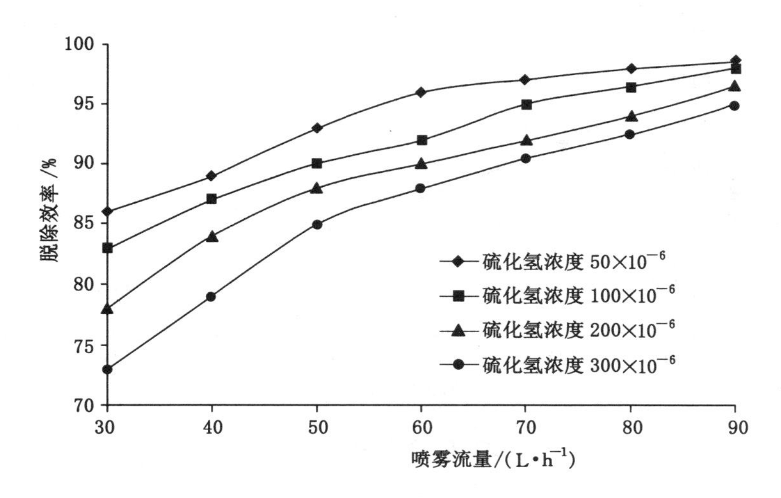

图 6-20 喷雾流量对脱除效率的影响

时，硫化氢气体脱除效率也相应上升到 96%，喷雾流量的增大，对硫化氢脱除效率有很大影响。这是由于在单位时间内管道中碱性溶液喷雾量增加后，即在管道模拟实验系统喷雾范围内增加了单位空间内碱性溶液水滴的分布密度，提高了硫化氢气体与碱性溶液接触的概率，从而达到提高硫化氢气体脱除效率的目的。

虽然喷雾流量的增加提升了风流中硫化氢气体的脱除效率，但是提升幅度并不明显，在喷雾流量增加 4 倍的情形下，硫化氢气体脱除效率仅增加了 13%。由此可见，增加吸收液喷雾量虽可以一定程度的提高风流中硫化氢气体脱除效率，但不可盲目地依靠增加吸收液喷雾量的方法来提高硫化氢气体脱除效率，应根据风速、空气中硫化氢浓度进行合理喷雾，既节约资源，又最大程度地起到脱除硫化氢气体的作用。

6）硫化氢浓度对脱除效率的影响

由于随着管道风流中硫化氢气体浓度的逐渐增大，对应的硫化氢气体的脱除效率均呈不同程度地降低，在喷雾流量为 40 L/h，管道中风速 2 m/s，喷雾压力 2 MPa，碳酸钠碱性溶液质量分数 0.2%的特定条件下进行试验，研究不同浓度硫化氢气体的脱除效率的对比，如图 6-21 所示。

由图 6-21 可知，在实验条件特定的情况下，风流中硫化氢气体的脱除效率随其浓度的增加而呈现出逐渐下降的趋势，说明随着管道风流中硫化氢浓度的增加，管道风流中单位体积硫化氢分子的绝对含量逐渐增加。在碱性溶液喷雾流量恒定的情况下，单位时间内接触碱性溶液的硫化氢气体分子增多，从而致使硫化氢气体脱除效率的下降。

7）各种影响因素的正交试验

在各因素对硫化氢脱除效率的影响基础上，对各因素进行无交互作用的四因素三水平正交试验，对各个因素的极差进行分析，借以考查各因素对硫化氢脱除效率影响强弱的关系。其中，影响因素 A 表示管道中风流速度(m/s)，即轴流式通风机所产生的风速；影响因素 B 表示喷雾流量(L/h)；影响因素 C 表示碳酸钠碱性溶液质量分数(%)；影响因素 D 表示管道风流中硫化氢气体浓度，见表 6-4。

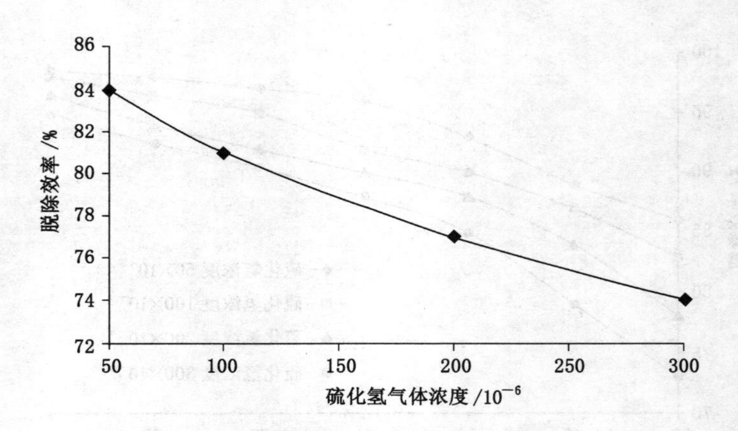

图 6-21　硫化氢气体浓度对脱除效率的影响

表 6-4　　硫化氢脱除效率影响因素的正交实验结果

编号	影响因素				脱除效率/%
	A	B	C	D	
1	1	30	0.1	100	85
2	1	40	0.2	200	92
3	1	50	0.3	300	88
4	2	30	0.2	300	73
5	2	40	0.3	100	83
6	2	50	0.1	200	70
7	3	30	0.3	200	65
8	3	40	0.1	300	54
9	3	50	0.2	100	72
K_1	265	223	209	240	
K_2	226	229	237	227	
K_3	191	230	236	215	
k_1	88.3	74.3	69.7	80.0	
k_2	75.3	76.3	79.0	75.7	
k_3	63.7	76.7	78.7	71.6	
极差 R	24.6	2.4	9.3	84	
主次顺序	$A>C>D>B$				
优水平	A_1	B_3	C_2	D_1	
优组合	$A_1\ B_3\ C_2\ D_1$				

依据表 6-4 中的条件进行无交互作用的正交实验，共 9 组。试验结果极差 R 的大小顺序为：$A>C>D>B$，即硫化氢脱除效率的影响因素按影响程度排列顺序为：管道中风速＞碱性溶液质量分数＞硫化氢浓度＞喷雾流量。极差 R 表明，风速的重复性差异极为显著，

它是影响风流中硫化氢脱除效率的主要因素，碱性溶液质量分数、硫化氢浓度次之。K 值的大小代表了对应的该水平优劣，K 值越大，对应的水平值越有利于实验朝有利方向发展。脱除效率最佳时的条件分别为：$A_1>B_3>C_2>D_1$，表明巷道中风速越小，喷雾流量越大，碱性溶液质量分数越高，硫化氢气体浓度越小，风流中硫化氢脱除效率越高，这与单因素中吸收效率影响规律一致。

由于巷道中风流速度关系到送风量的问题，风速小会影响空气中氧气浓度，所以管道中风速还应与巷道中风速相一致，这样实验结果才能得到应用。实验得到的最优组合是风速最小、喷雾流量最大、碱性溶液质量分数最大、硫化氢浓度最小的组合，现实中可保证喷雾流量和碱性溶液质量分数已知，但是硫化氢浓度是未知的，研究怎样治理浓度较大的硫化氢是极其迫切的问题。

6.2.5　添加剂对碳酸钠脱除硫化氢效率的影响

1）次氯酸钠和氯胺-T 对硫化氢脱除效率的影响

为了解决碳酸钠吸收硫化氢气体不彻底且又重新生成硫化氢气体的问题。模拟实验风流中，当硫化氢浓度为 200×10^{-6} 时，喷雾流量 50 L/h，风速为 2 m/s，为分别向 0.2% 的碳酸钠碱性溶液中加入不同浓度的次氯酸钠和氯胺-T 氧化剂，监测喷雾后 H_2S 浓度，如图 6-22和图 6-23 所示。

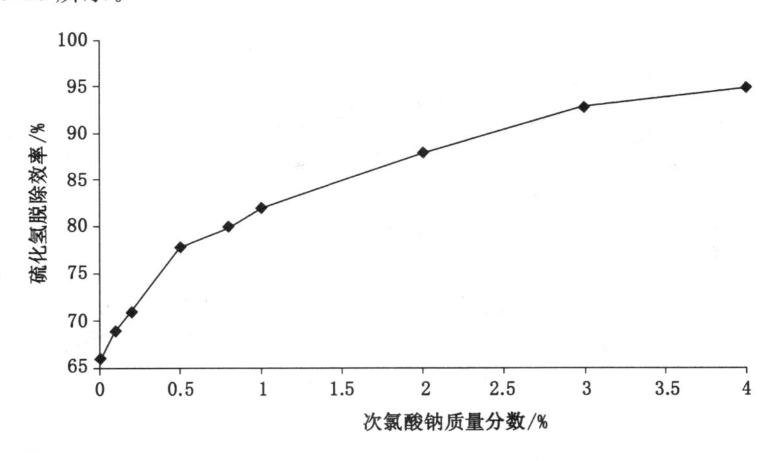

图 6-22　次氯酸钠对硫化氢脱除效率的影响

次氯酸钠是水处理行业中常用的消毒剂，它的水溶液能够水解产生强氧化性的次氯酸，达到氧化的目的。从图 6-22 和图 6-23 可以看出，次氯酸钠对碳酸钠吸收 H_2S 具有一定的促进作用，但是低浓度的次氯酸钠促进效果不明显，而高浓度的次氯酸钠有致敏作用，且产生刺鼻的氯味，对人体有一定的危害。另外，次氯酸钠水溶液易水解生成次氯酸，次氯酸很不稳定，分解释放出氧气，从而逐渐失去氧化性，需要现用现配，不利于实际应用。氯胺-T 氧化剂为白色或微黄色结晶粉末，易溶于水，水溶液呈微碱性，在中性和碱性介质中是一种极缓和的氧化剂，与水作用即生成具有强氧化性的物质，其作用温和持久，无任何毒副作用，是一种较为理想的氧化剂。吸收后的 H_2S 能被迅速氧化成单质硫，当碱性溶液不加入氯胺-T 时，吸收尾液呈无色透明状；当氯胺-T 加入质量分数为 0.3% 时，吸收尾液呈黄绿色，

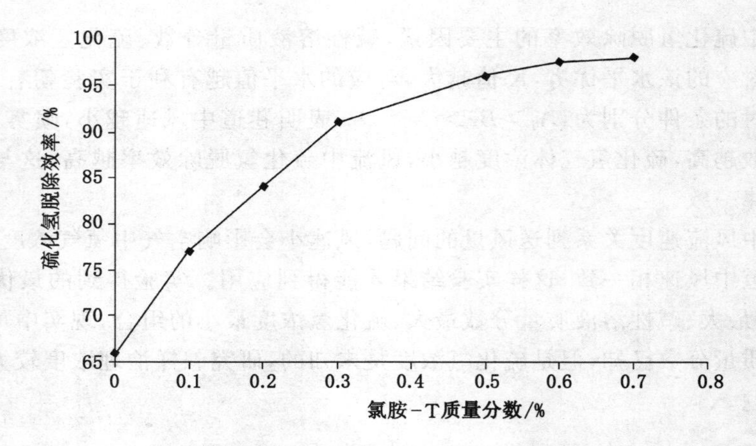

图 6-23　氯胺-T 对硫化氢脱除效率的影响

略显浑浊；当氯胺-T 质量分数增大到 0.8％时，吸收尾液为乳白色浊液，过滤烘干后化验其为单质硫。

模拟实验风流中硫化氢浓度为 200×10^{-6} 时，喷雾流量为 50 L/h，风速为 2 m/s，分别向 0.2％的碳酸钠碱性溶液中加入 0.4％的次氯酸钠和氯胺-T 氧化剂，监测喷雾后 H_2S 浓度，如图 6-24 所示。

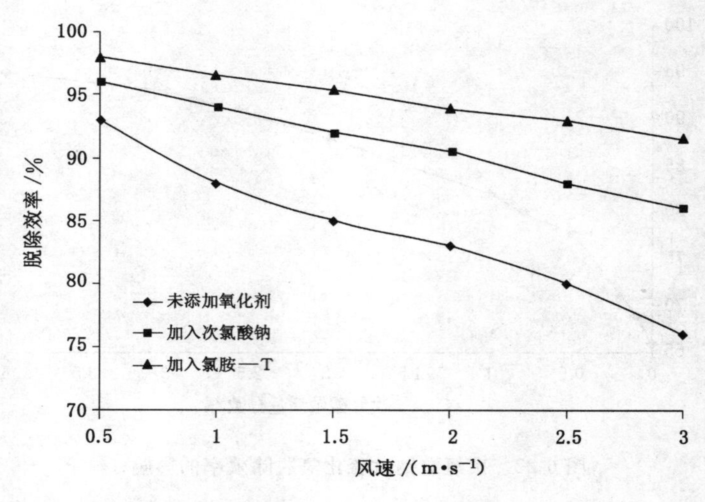

图 6-24　氧化剂对硫化氢脱除效率的对比分析

从图 6-24 中可以看出，次氯酸钠和氯胺-T 对碳酸钠碱性溶液脱除风流中 H_2S 具有一定的促进作用，添加次氯酸钠溶液的脱除效率平均可以增加 6.7％，添加氯胺-T 脱硫剂效果比次氯酸钠效果更佳，脱除效率平均可以增加 10.2％，且一直维持在较高水平。因此，氧化剂对风流中 H_2S 脱除效率的提高具有较好的效果。

为了验证次氯酸钠和氯胺-T 作为氧化剂的持久性，在实验管道中收集硫化氢浓度为 200×10^{-6}、喷雾流量 50 L/h、风速为 2 m/s 时两种氧化剂吸收后产生的尾液各 50 mL，利用水质分析仪测量溶液中硫化氢含量，然后将溶液以 100 次/min 的速率进行震荡，在每一个时间节点利用水质分析仪测量水中硫化氢含量，将两种氧化剂进行比较其结果如图 6-25 所示。

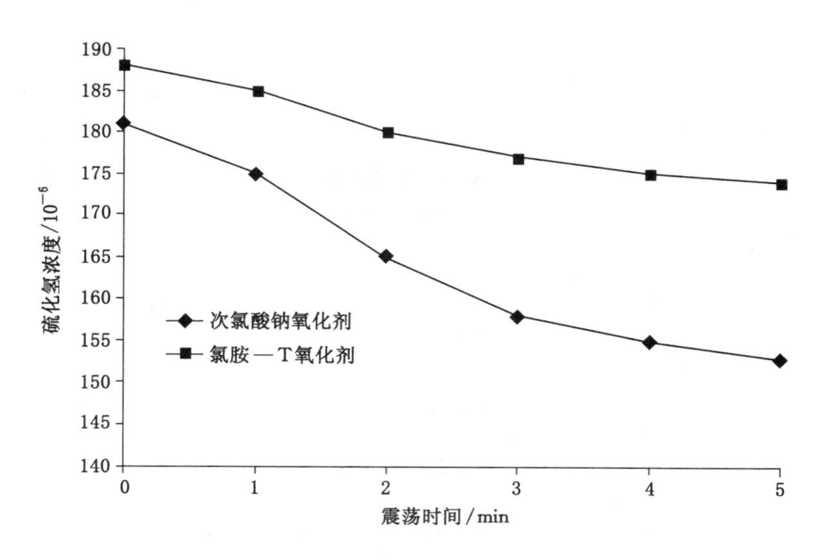

图 6-25　震荡时间对溶液中硫化氢浓度的影响

通过对比可以看出，随着震荡时间的增长，溶液中硫化氢浓度逐渐降低，添加次氯酸钠氧化剂的碱性溶液中，硫化氢浓度变化较大，由于震荡减少了 35×10^{-6}，而添加了氯胺-T 氧化剂的溶液中硫化氢含量仅有微小变化，由于震荡减少了 15×10^{-6}，降低趋势不太明显，证明了氯胺-T 确实是一种相对比较稳定的氧化剂，其水溶液在震荡后其氧化效率未见降低。这是因为在中性和碱性介质中氯胺-T 的水解缓慢，且未水解的氯胺-T 本身不具备强氧化性，因而在同样的保存条件下，氯胺-T 水溶液要比次氯酸钠溶液稳定的多，使其长期有效防治硫化氢气体重新生成。

2）芬顿试剂对硫化氢脱除效率的影响

相比其他氧化剂，芬顿（Fenton）法具有简单、快速、无二次污染、可产生絮凝等优点。Fenton 试剂本身具有很强的氧化能力，其中 H_2O_2 被 Fe^{2+} 催化分解生成羟基自由基（·OH），并引发产生其他自由基。整个过程中发生的反应十分复杂，其关键是通过 Fe^{2+} 在反应中期的激发和传递作用，使链反应能持续进行直至 H_2O_2 耗尽。链反应产生的羟基自由基进攻污染分子内键从而将污染分子转化去除。模拟实验风流中，当硫化氢浓度为 200×10^{-6} 时，喷雾流量 50 L/h，风速为 2 m/s，为分别向 0.2%的碳酸钠碱性溶液中加入不同浓度的芬顿试剂。

（1）H_2O_2 投入量对风流中硫化氢脱除效率的影响

固定 20 L，0.2%的碳酸钠碱性溶液中，$FeSO_4\cdot7H_2O$ 的加入量为 15 g，逐步改变过氧化氢的加入量，测量空气中硫化氢的浓度变化，计算风流中硫化氢气体脱除效率，如图 6-26 所示。

由图 6-26 可知，风流中硫化氢脱除效率随过氧化氢投入量的增大先增大，后又迅速下降，当 H_2O_2 投入量为 0.67 mL/L 时，硫化氢脱除效率率最高，达到 91.79%，这是因为 H_2O_2 加入量较少时，水中低价态的硫化物大多氧化为高价态的硫酸根，无法实现进一步氧化，H_2O_2 投入量增大到 0.67 mL/L 时，可以使硫酸根彻底氧化。当 H_2O_2 不断加大时，溶液中 H_2O_2 浓度超过一定值后，H_2O_2 破坏生成的·OH，同时 H_2O_2 自身无效分解，使·OH 的

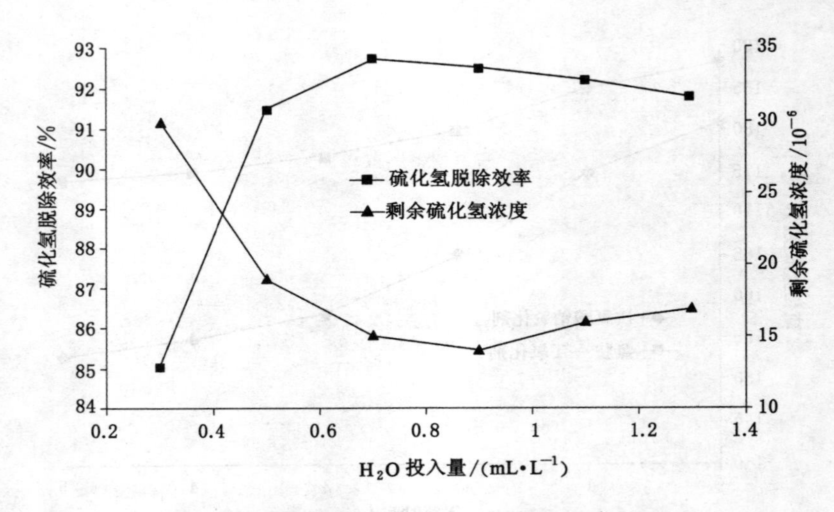

图 6-26 过氧化氢投入量对硫化氢脱除效率的影响

生成率降低，从而氧化效率随之降低。

(2) Fe^{2+} 投入量对风流中硫化氢脱除效率的影响

固定 20 L，0.2%的碳酸钠碱性溶液中 H_2O_2 的加入量为 15 g，分别投入不同质量的 $FeSO_4 \cdot 7H_2O$，对风流中硫化氢气体的脱除效率的影响如图 6-27 所示。

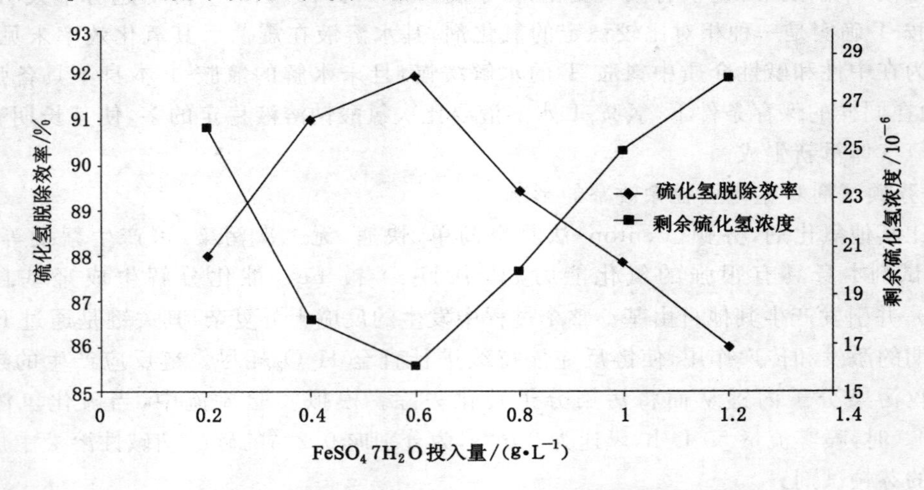

图 6-27 $FeSO_4 \cdot 7H_2O$ 投入量对硫化氢脱除效率的影响

由图 6-27 可看出，少量的 Fe^{2+} 对中和反应有很好的催化作用，当 $FeSO_4 \cdot 7H_2O$ 的加入量为 0.33 g/L，硫化氢去除率已经达到 91.40%。随着 Fe^{2+} 投加量不断增大，硫化氢脱除效率不断提高，但硫酸亚铁的投加量增大到一定值时，硫化氢的脱除效率达到最大值，当硫酸亚铁继续增大时，硫化氢脱除效率会下降，这是因为当溶液中 Fe^{2+} 浓度较低时，H_2O_2 分解速率很慢，产生的·OH 较少，限制了反应速率。随着 Fe^{2+} 浓度增大，H_2O_2 分解产生·OH的速率逐渐加快，但当 Fe^{2+} 浓度继续增大时，·OH 的表观生成率反而降低。

产生这种现象的原因，一方面可能是 Fe^{2+} 也会成为·OH 的捕捉剂，另一方面则可能

是由于反应开始时 H_2O_2 分解速率过快，迅速产生出大量·OH，引起·OH 自身的反应，此时一部分最初产生的·OH 消耗掉。$FeSO_4 \cdot 7H_2O$ 的最佳投加量为 0.67 g/L，硫化氢脱除效率为 91.89%。

(3) pH 值对风流中硫化氢脱除效率的影响

碱性溶液 pH 值对芬顿试剂处理风流中硫化氢气体脱除效率的影响。从图 6-28 中可以看出，碱性溶液 pH 值较高或较低均不利于芬顿试剂对风流中硫化氢气体的脱除。当碱性溶液 pH 值分别为 9，10，11 时，去除率分别为 91%、92%和 89%。碱性溶液 pH 值为 6 和 12 时，硫化氢气体脱除效率分别为 72%和 60%。由此可见，试验适宜的碱性溶液 pH 值范围为 9～11。

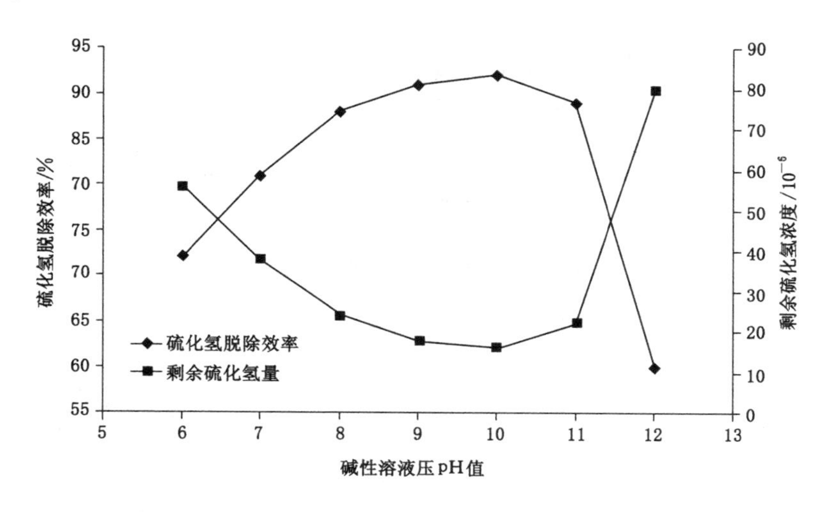

图 6-28 碱性溶液 pH 值对硫化氢脱除效率的影响

(4) 反应温度对风流中硫化氢脱除效率的影响

环境温度对芬顿试剂脱除风流中硫化氢效率的影响，如图 6-29 所示。可看出，试验开始时随着环境温度的升高，风流中硫化氢气体的脱除效率提高得较快；当环境温度超过 25 ℃后，硫化氢气体的脱除效率就会开始逐渐下降，但是环境温度过高时碱性溶液中 H_2O_2 会发生分解，即 $H_2O_2 \longrightarrow H_2O + O_2$，这使得碱性溶液中的·OH 含量下降，从而导致风流中硫化氢气体脱除效率的降低。从图 6-29 中可知，碱性溶液最佳反应温度为 25 ℃左右；环境温度从 10 ℃升高到 25 ℃的过程中，风流中硫化氢气体脱除效率逐渐提高了；环境温度从 25 ℃升高到 35 ℃的过程中，风流中硫化氢气体的脱除效率逐渐降低。由此可见，环境温度对风流中硫化氢气体脱除效率的影响并不显著，说明芬顿试剂对环境温度有较好的适应性，能够适应矿井巷道风流随着四季更替所产生的温度变化。

3) 表面活性剂对硫化氢脱除效果的影响

通过在 0.2%的碳酸钠碱性溶液中加入不同浓度的十六烷基苯磺酸钠作为表面活性剂，测定表面活性剂的加入对碱性溶液脱除风流中硫化氢气体效率的影响，管道内硫化氢初始浓度维持在 200×10^{-6}，管道中风流速度为 2 m/s，喷雾流量为 40 L/h，测其对风流中硫化氢气体的初始脱除效率及吸收尾液振荡后硫化氢变化量，如图 6-30 所示。

由图 6-30 中可看出，随着十六烷基苯磺酸钠质量分数的增加，碱性溶液对硫化氢的脱除效率逐渐升高。当表面活性剂质量分数增加到 0.3%时,其升高速率逐渐趋于平缓;当浓度增加到 1.0%时,初始脱除效率为 90%左右,振荡后脱除效率为 82%。

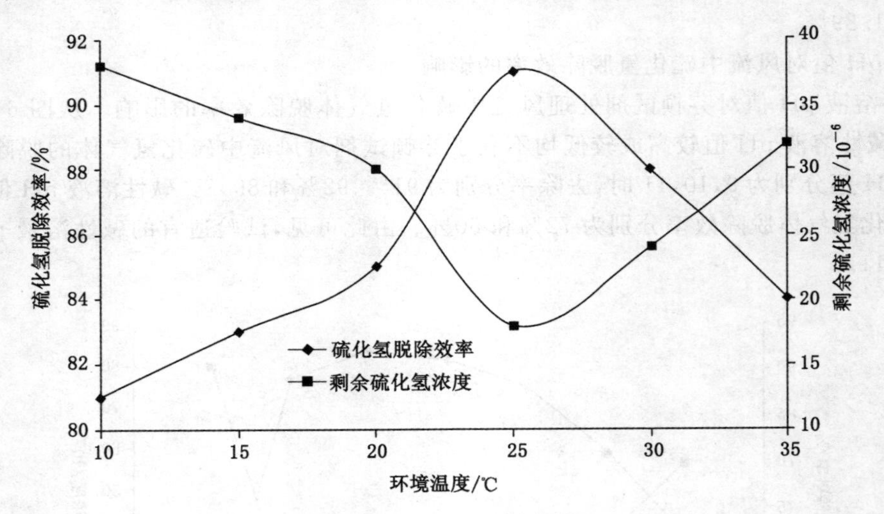

图 6-29　环境温度对硫化氢脱除效率的影响

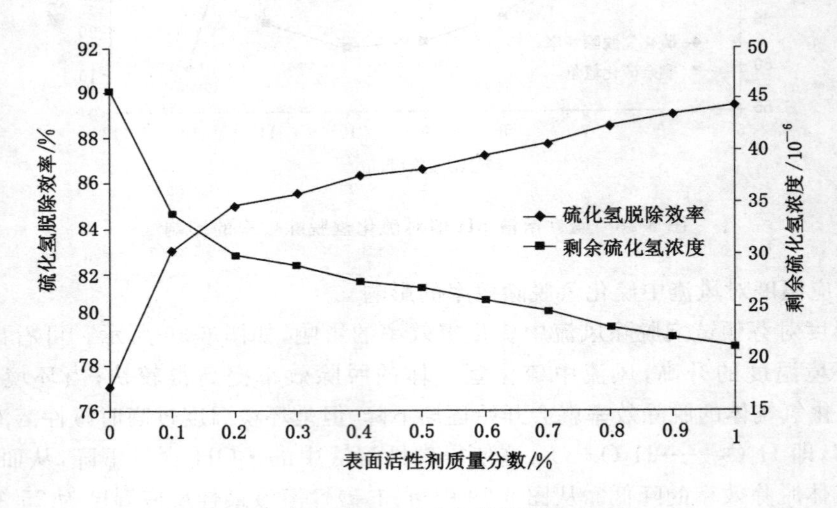

图 6-30　表面活性剂对硫化氢脱除效率的影响

由图 6-31 中可看出,震荡前后硫化氢含量还是有一定量变化的,对硫化氢再次释放的问题的抑制没有强氧化剂明显。十六烷基苯磺酸钠对碳酸钠溶液脱除风流中硫化氢气体具有一定的促进作用,这是因为十六烷基苯磺酸钠降低了碱性溶液的表面张力,加快了气液两相间的传质过程,增强了碱性溶液与硫化氢气体分子之间的接触,从而提高了脱除效率。但十六烷基苯磺酸钠的加入并不能促使碱液彻底吸收硫化氢,并且振荡后脱除效率始终低于初始脱除效率,表明吸收尾液经振荡后仍有硫化氢气体逸出,需要其他添加剂进行混合使用,可以作为附加剂添加到碱性溶液中。试验证明,采用表面活性剂脱除风流中硫化氢气体具有一定的可行性,但其实际效果需要现场试验才能得到进一步证实。

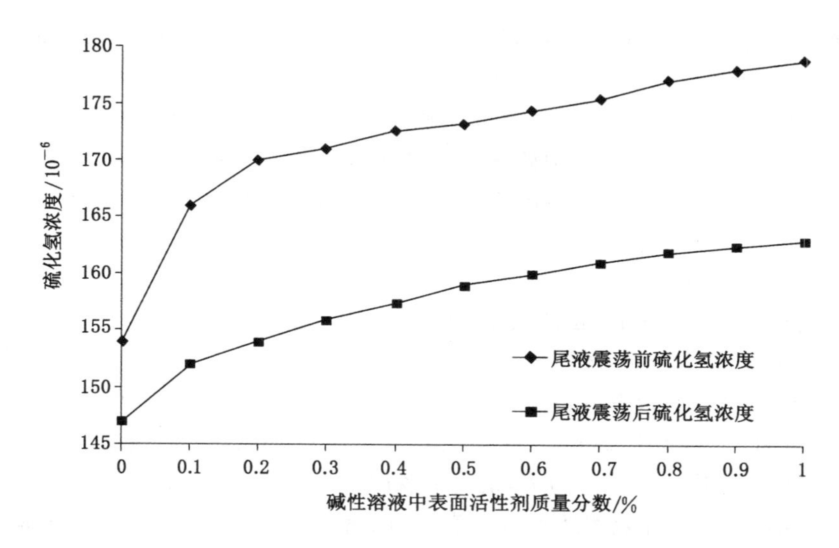

图 6-31 吸收尾液震荡前后硫化氢浓度对比

6.2.6 巷道风流中硫化氢脱除试验总结

(1) 在相同条件下，相同浓度的碳酸氢钠溶液和碳酸钠碱性溶液脱除效率是由很大差别的，碳酸钠溶液比碳酸氢钠溶液高出很多，这与溶液中碳酸根离子的多少是有关系的。

(2) 风速与脱除效率是负相关关系，随着风速增大，硫化氢脱除效率越来越低，这是因为风速越大，硫化氢气体与碱性溶液液滴的接触效率就会大大下降，进而减少了二者之间的化学反应，硫化氢脱除效率就相对越低，在有限的空间内降低风速对硫化氢脱除效率是很有力的。

(3) 碳酸钠碱性溶液质量分数由 0.1%增加到 1.0%时，H_2S 脱除效率则由 71%增加到 90%，增加喷洒碱性溶液质量分数是提高硫化氢脱除效率的一种比较有效的途径，但碱性溶液质量分数越大，溶液 pH 值就会越大，工人在井下工作的舒适度就会降低，需要添加一些试剂平衡碱性溶液的 pH 值。

(4) 增加喷雾流量可以使硫化氢脱除效率增高，这是由于在单位时间内喷雾量增加后，增加了碱性溶液水滴的分布密度，提高了硫化氢气体与碱性溶液接触的概率，从而达到了提高硫化氢气体脱除效率的目的。尽管喷雾流量增加提升了风流中 H_2S 脱除效率，但是提升幅度并不明显，在喷雾流量增加 4 倍的情形下，H_2S 脱除效率仅增加了 13%。可见，增加吸收液喷雾量虽然可以一定程度的提高风流中 H_2S 气体脱除效率，但是不可盲目地依靠增加吸收液喷雾量的方法来提高 H_2S 吸收效率。

(5) 在特定实验条件，风流中硫化氢脱除效率随其浓度的增加而呈现出逐渐下降的趋势，说明随着管道风流中硫化氢浓度的增加，管道风流中单位体积硫化氢分子的绝对含量逐渐增加。在碱性溶液喷雾流量恒定的情况下，单位时间内接触碱性溶液的硫化氢气体分子增多，从而致使硫化氢气体脱除效率的下降。

(6) 硫化氢脱除效率的影响因素按影响程度排列顺序为：管道中风速＞碱性溶液质量分数＞硫化氢浓度＞喷雾流量。巷道中风速一般不容易改变，比较容易改变的因素为碱性溶液浓度和喷雾流量，但二者亦不是越大越好，应根据实际情况进行调节。

(7) 次氯酸钠和氯胺-T对碳酸钠碱性溶液脱除风流中硫化氢具有一定的促进作用，添加次氯酸钠溶液的脱除效率平均可以增加6.7%，添加氯胺-T脱硫剂效果比次氯酸钠效果更佳，脱除效率平均可以增加10.2%，且一直维持在较高水平。由震荡试验的结果对比可以看出，随着震荡时间的增长，溶液中硫化氢含量逐渐减少。添加次氯酸钠氧化剂的碱性溶液中，硫化氢含量变化较大，由于震荡减少了35×10^{-6}，而添加了氯胺-T氧化剂的溶液中硫化氢含量仅有微小变化，当震荡减少了15×10^{-6}时，降低趋势不太明显，证明了氯胺-T确实是一种相对稳定的氧化剂。

(8) 相比其他氧化剂，Fenton法具有简单、快速、无二次污染、可产生絮凝等优点。20 L、0.2%的碳酸钠碱性溶液中$FeSO_4\cdot7H_2O$的加入量为15 g，当过氧化氢的浓度为0.67 mL/L时，硫化氢脱除效率率最高，达到91.79%；固定20 L、0.2%的碳酸钠碱性溶液中H_2O_2的加入量为15 g，当$FeSO_4\cdot7H_2O$的加入量为0.33 g/L时，硫化氢去除率已经达到91.40%。随着Fe^{2+}投加量不断增大，硫化氢脱除效率不断提高，但硫酸亚铁的投加量增大到一定值时，硫化氢的脱除效率达到最大值。当硫酸亚铁继续增大时，硫化氢脱除效率会下降；当碱性溶液pH值为9、10和11时，去除率分别为91%、92%和89%；当碱性溶液pH值为6和12时，硫化氢气体脱除效率分别为72%和60%。由此可见，该试验适宜的碱性溶液pH值范围为9～11，碱性溶液最佳反应温度为25 ℃左右。同时，环境温度从10 ℃升高到25 ℃的过程中，风流中硫化氢气体脱除效率逐渐提高了；环境温度从25 ℃升高到35 ℃的过程中，风流中硫化氢气体的脱除效率逐渐降低。因此，环境温度对风流中硫化氢气体脱除效率的影响并不显著，说明芬顿试剂对环境温度有较好的适应性，能够适应矿井巷道风流随四季更替所产生的温度变化。

(9) 随着十六烷基苯磺酸钠质量分数的增加，碱性溶液对硫化氢的脱除效率逐渐升高。当表面活性剂质量分数增加到0.3%时，其升高速率逐渐趋于平缓；当质量分数增加到1.0%时，初始脱除效率为90%左右，振荡后脱除效率为82%。由图6-30中可知，震荡前后硫化氢含量还是有一定量变化的，对硫化氢再次释放的问题的抑制没有强氧化剂明显。十六烷基苯磺酸钠对碳酸钠溶液脱除风流中硫化氢气体具有一定的促进作用，这是因为十六烷基苯磺酸钠降低了碱性溶液的表面张力，加快了气液两相间的传质过程，增强了碱性溶液与硫化氢气体分子之间的接触，从而提高了脱除效率。

6.3 煤矿硫化氢防治技术

H_2S在煤矿主要存在于含煤岩层及地下水体中。根据H_2S在煤岩层中的分布特征、赋存形式和涌出形态，其防治技术通常可分为以下几类。

6.3.1 含煤地层中硫化氢防治技术

在注碱过程中使用碳酸钠或碳酸氢钠作为碱性吸收液时，其发生的化学反应式为：

$$Na_2CO_3+H_2S\longrightarrow NaHS+NaHCO_3 \tag{6-3}$$

$$NaHCO_3+H_2S\longrightarrow NaHS+H_2O+CO_2 \tag{6-4}$$

$$Na_2CO_3+CO_2+H_2O\longrightarrow 2NaHCO_3 \tag{6-5}$$

硫化氢反应产物为HS^-，其性质不稳定，往往在煤层采掘、瓦斯抽采及水流的扰动作用下，会从溶液中或反应产物中重新逸出而再次扩散到煤岩体或空气中。由于不同矿区煤的变质程度、构成组分、裂隙发育等因素不同，导致煤体润湿效果差异较大，而添加表面活性剂可以有效降低吸收液的表面张力，增加液体的渗透半径，从而提高对煤体内部吸附 H_2S 的去除效率。因此，在采用碱性试剂作为吸收液的同时，往往加入一种有效且稳定的添加剂或表面活性剂，来增加煤体内部硫化氢的吸收效率，并且把 H_2S 氧化成单质硫或者价态更高的硫化合物，并促使反应向正方向发展。

1）掘进工作面 H_2S 防治

在煤（岩）巷掘进过程中必须通过长探钻孔探明硫化氢赋存及硫化氢含量大小等情况，坚持“先探后掘”的原则，长探钻孔施工布置如图 6-32 所示（第 150 页）。其治理技术方法是：沿掘进工作面推进方向每隔 150 m 在巷道两帮各施工一个钻场，用液压钻机施工超前探孔，每个钻场内施工 2 个探孔，探孔长度为 160～200 m，其中 1 个上向孔、1 个下向孔，探孔终孔位置距巷道中心线 10～15 m，与巷帮的距离根据煤层厚度决定，终孔位置尽量靠近煤层顶底板。当钻孔中 H_2S 气体浓度达到 30×10^{-6} 时，现场作业人员停止作业、关闭封孔器截止阀、不得拔出钻杆，进行封孔，封孔长度为 5 m，然后利用钻孔及高压泵对预定范围内的煤层注碱液来中和煤层中的 H_2S，降低 H_2S 的含量。其采用的碱液配方：碳酸钠质量分数为 1.0%、十二烷基苯磺酸钠和次氯酸钠的质量分数都为 0.1%。当钻孔内检测不到 H_2S 气体或硫化氢气体含量较低时，进行掘进工作。当掘进工作面距离探孔终孔位置 10 m 时，必须再次施工钻场和超前钻孔探测硫化氢情况，探孔要始终保持至少有 10 m 以上的超前距离。

2）采煤工作面 H_2S 防治

根据煤岩层中硫化氢的分布特征及含量大小，在采煤工作面硫化氢异常富集区域，向煤层施钻，通过钻孔注入碳酸钠及氯胺-T 水溶液，所需设备包括钻机、高压泵、配液箱、注液泵、膨胀橡胶封孔器、水表、流量表、高压胶管、压力表、风流器等。具体防治技术方案如图 6-33所示（第 151 页）。

（1）钻孔参数。工作面钻孔可根据硫化氢含量大小及工作面宽度来确定，通常采用单向钻孔或双向布置方式。如采用单向钻孔，其钻孔深度可取工作面长度的 1/2～2/3。如采用双向钻孔，其两终孔距离可根据煤层湿润半径确定。

钻孔间距可采用两种计算方法确定。

① 根据煤层湿润半径计算，即：

$$B=2.2R=5h \tag{6-6}$$

式中 B——钻孔间距，m；

R——湿润半径，m；

h——巷道净高，m。

② 经验法。我国煤矿注水钻孔间距一般取 10～25 m。

③ 根据煤层渗透性及注水压力来确定。注水参数可根据煤层渗透性及注水压力来确定，见表 6-5。

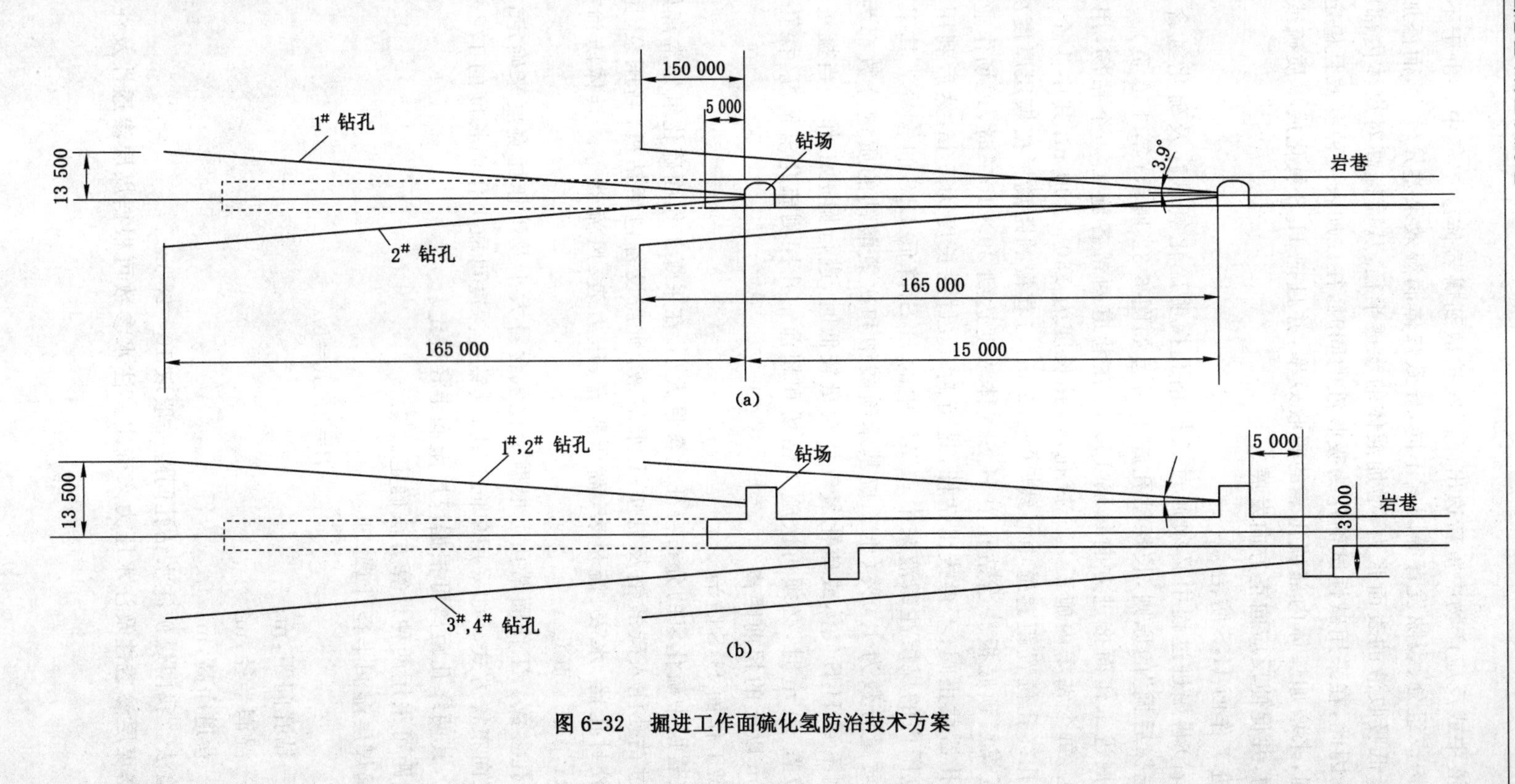

图 6-32 掘进工作面硫化氢防治技术方案

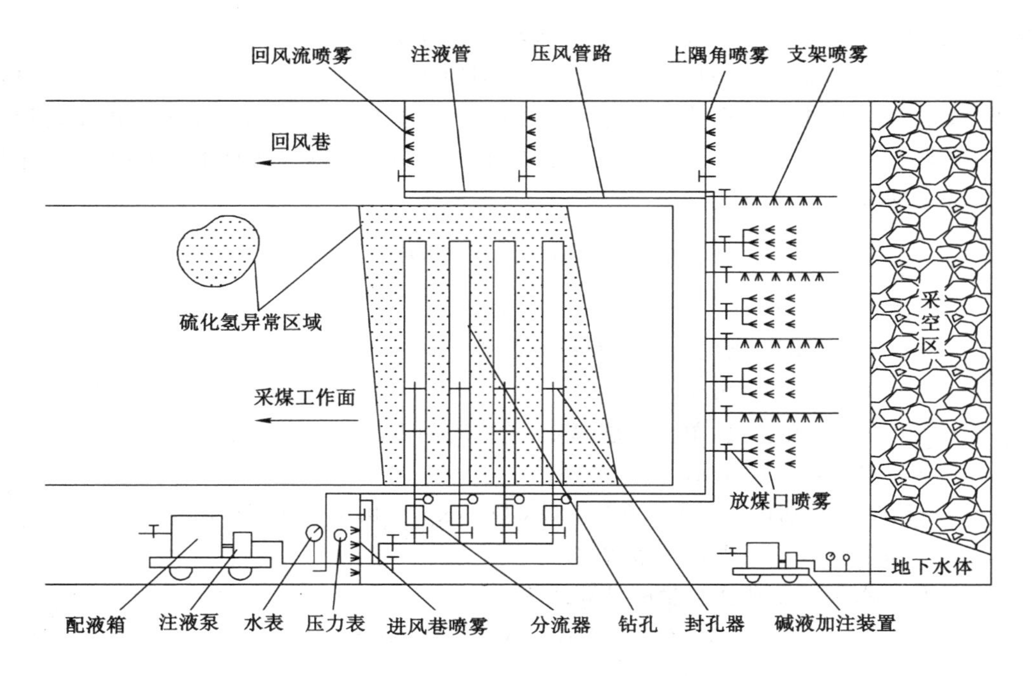

图 6-33　煤矿硫化氢综合防治技术方案

表 6-5　　煤层注水方案

类别		孔间距/m	注水孔终压/MPa	注水方案
Ⅰ	1	20	1.5	深孔预注水，动压或静压
	2		2.0	深孔预注水，动压或静压
	3		2.5	深孔预注水，动压或静压
Ⅱ	1	20	3.5	深孔预注水，动压
	2		4.0	深孔预注水，动压
	3		5.0	深孔预注水，动压
Ⅲ	1	15	5.0	深孔预注水，动压
	2		6.0	深孔预注水，动压
	3		7.5	深孔预注水，动压
Ⅳ	1	15	9.0	深孔预注水，动压
	2		10.0	深孔预注水，动压
	3		12.0	深孔预注水，动压
Ⅴ	1	6	7.5	浅孔，动压
	2		9.0	浅孔，动压
	3		10.0	浅孔，动压

(2) 注碱压力。注碱压力是注碱中的一个重要参数，煤层注碱压力主要取决于煤的透水性，而煤层埋藏深度、支承压力状态、煤层裂隙及孔隙发育程度、煤层硬度和碳化程度等对

注碱压力也有一定的影响。另外,要求的注碱流量与确定注碱压力也有直接的关系。

透水性强的煤层要求注碱压力低,而透水性弱则要求中高压注水,压力过低,则注碱流量很小,或根本注不进去碱液,压力过高,接近地层压力,由于水压力基本上抵消了地层压力,煤层裂隙将在水压力作用下猛烈扩张,形成通道,造成大量蹿水或跑水。因此,一般平压注碱较好。注水压力估算式为:

$$p = \frac{1}{10^c}\ln(1 + \frac{c\gamma_w q}{a}RK) \tag{6-7}$$

式中 p——注水压力,MPa;

c——渗透系数随注水压力增加的指数系数,0.158 1;

γ_w——水的容重,0.001 kg/cm³;

q——单位注水孔长度、单位煤层厚度、单位时间内的1/2注水量,cm³;

R——注水区域半径,cm;

a——渗透系数初值,$a = 0.000\ 36 \times 2.017\ 0\exp(-0.006\ 965H)$,cm/h;

K——重复浸湿和漏水备用系数,1.2。

(3) 钻孔注水量。钻孔注水量的计算式为:

$$Q = BLM\gamma(W_1 - W_2)K \tag{6-8}$$

式中 Q——单个钻孔注水量,m³;

B——孔间距,m;

L——工作面长度,m;

M——煤层厚度,m;

γ——煤的容重,t/m³;

W_1——注水后要求达到的水分,取3%;

W_2——煤层原有水分,1.2%;

K——考虑围岩吸收水分、水的漏失和注水不均匀系数,取1.5。

(4) 矿井日注水量。矿井日注水量的计算式为:

$$Q_r = K_1 G(W_1 - W_2) \tag{6-9}$$

式中 Q_r——矿井日注水量,m³;

K_1——注水系数,取1.5;

G——矿井计划注水采煤工作面日产量,t。

注水流量可控制在10~15 L/min。

(5) 注碱量

注碱治理H_2S,其实质是通过酸碱中和反应来降低煤层H_2S含量,即碱液中的OH^-离子与H_2S溶解后电离的H^+离子发生反应。如注碱碱性药剂采用小苏打(NaHCO),由化学反应方程式可知,中和1 mol H_2S气体至少需要84 g碳酸氢钠。注碱用药剂量可根据煤层H_2S吨煤含量并结合上述实验研究来确定,一般可按0.5%~3%浓度进行碱液配备。

(6) 注水时间。注水时间的计算式为:

$$T = Q/V \tag{6-10}$$

式中 T——注水时间,h;

Q——钻孔注水量,m³;

V——注水流量，m^3/h。

(7) 其他参数。由渗流力学和弹性力学可知，钻孔直径越大，越有利于煤体应力的释放以及碱液在煤体中渗流流动，促进碱液与煤体中硫化氨反应，因此钻孔注碱液易采用大孔径的钻孔。考虑到施钻设备和工艺安全，及封孔效果等因素，孔径不宜过大，综合各方面考虑，钻孔孔径选取 65～75 m，封孔深度为 3 m。同时，根据硫化氢赋存规律及硫化氢含量大小，增大或减少钻孔密度。如果出现相邻钻孔跑水现象，也要相应地增大钻孔间距。另外，注碱钻孔尽可能地覆盖到整个硫化氢异常富集区域。

在注水压力相同时，注水流量随注水时间延长而降低，注水时间加长，水在煤体中的流程渐远，阻力相应增加。

注水压力将在一定范围内波动，并有缓慢增加的趋势。将湿润范围内煤壁出现均匀的"出汗"渗水作为煤体已经全部湿润的标志，并以此作为控制注水时间的依据。

动压注水的时间一般为数十小时至数天。总之，注水时间越长，湿润效果越好。

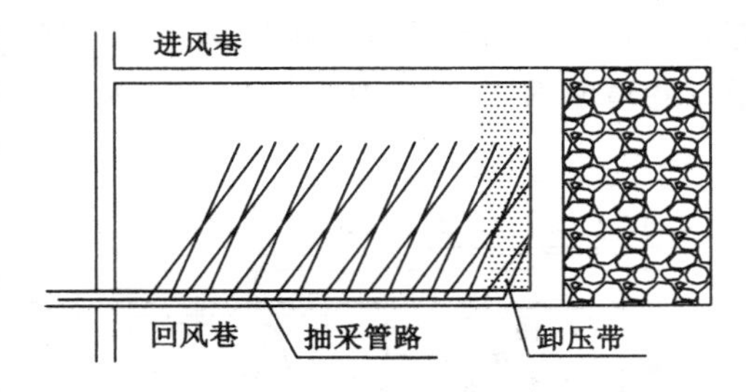

图 6-34　采前预抽 CH_4—H_2S 钻孔布置示意图

对于部分工作面瓦斯及硫化氢异常区域，可采用采前预抽 CH_4—H_2S，在工作面胶带运输巷布置钻场，在钻场内沿煤层倾向方向施工交叉钻孔，尽量使钻孔在整个预抽区域内均匀布置，同时抽采煤体中的 CH_4—H_2S 气体。钻孔布置示意图如图 6-34 所示。

在硫化氢异常上隅角，采用高位钻孔抽放有害气体，解决上隅角、支架上部和架间有害气体超限问题。在回风巷布置的钻场内，向采空区垮落拱上方裂隙带内呈扇形施工高位钻孔，如图 6-35 所示。

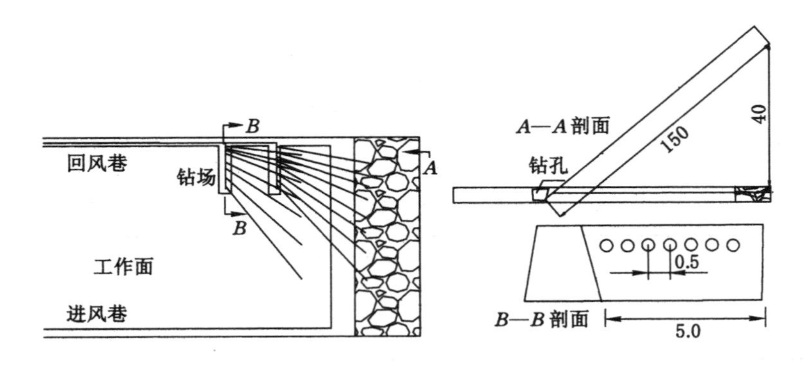

图 6-35　工作面高位钻孔抽采系统布置示意图

6.3.2　巷道风流中硫化氢防治技术

近年来，在矿井巷道风流中的硫化氢防治通常是采用串联通风、均压通风、加大风量、改变通风方式或采用喷洒碱液化学中和法等。其中喷洒碱液是目前常用到的措施之一，其常用的药剂有碳酸氢钠、石灰水和碳酸钠等溶液。

在矿井风流中硫化氢浓度不大且技术和经济可行的条件下，可通过在 H_2S 影响区域改进通风系统（包括增大通风量、改变通风方式等）的方法进行防治。

对于巷道、放煤口或上隅角等风流中的硫化氢，如果单独由通风不能解决，则需要结合信息手段、监测技术、自动化等技术，并根据监测到的风流中硫化氢浓度大小及风量大小，实现碱液浓度的自动配比和自动定量化喷洒。喷洒碱液尽量选用雾化喷嘴把水雾化成超细雾（干雾）形式，可通过压风管路，选用双流雾化喷头，一侧进水，另一侧进带有一定压力的空气，在喷头腔体内与水碰撞产生粒径小于 10 μm 的细水雾。干雾的优点在于有利于碱液药剂在巷道空间的扩散分布，与空气接触面积大和接触时间长，有利于对 H_2S 气体的吸收中和。巷道共设置有 3 排喷雾系统，每排有 4 个雾化喷嘴，每隔 15 m 设置 1 排喷嘴，为便于喷雾弥漫及扩大与硫化氢接触时间，4 个喷嘴，呈 90°分布，如图 6-36 所示。每排喷嘴间距可根据巷道断面大小、硫化氢浓度大小及风速大小进行适当调节。

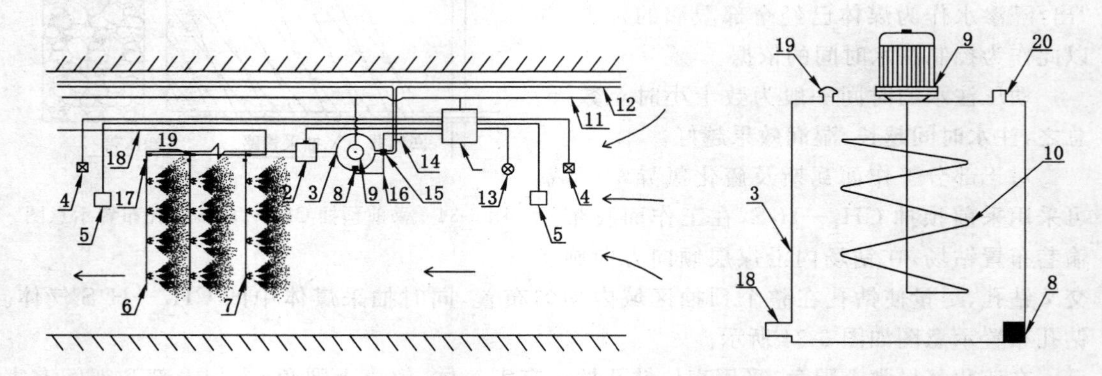

图 6-36　巷道风流中硫化氢自动脱除装置

1—控制主机；2—增压泵；3—储液罐；4—红外线感应探测器；5—硫化氢浓度传感器；
6—喷雾支架；7—雾化喷嘴；8—压力传感器；9—低速电动机；10—搅拌器；11—电线；
12—进水管；13—风速传感器；14—手动阀门；15—自动配液系统；16—控制线路；
17—电磁阀，18—压风管路；19—减压阀；20—储液罐出口；21—通气口；22—储液罐进口

其喷雾参数见表 6-6。

表 6-6　喷雾参数

喷嘴直径/mm	单个喷嘴空气压力(0.3 MPa)		
	液体流量/(L・h^{-1})	空气流量/(L・min^{-1})	喷雾平均粒径值/μm
0.52	0.25	6	8

6.3.3　地下水体中硫化氢防治技术

位于四川华蓥山煤田的广安煤矿，在＋497.5 m 水平北西翼装车站施工过程中，探穿了最高流量达 40 m^3/h，浓度为 180 mg/L 的含硫化氢水，涌出到工作面空气中的 H_2S 体积分数高达 0.7 %。通过采用串联通风、增大风量，在井下撒石灰辅助治理，对含硫化氢水进行"堵、疏、排"综合治理及负压通风等相结合的治理措施，取得了较好的效果。四川斌郎煤矿

在±0.00水平石门掘进时，遭遇突水并伴随喷出来自雷口坡组高含硫化氢气藏。气体涌出量稳定在 2 m^3/min 左右，在运输石门内 CH_4 体积分数最高达 43%，H_2S 浓度达 240×10^{-6}，突水点涌水量为 105 m^3/h，具有气源补给丰富、涌水量大的特点。通过采用长抽长压通风方式，结合引导、隔离排水，并采用 3%～5%的碳酸钠溶液喷雾方法吸收空气中的 H_2S。在含有硫化氢水涌出的裂隙发育地段，采用钻机沿巷道走向打排水钻孔。钻孔直径根据涌水量大小采用 ϕ115 mm 或 ϕ75 mm 钻头，封孔采用 ϕ100 mm 或 ϕ50 mm 无缝钢管，将各钻孔的硫化氢水通过支管引入铺设的 ϕ300 mm 玻纤主管中引到回风绕道内的蓄水池中，并向蓄水池中的硫化氢水定期不断倾倒生石灰，使酸碱产生中和作用，可大幅降低巷道和回风系统中的硫化氢浓度。对已有的裂隙涌水通道进行封堵，堵隔水体继续向巷道涌出；对透水严重的巷道，在"疏、排"基础上采用巷道全断面帷幕预注浆堵水。全断面注浆具有堵水效率高、耐久，且兼有加固地层的作用，特别是在防水要求高、有硫化氢等有害气体喷出或富水软弱地层巷道中。钻孔施工布置采用锥形帷幕式设计，从平面及竖面来看均属于扇形布置，从断面来看属于类圆形布置。锥形帷幕式钻孔布置设计如图 6-37 所示。

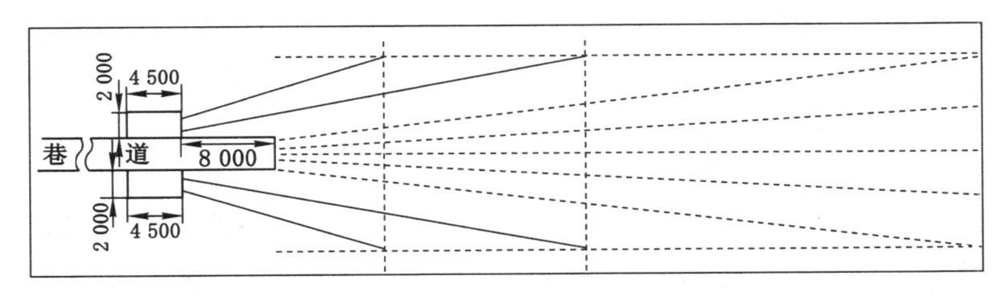

图 6-37　锥形帷幕式钻孔布置设计示意图

该方案实施后，可使本应涌入该巷道的硫化氢水通过专用管道封闭式的引排，避免了硫化氢气体从水里和裂隙中释放到巷道内，使巷道空气中的硫化氢气体浓度大大降低，通过向蓄水池中的硫化氢水定期不断倾倒生石灰，也降低了硫化氢气体直接排入采区和总回风流中。由于该巷道含硫化氢水封闭引排到回风绕道内蓄水池经过石灰中和处理后再流入进见巷道水沟到水仓，大大降低了进风巷道风流中硫化氢气体含量，使供该碛头的 2 台局部通风机吸入的风流更新鲜。

6.3.4 存在问题

1）含煤地层中硫化氢

采用碱性化学药剂治理含煤地层中硫化氢的方法，虽然属于主动防治措施，但由于部分化学药剂用量大，导致治理成本高，且有引起二次污染及设备腐蚀的可能。常用的碳酸钠和碳酸氢钠溶液吸收硫化氢的中和反应是可逆的，反应生成的硫氢化钠又是一种化学性质不稳定的化合物，当碳酸钠溶液的浓度较低时，生成的硫氢化钠又可与二氧化碳反应释放出硫化氢气体。碳酸氢钠对硫化氢的吸收效果不如碳酸钠，降低了对硫化氢的吸收效果。添加氧化剂或表面活性剂往往会导致成本成倍地增加，并且部分强氧化剂对环境及设备有危害。另外，而采用超前钻孔注碱液，往往会影响掘进速度。

2）巷道风流中硫化氢

加强通风只能在 H_2S 体积分数较低时才能起到稀释作用，对于 H_2S 体积分数较高的，如果要降低到安全值以下，其风量往往需要成倍、甚至十几倍的增长，因而不经济也可能导致风速、风压过高，进而从技术、经济上不可行。掘进工作面采用改变通风方式的方法治理硫化氢，同样不能保证全部作业人员不受 H_2S 的危害，在巷道风流中喷洒碱液属于被动防治方法，只能解决临时已涌出的硫化氢，不能从根本上对硫化氢进行防治。

3）地下水体中硫化氢

随水体涌出时，硫化氢往往同瓦斯一起以猛烈的形式大量涌出，具有长期稳定性的特点。因此，治理该类型硫化氢往往需要同时治理涌水问题，其防治也较为复杂和困难。

4）其他问题

硫化氢为极性分子，煤岩对气体具有吸附性和分子筛选的特性，H_2S 极化率为 $3.64\times10^{-30}\,m^3$（CH_4极化率为 $2.60\times10^{-30}\,m^3$），极化率越大，分子变形越大，在同样的地质条件下，极化率越大的分子越容易被吸附。煤对气体的吸附能力随气体沸点的增加而上升，H_2S、CO_2、CH_4和 N_2的沸点分别为－60.33 ℃、－78.50 ℃、－161.49 ℃和－195.8 ℃。煤对上述气体的吸附能力大小顺序为：$H_2S>CO_2>CH_4>N_2$。因此，煤岩层中 H_2S 主要是以吸附状态存在的，其吸附能力很强，采用抽采瓦斯或压注二氧化碳驱气的办法来抽采 H_2S，往往导致不能根治硫化氢现象，并且容易造成环境污染和设备腐蚀。

6.3.5 煤矿硫化氢综合防治技术

H_2S需要在特殊地质条件下才能得以成生并富集，在硫化氢异常富集煤矿采掘过程中，煤岩层中富集硫化氢会涌出（逸散）到巷道或采掘工作面中，在煤炭破碎过程中有大量的硫化氢逸出，上隅角、采空区也往往有硫化氢涌出，水体中也往往富集有大量的硫化氢。进而给煤岩层硫化氢的防治带来极大困难，因此各煤矿往往需要根据矿井实际，建立一种“除、排、堵、疏、抽”等相结合的硫化氢综合防治技术方案。

除：主要采用化学手段，采用喷、洒、注（碱液、缓冲溶液、表面活性剂）等方式来中和空气、煤岩层或水体中的硫化氢。对于煤岩层硫化氢异常区域，通过在异常区域施钻，采用静压或动压形式来压注碱性溶液（或含添加剂或表面活性剂）来中和煤岩层中的硫化氢。对于渗透性较差的煤层，局部块段可结合水力压裂、松动爆破等增透措施提高压注效果和渗透范围。

对于“注”，即灌注法，采用煤层钻孔，灌注缓冲溶液或碱性溶液及添加剂，局部区域可以采用水力压裂等增透措施，提高灌注效果。对于采用常规静压注水方式不能充分湿润煤体，注缓冲溶液或碱性溶液起不到积极效果的时，可以采用深孔脉冲动压注缓冲溶液或碱性溶液方式。上述方式可降低 50%～70%H_2S 的释放量，如图 6-38 和图 6-39所示。

排：在巷道风流中硫化氢浓度较小的情况下，通过改变通风方式、采煤方法或增大通风量来排或稀释 H_2S。或者建立专门的回风巷道，将含 H_2S 的气体引排到专回巷道中，部分块段可以采用专用稀释器。

堵：对于类似于四川广元华蓥市矿区一样，由水体中带来的 H_2S，可结合“堵、疏”等方式进行防治。主要采用注浆方式和原理，利用浆液充填或渗透达到封堵裂隙、隔绝水源，从而起到封堵并疏排含硫化氢水的目的。其封堵材料可以选用重晶石粉、膨润土、羧甲基纤维素钠（CMC）黏结剂、Na_2CO_3、NaOH、固体堵漏材料、水泥和速凝剂等进行配比。对于西山煤矿的类似条件，虽然巷道各地点涌水量不大，但水体中富含硫化氢，可向涌水口定期洒石

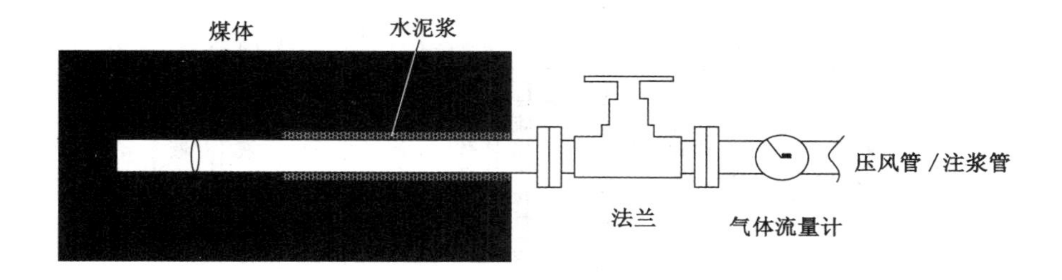

图 6-38 打钻布置示意图

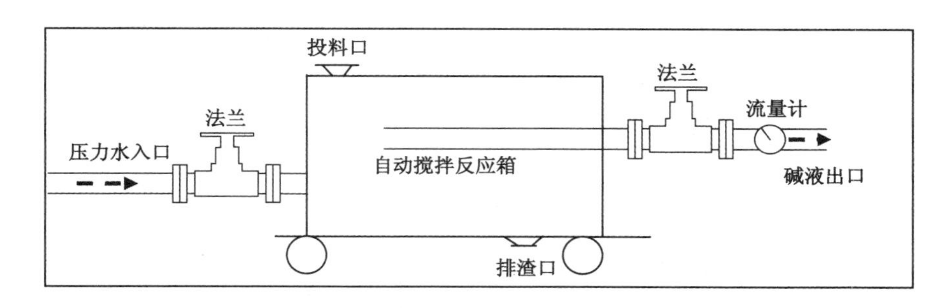

图 6-39 注碱装置

灰粉块或碱液方式来进行辅助防治。对于通过巷道裂隙涌出的硫化氢，可以采用高压注浆封堵裂隙，迫使硫化氢不泄漏。

疏：对于类似四川广元华蓥山矿区一样，由水体带来的硫化氢，可以在堵的基础上，利用特殊管网，把含硫化氢水疏排到指定地点，然后采有化学药剂进行防治。

抽：即抽采法，对于吨煤 H_2S 含量大的区域，可以利用特殊管网，通过压差抽采煤层中的硫化氢。对于吨煤硫化氢体积分数测定，梁冰等提出了一种钻屑法测定煤层 H_2S 含量的方法，其测定过程为：采用钻屑法在未受采动影响的新鲜煤壁取样，通过测定煤样 H_2S 解吸量、取样过程损失量和 H_2S 残存量确定煤层 H_2S 含量大小。根据溶于水中 H_2S 的 pH 值和色谱分析解吸气体中 H_2S 体积分数确定解吸量；根据煤样解吸规律和气样 H_2S 体积分数确定损失量；根据色谱分析残存气体中 H_2S 体积分数确定其残存量。刘明举等首次提出并发明了一种煤层硫化氢含量测定装置，主要包括井下解吸装置、地面解吸装置、粉碎脱气装置、天平及气相色谱 5 部分组成。硫化氢含量分为常压解吸量和粉碎后脱气解吸量两部分，其中常压解吸硫化氢量包含损失量、井下及地面解吸量。Kizil 等结合研究矿井实际，提出了一种煤层瓦斯含量中硫化氢的测试方法及煤矿硫化氢防治技术方案。

各矿井应该结合本矿硫化氢分布、涌出特征，结合煤矿开采顺序，如图 6-40 所示。

1) 除 H_2S 气体措施

除：即主要从化学方面，采用喷、洒及注缓冲溶液或碱性溶液，从源头上面来中和煤岩层中的 H_2S 气体。

喷、洒：即喷洒法，在掘进、炮采或综采时，喷洒缓冲溶液或碱性溶液，或改用水力采煤，或落煤后以液态吸收剂中和游离或水溶性 H_2S。

对于采煤机滚筒截割过程对煤体的破碎作用，会造成硫化氢气体的集中涌出，尤其在采

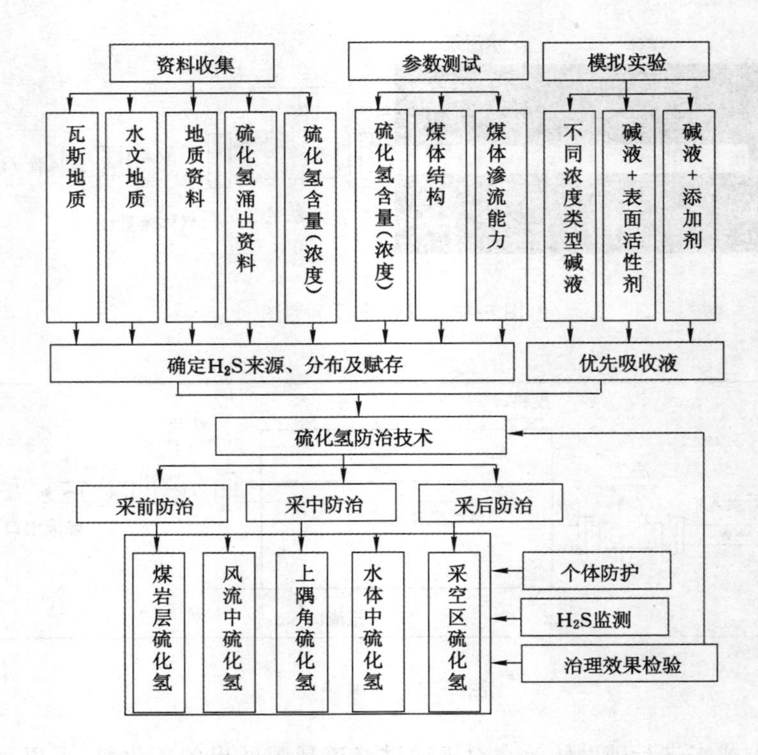

图 6-40　煤矿硫化氢综合防治成套技术体系

煤机上风侧 0～10 m、下风侧 0～50 m 的区域硫化氢气体浓度可能超限。因此，采煤机上风侧 10 m 至下风侧 50 m 的区域是硫化氢防治的重点位置。喷雾洒碱液是将压力碱液通过喷嘴在旋转或冲击作用下，使碱液水流雾化成细散的水滴喷射于空气中。喷雾洒水防治硫化氢气体的作用主要体现在水雾喷洒范围内，能够溶解吸收硫化氢，如果喷洒碱液则发生化学反应消除硫化氢，从而降低硫化氢的浓度。利用采煤机内、外喷雾装置进行喷雾洒水是降低采煤机附近硫化氢的主要措施。因此，要求采煤机截煤时内、外喷雾装置必须全部打开喷雾降尘，内喷雾压力不得小于 2 MPa，外喷雾压力不得小于 1.5 MPa，喷雾流量应尽可能地大。条件具备时，可以采取落煤喷淋、煤壁冲刷措施，尽可能溶解硫化氢，减少硫化氢气体涌出。

通过在滚筒切割煤和运煤线上喷放含有 H_2S 吸收液的泡沫，使翻滚运动的煤体被泡沫封盖，所释放出的 H_2S 将被泡沫液吸收，从而减少了放散到巷道风流中的量。

2）排 H_2S 气体措施

排：改变通风方式，通过增加单位体积内其他气体成分（如空气）以及改变采煤方法来排或稀释 H_2S 气体。

建立独立的通风系统。对于 H_2S 浓度不超过 1% 的采掘工作面，增加异常区的供风量，改变通风方式，掘进回风石门与总回风下山贯通，使乏风直接进入总回风巷道。同时调节通风系统，采用对旋风机，使 H_2S 异常区供风量增加以稀释 H_2S，确保 H_2S 气体浓度低于 6.6×10^{-6}。在掘进过程中，可改压入式通风为抽出式通风，使 H_2S 气体直接从风筒中排至总回风巷道，避免对人员健康产生不利影响。

改变采煤方法。改走向长壁采煤法为倾向短壁采煤法，从而形成全负压通风系统，使乏风直接进入采空区。有条件的矿井改炮采为水力采煤，炮采或机采时增加喷水（碱液）量，使 H_2S 气体溶于水或中和反应，降低其浓度。

此外，要经常性的排水。不应长期积水，要及时的把积水排干，以防 H_2S 气体溶于水而产生隐患。

3）抽（采）H_2S 气体措施

抽：利用管道通过压差排放煤矿中的硫化氢。抽采硫化氢可采取本煤层、邻近层、采空区等多种方法。其中，本煤层瓦斯抽放可采用穿层钻孔、平行钻孔、交叉布孔、穿层网格式钻孔、深孔预裂爆破、水力割缝、水力压裂、水力钻（扩）孔等；邻近层瓦斯抽放可采用顶（底）板穿层钻孔、顶（底）板巷道、顶板水平长钻孔等；采空区抽放可采取高冒带钻孔、埋管抽放等方式。

由于硫化氢为极性分子，极化率大，易被煤所吸附，因 H_2S 在煤层中大部是以吸附状态存在的。对于局部 H_2S 气体异常区域，可以采用排放管路进行气体置换，钻孔布置如图 6-34所示。新鲜风流自钻孔压入异常区域，密闭内的有害气体自原有的排放管路排出，排放口设在回风巷内，可在排放口处施工一个容积 1 m^3 的水池，将管口设在水池中上部，水池内注满饱和碳酸钠溶液，稀释排放出来的 H_2S 气体。

此外，应经常性的排水。不要长期积水，应及时排干，以防 H_2S 气体溶于水而产生隐患。此外，要注意观察、测定有 H_2S 的水排到其他地点（水仓）H_2S 的含量。

4）堵、疏 H_2S 气体措施

对于由水带来的 H_2S，可采用“堵、疏”等方式进行防治。

堵：采用注浆的原理和目的，明确基本参数（如水压、水源、注浆、材料及注浆压力大小、钻孔位置等），以注浆泵为动力源，把配制好的、具有充塞胶结性能的浆液通过注浆孔（或注浆管）注入含水煤岩层中。浆液以充填或渗透等形式驱走岩石裂隙或孔隙中的水（包括中和含硫化氢水），达到封堵裂隙、隔绝水源，从而起到封堵硫化氢水、堵塞裂隙、充填孔隙的作用，可有效地防止硫化氢水和 H_2S 气体涌出，达到 H_2S 防治的目的。

本章参考文献

[1] 邓奇根，王颖南，吴喜发，等. 煤矿硫化氢防治技术研究进展[J]. 科技导报，2018，36(02)：81-87.

[2] 魏俊杰，邓奇根，刘明举. 煤矿硫化氢的危害与防治[J]. 煤炭技术，2014，33(10)：269-272.

[3] 彭本信，郦宗元，张建华，等. 乌达矿区硫化氢综合防治技术[J]. 煤炭科学技术，1992，(9)：23-27.

[4] 王可新，傅雪海. 煤矿瓦斯中 H_2S 异常的治理方法分析[J]. 煤炭科学技术，2007，35(1)：94-96.

[5] 崔中杰，傅雪海，刘文平，等. 煤矿瓦斯中 H_2S 的成因、危害与防治[J]. 煤矿安全，2006，(9)：45-47.

[6] 李洪，唐锋，李光荣，等. 掘进突水并伴随高浓度 H_2S 及 CH_4 气体涌出灾害治理[J].

煤,2015,188(4):15-18.
[7] KIZIL M,GILLIES A D,WU H W. Development of a Portable Coal Seam Gas Analyser[C]. 17th International Mining Congress and Exhibition of Turkey,Ankara,Turkey,2001,807-813.
[8] VALOSKI,M P. Hydrogen sulfide control on a longwall face[C]. Taylor and Francis Balkema,Proceedings of the 11th U. S. /North American Mine Ventilation Symposium,Taylor and Francis/ Balkema,2006,499-502.
[9] GILLIES A D,KIZIL M,Wu H W,et al. Modelling the Occurrence of Hydrogen Sulphide in Coal Seams[C]. Proceedings of the 8th U. S. Mine Ventilation Symposium, Rolla,U. S. A. Editor Tien,J. C. 1999. 709-720.
[10] LUPTAKOVA A,UBALDINI S,MACINGOVA E,et al. Application of physical-chemical and biological-chemical methods for heavy metals removal from acid mine drainage[J]. Process Biochemistry,2012,47(11):1633-1639.
[11] 戴金星,胡见义,贾承造,等.科学安全勘探开发高硫化氢天然气田的建议[J].石油勘探与开发,2004,31(2):1-4.

7 硫化氢个体防护技术及应急预案

在含硫化氢作业场所作业时，一旦硫化氢气体浓度超标，将威胁现场作业人员的安全，引起人员中毒甚至死亡。因此，硫化氢防护器具的是否正确使用关系到作业者的生命安全，作业者必须要做好个体防护措施，掌握必要的个体防护技术，以免中毒等意外的发生。这就要求作业者必须了解所配备的监测仪器和防护器具的结构、原理、性能和使用方法、注意事项，特别是要掌握其使用方法。更需要了解硫化氢中毒表现，掌握硫化氢中毒自救与急救方法，同时，开展硫化氢中毒应急预案，能够有效地控制事故扩大，降低事故后果的严重程度。

7.1 硫化氢个体防护技术

在煤矿开采作业的工作场所，特别是在含硫化氢地区作业环境中使用个人防护装备，这些作业环境中硫化氢体积浓度有可能超过 10×10^{-6}，在配备有个人防护装备的基础上，作业人员有必须熟知个人防护用品的选择、使用、检查和维护。

常用的硫化氢防护的呼吸保护设备主要分为隔离式和过滤式两大类。隔离呼吸保护设备有：自给式正压空气呼吸器、逃生呼吸器、移动供气源、长管呼吸器；过滤式的有：全面罩式防毒面具、半面目式防毒面具。呼吸防护设备的使用前提：硫化氢的呼吸防护设备要依据在使用中空气中该物质的浓度加以判定，当然由于使用者的工作的特殊性，使用者可以在相应标准下提升防护等级，选择更高级别的呼吸防护产品。不同浓度硫化氢对人体的危害及呼吸防护产品的选用等级见表 7-1。

表 7-1 不同浓度硫化氢对人体的危害及呼吸防护产品的选用

H_2S 质量浓度 /$(mg\cdot m^{-3})$	接触时间	毒性反应	呼吸防护
0.035		嗅觉阈，开始闻到臭味	过滤式半面罩
0.4		臭味明显	过滤式半面罩
4～7		感到中等强度难闻的臭味	过滤式半面罩
30～40		臭味强烈，仍能忍受，是引起症状的阈浓度	过滤式全面罩
70～150	1～2 h	呼吸道及眼刺激症状，吸入 2～15 min 后嗅觉疲劳，不在闻到臭味	过滤式全面罩
300	1 h	6～8 min 出现眼急性刺激性，长期接触引发肺气肿	隔离式防护
760	60～75 min	发生肺水肿，支气管炎及肺炎。接触时间长时引起头疼，头昏，步态不稳，恶心呕吐，排尿困难症状	隔离式防护
1 000	数秒	很快出现急性中毒，呼吸加快，麻痹死亡	隔离式防护
1 400	立即	昏迷，呼吸麻痹死亡	隔离式防护

在实际使用过程中由于作业人员的长时间工作可适当提高呼吸防护等级，尤其是工作达 8 h 以上的作业人员。对于呼吸防护产品可在以下产品中加以选择及借鉴。

7.1.1 防毒面具种类及标志

1）产品种类

目前，防毒面具根据其用途不同，其产品类别较多，常见的产品类别及使用范围见表 7-2。

表 7-2　防毒面具产品类别及使用范围

<table>
<tr><th colspan="4">品名类别</th><th>使用范围</th></tr>
<tr><td rowspan="6">过滤式</td><td rowspan="3">全面罩式</td><td colspan="2">头盔式防毒面具</td><td rowspan="3">毒气体积浓度：
大型罐低于 2%（氨<3%）
中型罐低于 1%（氨<2%）</td></tr>
<tr><td rowspan="2">面罩式防毒面具</td><td>导管式</td></tr>
<tr><td>直接式</td></tr>
<tr><td rowspan="3">半面罩式</td><td colspan="2">双罐式防毒口罩</td><td>毒气体积浓度低于 5%</td></tr>
<tr><td colspan="2">单罐式防毒口罩</td><td>毒气体积浓度低于 0.1%</td></tr>
<tr><td colspan="2">简易式防毒口罩</td><td>毒气浓度低于 200 mg/m³</td></tr>
<tr><td rowspan="7">隔离式</td><td rowspan="4">自给式</td><td rowspan="2">供氧（气）式</td><td>氧气呼吸器</td><td rowspan="3">毒气浓度过高，毒性不明或缺氧的可移动性作业</td></tr>
<tr><td>空气呼吸器</td></tr>
<tr><td rowspan="2">生氧式</td><td>生氧面具</td></tr>
<tr><td>自救器</td><td>短暂时间内出现事故时用</td></tr>
<tr><td rowspan="2">送风式</td><td>电动式</td><td rowspan="2">送风头（面）罩</td><td rowspan="3">毒气浓度较高或缺氧的固定性作业</td></tr>
<tr><td>人工式</td></tr>
<tr><td>自吸式</td><td colspan="2">头（口）罩接长导气管</td></tr>
</table>

2）呼吸器产品型号系列

具体见表 7-3。

表 7-3　空气呼吸器系列表

型号标志	额定储气量/L	型号标志	额定储气量/L
6	$Q<600$	8	$600\leqslant Q<800$
12	$800\leqslant Q<1\ 200$	16	$1\ 200\leqslant Q<1\ 600$
20	$1\ 600\leqslant Q<2\ 000$	24	$2\ 000\leqslant Q<2\ 400$

例如：某种适用于作业、救援用的正压式空气呼吸器，额定储气量为 1 800 L，则产品标记为 RPP20。

7.1.2 防毒面具产品介绍

1）自给式空气呼吸器

自给式空气呼吸器：一种呼吸器，使用者自携储存空气的储气瓶，呼吸时不依赖环境气体，如图7-1所示。

图7-1 自给式正压呼吸器

自给式空气呼吸器适宜用于硫化氢浓度超过15 mg/m³的工作区域，进入硫化氢浓度超过安全临界浓度30 mg/m³ 或怀疑存在硫化氢浓度不详的区域进行作业之前应佩戴好正压式空气呼吸器。

气瓶采用碳纤维材质，所以在使用过程中应避免划伤，以免造成碳纤维的断裂。

正压式空气呼吸器的使用时间取决于气瓶中的压缩空气数量和使用者的耗气量，而耗气量又取决于使用者所进行的体力劳动的性质。在确定耗气量时，可参照表7-4。

表7-4　人呼吸耗气量参照表

序号	劳动类型	耗气量/(L·min^{-1})	序号	劳动类型	耗气量/(L·min^{-1})
1	休息	10～15	5	强度工作	35～55
2	轻度活动	15～20	6	长时间劳动	50～80
3	轻工作	20～30	7	剧烈活动(几分钟)	50～80
4	中强度工作	30～40			

使用者可以通过计算气瓶的水容积和工作压力的乘积来得到气瓶中可呼吸的空气量。例如：

一个工作压力300 Pa的6.8 L气瓶，气瓶中的空气体积为6.8×300＝2 040 (L)，使用者进行中强度工作时(耗气量：30 L/min)，则该气瓶的估计使用时间为：

$$使用时间=2\ 040/30=68\ (\text{min})$$

(1) 使用步骤(表7-5)。

(2) 注意事项：

① 建议至少两人一组同时进入现场。

② 报警哨鸣响，使用者必须立刻离开工作现场，撤离到安全地带。

③ 蓄有鬓须和佩戴眼镜的人不能使用该呼吸器(或加装面罩镜架套装)，因面部形状或疤痕以致无法保证面部气密性的也不得使用该呼吸器。

④ 不要完全排空气瓶中的空气(至少保持0.5 MPa)。

⑤ 爱护器材，不要随意将呼吸器扔在地上，否则会对呼吸器造成严重损害。

⑥ 使用后对压力不在备用要求范围的器材及时更换气瓶。瓶内气体储存1个月后，建议更换新鲜空气。

⑦ 整套呼吸器应每年由具备相应资质的单位进行1次检测，全缠绕碳纤维气瓶每3年进行1次检测，并在呼吸器的显要位置注明检测日期及下次检测日期。

⑧ 所有检查应有记录，而且在大型的抢险及严重的摔伤后，应检测合格后才能下次

使用。

表 7-5　空气呼吸器操作流程

步骤	操作说明
预检	检查瓶阀，减压阀处于关闭状态，气瓶束带扣紧，瓶不松动
使用前快速检测	打开瓶阀，确认气瓶压力值在 30 MPa（建议不低于 20 MPa）
	打开瓶阀一圈，然后关闭，慢慢按下强制供气阀（黄色按钮），观测压力表压力变化，在压力降至 5 MPa时报警哨是否正常报警
	一只手托住面罩将面罩口鼻罩与脸部完全贴合，另一只手将头带后拉罩住头部，收紧头带
	监测面罩的气密性：用手掌封住供气口吸气，如果感受到无法呼吸且面罩充分贴合则说明气密性良好
佩戴	通过套头法，或者甩背法，背上整套装置，双手扣住身体两侧的肩带 D 型环，身体前倾，向后下方拉紧 D 型环直到肩带及背架与身体充分贴合。扣上腰带并拉紧
	打开瓶阀至少两圈，将供气阀推进面罩供气口，听到“咔嗒”的声音，同时快速接口的两侧按钮同时复位则表示已经正确连接，即可正常呼吸
使用完毕后的步骤	按下供气阀快速接口两侧的按钮，使面罩与供气阀脱离； 扳开头带扳口，卸下面罩； 打开腰带扣； 松肩带，卸下呼吸器； 关闭瓶阀； 按下强制供气阀（黄色按钮），放空管路

2）负压式呼吸器

负压式呼吸器：一种呼吸器，使用者任意呼吸循环过程，面罩内压力在吸气阶段均小于环境压力。负压式呼吸器如图 7-2 所示。

（1）系统组成：

① 氧气瓶。储存氧气，额定工作压力为 20 MPa，钢瓶或高强度铝合金瓶。

② 清净罐。内装二氧化碳吸收剂用于吸收人体呼出的二氧化碳。

③ 减压器。将高压氧气压力降至（0.3±0.02）MPa，通过定量孔不断送到气囊中。在氧气压力从 20 MPa 降至 2 MPa 时，定量供氧量基本保持不变。当定量供氧量不能满足使用需要时，通过自动补给供氧或手动补给供氧。

④ 自动排气阀。当气囊内压力达到一定值时实现自动排气。

图 7-2　负压式呼吸器

⑤ 头罩。套在使用者头上，与人体进行呼吸连接的部件，分大视野面罩和图示头罩两种。头罩分 1～4 号，可根据需要选择合适头罩，太紧或太松会使气密性降低，影响佩戴安全，应慎重

选样订货。

(2) 工作原理。佩戴者呼出的气体,由面具、通过呼气软管和呼气阀进入清净罐,经罐内吸收剂将气体中的二氧化碳吸收,其余气体进入气囊。另外氧气瓶中储存的氧气经高压管、减压器进入气囊,混合组成含氧气体。当佩戴者吸气时,含氧气体从气囊经吸气阀、吸气软管、面具进入人体,从而完成一个呼吸循环。在此过程中,由于呼气阀和吸气阀都是单向阀,保证了呼吸气流始终单向循环流动。

而其中的隔绝式压缩氧呼吸器通常具有三种供氧方式:

① 定量供氧,即呼吸器以 1.3～1.1 L/min 的流量向气囊中供氧,可满足佩戴者在中等劳动强度下的呼吸需要。

② 自动补给供氧,即当劳动强度增大,定量供氧满足不了佩戴者呼吸需要时,自动补给装置以大于 60 L/min 的流量向气囊中自动补给供氧。

③ 手动补给供氧,即当气囊中聚集废气过多需要清除、自动补给供氧满足不了佩戴者呼吸需要以及呼吸器发生故障时,可采用手动补给供氧。

(3) 使用步骤:

① 将呼吸器佩戴好后,打开氧气瓶开关,观察压力表所指示的压力值。

② 按下手动补给按钮供气,排除气囊内原积存气体。

③ 戴好面具后进行几次深呼吸,观察体会呼吸器各部件是否正常良好,待确认后方可进入工作区域。

3) 正压式呼吸器

正压式呼吸器:一种呼吸器,使用者任意呼吸循环过程,面罩内压力均大于环境压力。

其中:隔绝式正压氧气呼吸器主要用于煤矿、军事、化工、矿山救护队及其他工矿企业中,受过专门训练的人员在污染、缺氧、有毒、有害气体的环境中使用。

隔绝式正压氧气呼吸器由氧气瓶、减压阀、手动补给阀、警器、呼吸舱、清净罐、冷却罐、膜片、定量供氧装置、自动补给阀、排气阀、面罩、压力表、外壳、腰带、背带等组成。其外观及如图 7-3 所示。

① 氧气瓶:由复合材料(含有玻璃纤维的铝合金)制成,储存一定的高压氧气供佩戴者使用,压力表直接显示瓶中氧气压力。

② 减压阀:氧气瓶装在减压阀紧固器座内,出厂时调好的减压阀可以把高压氧气降至 1.7 MPa。

③ 手动补给(应急旁通阀):手动补给阀是在应急情况下使用,当供气系统发生故障或使用者感到定量供气不足时,可按手动补给按钮,使氧气绕过定量供氧装置和自动补给阀,直接流入呼吸舱。过多地使用手动补给阀将明显减少有效防护时间,这个手动补给阀只用于应急使用,绝不能用以清理面罩和视窗雾气。

④ 报警器:当氧气瓶压力降到 4～6 MPa 时,报警器发出声响,提醒佩用者最多还有 1 h 使用时间。报警器只报警一次,大约报警 1 min,所有作业人员听到报警声便要做好结束工作的准备,以便有足够的氧气撤离灾区。

⑤ 呼吸舱:呼吸舱为呼吸气体贮存容器,也是呼吸器的心脏,它由定量供氧装置、膜片、自动补给阀、排气阀和清净罐等组成。

⑥ 定量供氧装置:氧气以(1.78±0.13) L/min 的流量从定量供氧装置流入呼吸舱,该

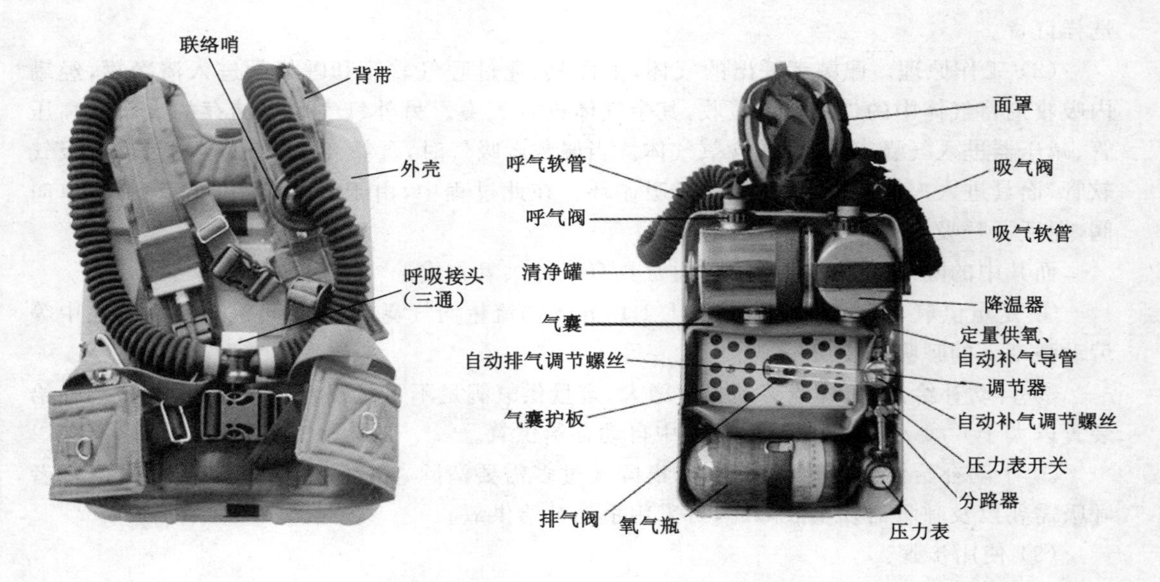

图 7-3　隔绝式正压氧气呼吸器外观及结构示意图

装置 1.78 L/min 供给的氧气为人休息时耗氧量的 4～6 倍。

⑦ 膜片：由于吸气和呼气所引起的呼吸舱容积变化是通过挠性膜片的运动来实现的。这样的膜片结构使 Biopak240 与其他闭路呼吸器有显著的差异。气室膜片调节呼吸用混合气体，必要时，它又是自动补气和自动排气的机械控制结构。

膜片有 3 种功能：

在重体力劳动时自动启动自动补给阀；呼吸舱内气体消耗不了时，为防止呼吸循环过压，它启动排气阀；由膜片上的弹簧负载，使整个呼吸循环过程中始终保持“正压”。

⑧ 自动补给阀：在重体力劳动下，人的需氧量随之增大。当需求量超过 1.78 L/min 时，自动补给阀便可按耗氧量需要补充氧气；当膜片被推到呼吸舱顶部时，它启动自动补给阀进行快速加氧。如果定量供氧孔堵塞，它也是备用供氧的一种方式。

⑨ 排气阀：轻体力劳动时，人体代谢氧用量只消耗 0.2～0.5 L/min 的情况下，为防止产生加压，单向排气阀把过多的呼吸气体排掉。

⑩ 冷却罐：冷却介质为无毒“兰冰”，冷却吸入气体的温度，在环境温度为 23.9 ℃的条件下存放 4 h，效果良好。

⑪ 面罩：包括口鼻罩（又称阻水罩）和单向阀两部件，它能使面罩有害空间压缩到最少。防止了在浅呼吸期间 CO_2 的积聚，面罩配有一个发声膜，以帮助通话；硅橡胶面罩胶体带有宽边密封唇，使它适配大多数脸型。在使用之前，必须做好面罩适佩试验并要调整好佩戴位置，使用必须要小心，要保证呼气阀和吸气阀干净、无污染、无损坏。

注：为获得保明片的最佳防雾特性，在使用保明片前，必须涂上防雾剂，以最大限度地增加保明片的防雾特性。

⑫ 清净罐：人体呼出的气体由面罩通过呼气阀、呼气软管返回呼吸舱的中部，呼吸舱内的定量供氧装置以 1.78 L/min 的流量连续供给新鲜氧气，然后混合气体穿过清净罐流出，人体呼出气体中的二氧化碳通过吸收剂[$Ca(OH)_2$]化学作用，把二氧化碳从再循环的呼吸

气体中清除掉。呼吸器每次用后必须更换二氧化碳吸收剂。

⑬ 压力表:该呼吸器带有一个发光的匣装压力表,位于肩带上。当氧气瓶阀门打开时,它可显示氧气瓶内氧气压力,指示剩余的使用时间。

注:由于压力表内流量限制器的影响,压力表指示在打开瓶阀后 1 min 才能达到满压,这是正常现象;如果压力表管路被切断,必须立即撤离灾区。压力表管路中的流量限制器将把流量限制在 0.5 L/min 的流量,以便安全地撤离危险区。

其工作原理如图 7-4 所示。

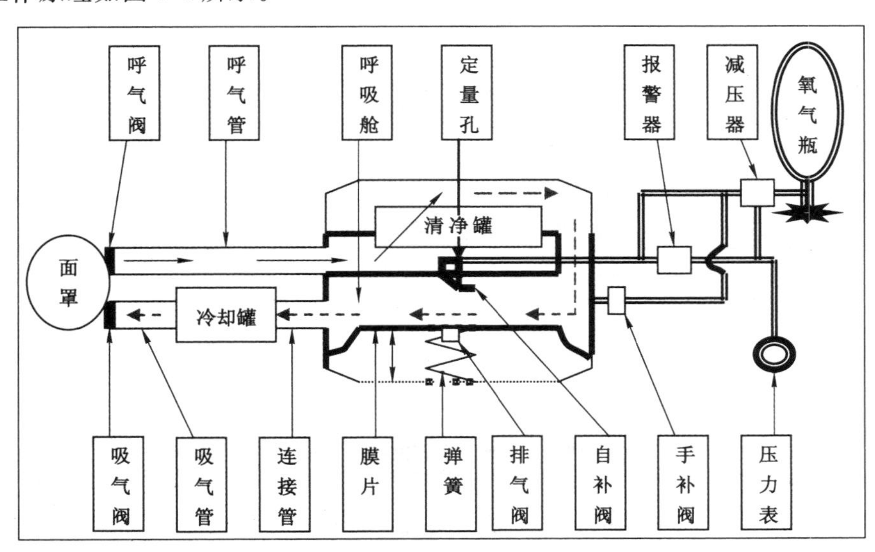

图 7-4　正压氧气呼吸器工作原理示意图

当氧气瓶开关被打开时,氧气连续输入呼吸舱,当使用者吸气时,气体从呼吸舱流入冷却罐,被冷却后通过吸气软管、吸气阀进入面罩而被吸入人体肺部。呼气时,气体经过面罩、呼气阀、呼气软管、经清净罐吸收二氧化碳后进入呼吸舱。

呼吸舱通过压缩弹簧给膜片加载,保持舱内压力比外界环境气压稍高的正压。气体驱动膜片往复运动,改变舱内容积,若舱容减少,舱内气压降低,自动补给阀开启补充氧气,若舱容增大,舱内气压升高,排气阀自动开启,向大气排出多余气体。其工作流程如图 7-5 所示。

4）自动苏生器

自动苏生器的结构和工作原理及外观如图 7-6 所示。

氧气瓶 1 的高压氧气经氧气管 2,压力表 3,再经减压器 4 将压力减至 0.5 MPa 以下,进入配气阀 5。在配气阀 5 上有 3 个气路开关,即 12、13、14。开关 12 通过引射器 6 和导管相连,其功能是在苏生前,借引射器造成的高气流,先将伤员口中的泥黏液、水等污物抽到吸气瓶 7 内。开关 13 利用导气管和自动肺 8 连接,自动肺通过其中的引射器喷出氧气时吸入外界一定量的空气,二者混合后经面罩 9 压入受伤者肺部。然后,引射器又自动操纵阀门,将肺部气体抽出,呈现人工呼吸的动作。当伤员恢复自主呼吸能力后,可停止自动人工呼吸而改为自主呼吸下的供氧,即将面罩 9 通过呼吸阀 11 与储气囊 10 相接,

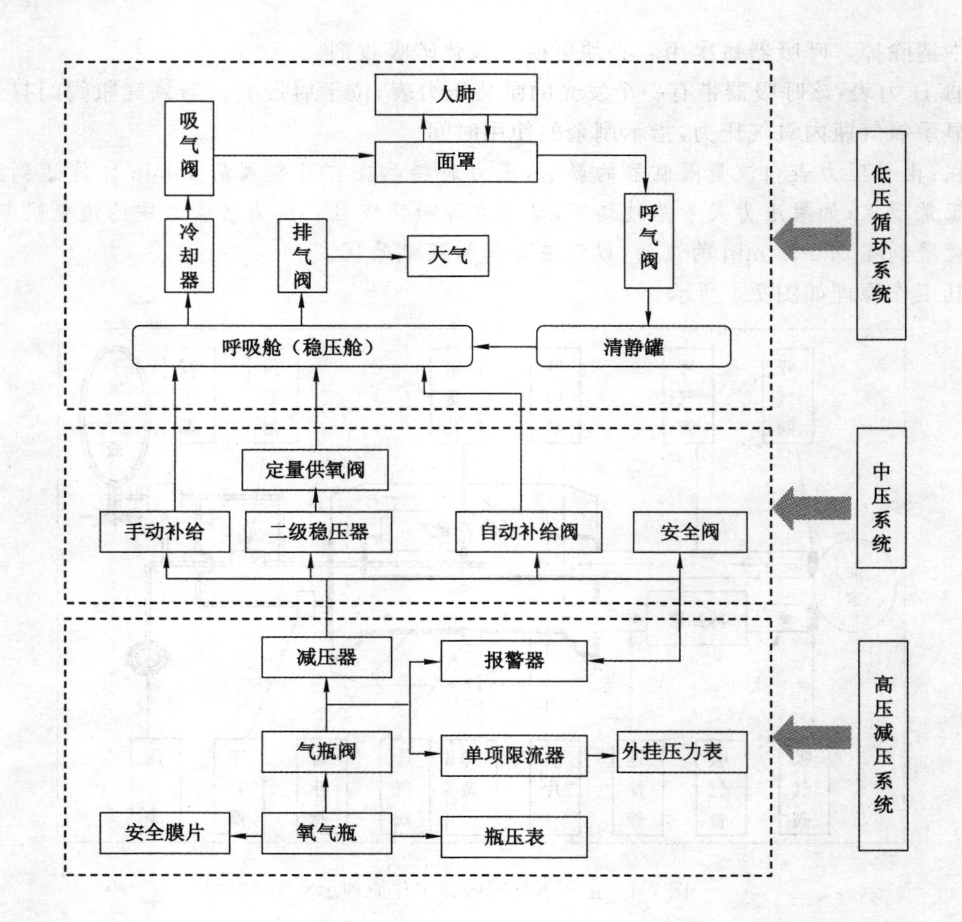

图 7-5　隔绝式正压氧气呼吸器工作流程图

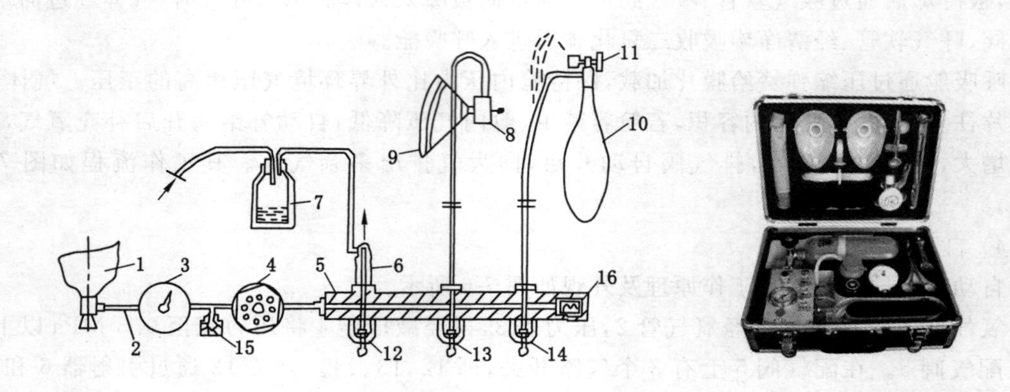

图 7-6　自动苏生器工作原理示意图及外观

1—氧气瓶；2—氧气管；3—压力表；4—减压器；5—配气阀；6—引射器；
7—吸气器；8—自动肺；9—面罩；10—储气囊；11—呼吸阀；
12,13,14—开关；15—逆止阀；16—安全阀

储气囊通过导管和开关 14 连接。储气囊 10 中的氧气经呼吸阀供伤员呼吸用，呼出的气体由呼吸阀排出。

额定储气量：把处于公称工作压力下气瓶的储气量换算到 20℃ 一个标准大气压状态时的气量。

5）正压式长管供气系统

正压式长管供气系统是一个远距离空气供应装置，可以同时供给多人使用。长管式呼吸器可根据用途及现场条件选用不同的组件，配装成多种不同的组合装置，由高压气瓶、气泵拖车供气系统或压缩空气集中管路供气，具有使用时间长的优点。主要由储气瓶、手推车主体、缠线轮、减压器、分配器、供气阀、全面罩、背具、导气软管、Y 形三通接头等组成，如图 7-7所示。

图 7-7　正压式长管供气系统

由于采用了长管作为传送气源的方式，所以存在一定的危险系数，如长管破裂或气源耗尽等，所以在配备此类产品时应配合紧急逃生呼吸器同时使用。通常情况下，配合使用的逃生呼吸器在腰部束带上有自动切换装置，一旦长管气源出现低压状况，自动切换装置会自动将阀门切换到作业人员自身佩戴的逃生呼吸器上，并提供报警，确保使用量下能及时逃离现场。

注：在使用时，需要有专业人员在气源处提供监护，确保使用时提供稳定安全的气源输出；检查逃生瓶是否充满，检查标签上是否填写了新的充气日期；检查低压管线是否完好并无扭结，空气供给管线是否完好，检查头带是否完好和已经充分放松。

6）过滤式防护设备

使用前提：过滤式防护设备由于是将作业人员周围的空气作为气源，且过滤装置存在失效时间，所以对于使用环境有更严的要求，除了满足过滤式防护设备基本的氧气浓度达到国家要求的 18%以外，还要考虑硫化氢的浓度。

过滤式防护设备分为半面罩式防毒面具和全面罩式防毒面具，如图 7-8 所示。

（1）执行标准

① 欧洲标推，ENl40（半面罩）、ENl36（全面罩）、ENl41 和 EN148（滤盒铝罐）。

② 我国标准：《过滤式防毒面具通用技术条件》（GB2890—1995）。

（2）工作原理

空气过滤面具是有毒作业常用的个体呼吸防护设备，它所使用的化学滤毒盒，能将空气中的有害气体或蒸气滤除，或将其浓度降低，保护使用者的身体健康。对于符合欧盟标准的

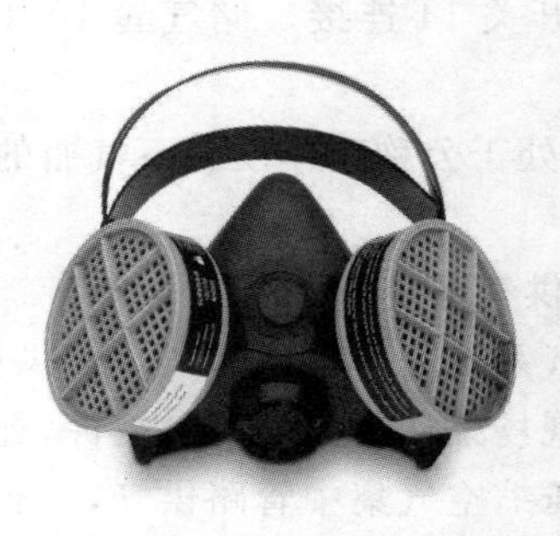

图 7-8　过滤式防护设备

产品，其防护种类可以通过产品标示加以判定，见表 7-6。

表 7-6　　欧盟标准对照表

种类	颜色	防护气体
A	褐色	有机气体和蒸气(沸点＞＋65 ℃)
B	灰色	无机气体和蒸气：氯气和硫化氢等
E	黄色	酸性气体和蒸汽：二氧化硫等
K	绿色	氨气及其衍生物
AX	褐色	有机气体(沸点＜＋65 ℃)
SX	紫罗兰色	特殊气体(由制造商决定)
NO-P3	蓝白色	磷，氧化氮
Hg-P3	红白色	水银

(3) 国家标准

对于国家标准，其可防护硫化氢的标号见表 7-7。

表 7-7　　国家标准对照表

毒罐编号	标色	防毒类型	防护对象(举例)	试验毒剂
4	灰	防氨，硫化氢	氨，硫化氢	氨(NH_3)
				硫化氢(H_2S)
7	黄	防酸性	酸性气体和蒸气：二氧化碳、氯气、硫化氢、氮的氧化物、光气、磷和含氯的有机农药	二氧化硫(SO_2)
8	蓝	防硫化氢	硫化氢	硫化氢(H_2S)

(4) 面罩的佩戴步骤

以半面罩为例，其佩戴步骤如图 7-9 所示。

① 观察面罩是否处于良好状态(清洁，无裂痕，无橡胶或塑料部件的变形)。

② 根据污染物的特性选用相应的过滤罐。

③ 按照图示戴上半面罩。

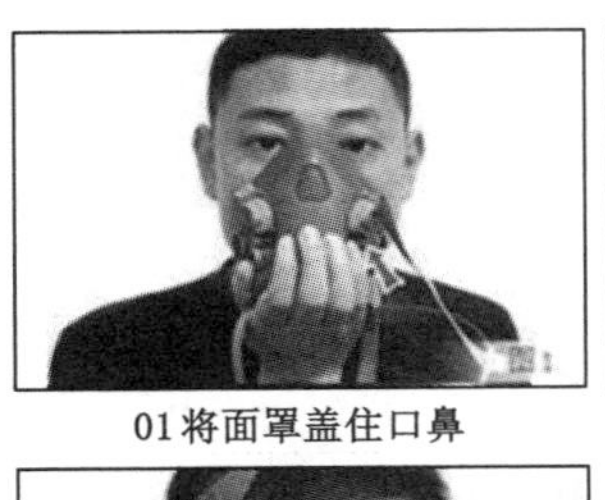

01将面罩盖住口鼻

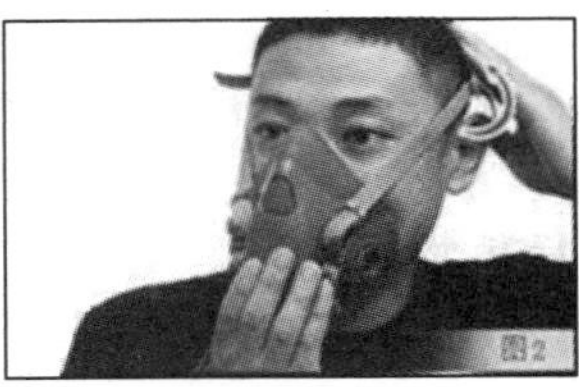

02固定头 戴头箍

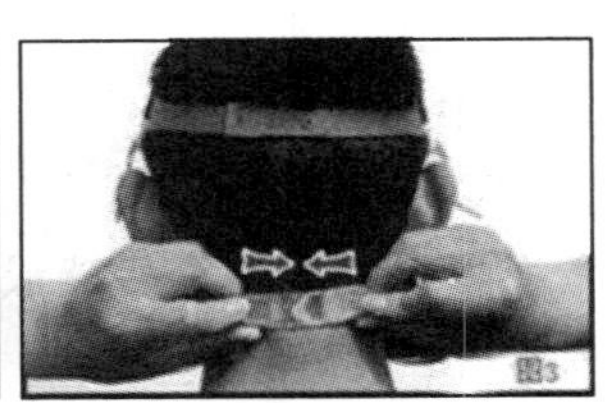

03扣住头带底部搭扣

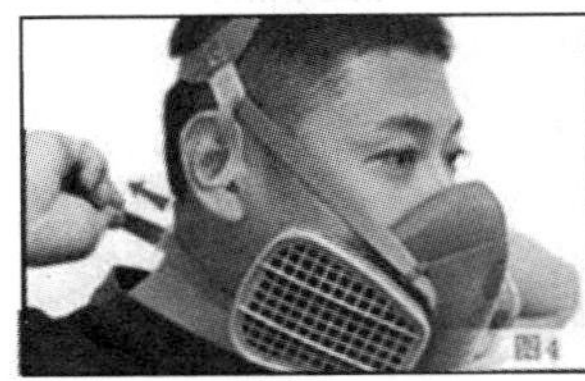

04调整头带松紧

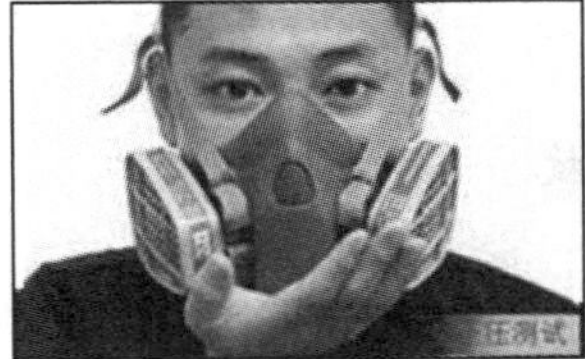

05正压密闭性检测

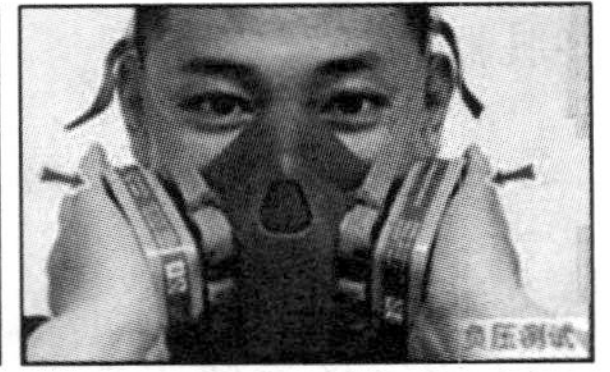

06负压密闭性检测

图 7-9 半面罩防毒面具佩戴步骤

④ 拉动头带以调整半面罩的位置。由于过滤罐的存在而使用户感到轻微的呼吸困难是正常情况。

(5) 注意事项

① 选择适当用途的滤盒以适应所处的污染环境。

② 确认所处环境的有毒物质浓度不得超过标准规定的滤盒耐受浓度。

③ 确认所处环境中的氮气含量不能低于18%，温度条件为−45～30 ℃；有新鲜空气的工作区域，或通风良好的室内、水塔、蓄水池等环境，才可使用过滤式呼吸防护设备。

④ 如果环境中出现粉尘或气溶胶，则必须使用防尘或防尘加防气体复合过滤盒。

⑤ 滤盒应储存在低温、干燥、无有毒物质的环境中。

⑥ 在符合上述储存要求后，滤盒的储存期限为3年。

7.2 硫化氢中毒自救与急救

7.2.1 硫化氢中毒的诊断分级标准

(1) 接触反应

接触硫化氢后出现眼刺痛、畏光、流泪、结膜充血、咽部灼热感、咳嗽等反映，或有头痛、头晕、乏力、恶心等神经系统症状，脱离接触后在短时间内消失者。

(2) 轻度中毒

具有下列情况之一者：

① 明显的头痛、头晕、乏力等症状并出现轻度至中度意识障碍；

② 急性气管-支气管炎或支气管周围炎。

(3) 中度中毒

具有下列情况之一者：

① 意识障碍表现为浅至中度昏迷；

② 急性支气管肺炎。

(4)重度中毒

具有下列情况之一者：

① 意识障碍程度达深昏迷或呈植物状态；

② 肺水肿；

③ 猝死；

④ 多脏器衰竭。

7.2.2 硫化氢中毒的急救

1) H_2S 中毒的早期抢救

(1) 进入毒气区抢救中毒者，必须先戴上空气呼吸器。

(2) 迅速将中毒者从毒气区抬到通风且空气新鲜的上风地区，应采用正确救护方式将中毒者放于平坦干燥的地方。

(3) 如果中毒者没有停止呼吸，应使中毒者处于放松状态，解开其衣扣，保持其呼吸道的通畅，并给予输氧，随时测量中毒者的体温。测量要求见表 7-8。

表 7-8 中毒者体温测量要求

测量部位	正常温度/℃	安放部位	测量时间/min	使用对象
口腔	36.5～37.5	舌下闭口	3	神志清醒成人
腋下	36～37	腋下深处	5～10	昏迷者
肛门	37～38	1/2 插入肛门	3	婴幼儿

(4) 如果中毒者已经停止呼吸和心跳，需立即进行人工呼吸和胸外心脏按压，有条件的可使用呼吸器代替人工呼吸，直至呼吸和心跳恢复正常。

正常人一般脉搏为 60～100 次/min，大部分为 70～80 次/min，每分钟快于 100 次为过速，少于 60 次为过缓；正常成人呼吸频率为 16～20 次/min。

2) 一般的护理知识

(1) 若中毒者被转移到新鲜空气区后能立即恢复正常呼吸，可认为其已迅速恢复正常。

(2) 当呼吸和心跳完全恢复后，可给中毒者食用些兴奋性饮料(如浓茶、浓咖啡)。

(3) 如果中毒者眼睛受到轻微损害，可用清水清洗或冷敷，并给予抗生素眼膏或眼药水，或用醋酸可的松眼药水滴眼，每日数次，直至炎症好转。

(4) 哪怕是轻微中毒，也要休息 1～2 d，不得再度受硫化氢伤害；因为被硫化氢伤害过的人，对硫化氢的抵抗力变得更低了。

3) 现场抢救

(1) 现场抢救

现场抢救极为重要，因空气中含极高硫化氢浓度时常在现场引起多人电击样死亡，如能及时抢救可降低死亡率，减少转院人数减轻病情。应立即使患者脱离现场至空气新鲜处。有条件时立即给予吸氧。现场抢救人员应有自救互救知识，以防抢救者进入现场后自身中毒。

为了终止接触毒物，我们迅速为其脱去污染潮湿的衣服(包括内衣)，用清水清洗皮肤，以减少残留毒物污染空气，由呼吸道和皮肤黏膜继续吸收。

（2）维持生命体征

对呼吸或心脏骤停者应立即施行心肺复苏术。对在事故现场发生呼吸骤停者如能及时施行人工呼吸，则可避免随之而发生心脏骤停。但是不能施行口对口人工呼吸，防止吸入患者的呼出气或衣服内逸出的硫化氢，发生二次中毒事故。

（3）迅速高流量给氧

高压氧治疗对加速昏迷的复苏和防治脑水肿有重要作用，凡昏迷患者，不论是否已复苏，均应尽快给予高压氧治疗。给予高流量鼻导管吸氧(4～6 L/min)。使血氧饱和度维持在 95%以上，改善细胞的缺氧状态。加强机体对硫化氢的氧化解毒能力，加速硫化氢的排出解毒。与此同时，打开门窗、通风换气。

（4）快速建立静脉通道。

采用静脉留置针输液。开通多条静脉道路：一路快速给予 20%甘露醇 250 mL 静滴；另一路给予 10%葡萄糖液 500 mL＋甲强龙 40 mg；同时给予 5%葡萄糖盐水 500 mL＋ATP40 mg、CoA 100 U、肌苷 0.4 g、VitB6 200 mg、10%kcl 10 mL、5%葡萄糖注射液 500 mL＋甲强龙，使用抗生素防止继发感染。

（5）镇静止惊

硫化氢中毒病人都有不同程度的躁动不安和反复抽搐，在给脱水剂降颅压的同时，可加用镇静剂。安定 5～10 mg 静注，根据病情可反复使用，以降低病人的耗氧量。同时用床档并派专人守护，并用约束带适当固定四肢，防止坠床。

（6）保护眼睛

如病人球结膜充血，水肿及时给予生理盐水反复冲洗。

（7）密切观察病情变化

持续给予心电监护，随时观察心率、心律、心电图的变化。及时测量并记录患者神志、瞳孔、呼吸、血压、脉搏、尿量及皮肤黏膜发绀程度。准确及时留取血标本，送检血气分析。

4）中毒者的搬运

下列基本技术可用来将一个中毒者从硫化氢毒气中撤离出来。

（1）拖两臂法

作用：这种技术可以用来抢救有知觉或无知觉的个体中毒者。如果中毒者无严重受伤即可用两臂拖拉法。

两臂拖拉法可用在水平地面。例如：人行道，户外水平槽，和低槽人行道，按规定要求进入限定地区的人员必须带上全套防护装置，以及所需的救护设备。

救护过程：救护人员从受害者背后靠近受害者。从背后将受害者扶起，并且用救护者的一条腿顶着受害者的背部将受害者支撑起来。另外，救护者两臂从受害者胳膊窝下伸出，放在受害者两臂上面，抓住受害者的前臂，救护人员然后将中毒者拉到安全带，如图 7-10 所示。

（2）拖衣服法

作用：这种救护方法可使一个人救护一个有知觉的中毒者。这种救护法的好处是，不用弯曲受害者的身体，就可以立刻将一个受害者移开。

救护过程：把两胳膊放平，牢牢抓住受害者的衣服或衬衫领，将受害者拉到安全地带，如图 7-11 所示。

图 7-10　拖两臂法

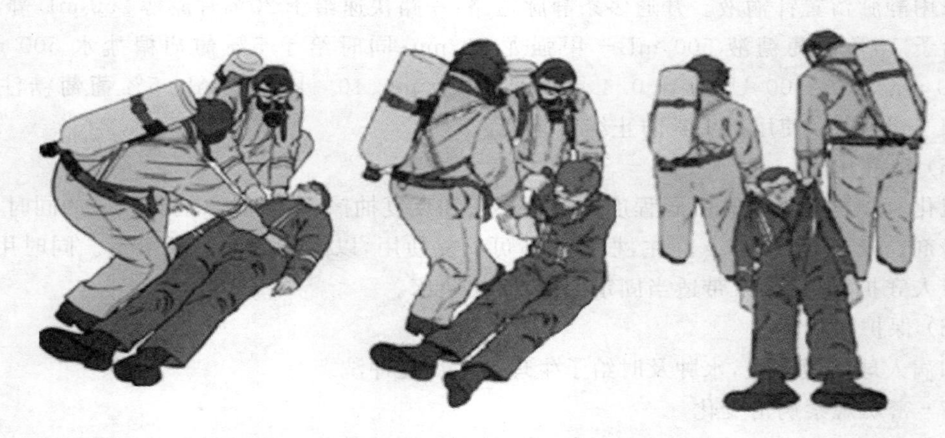

图 7-11　拖衣服法

(3) 两人抬四肢法

作用：当有几个救护人员时，这种方法就可被使用。中毒者可以是有知觉的，也可以是神志不清的。这种救护方法可以在一些受限的救护情况下采用。

救护过程：两名救护人员分别站在中毒者的后面，都面向一个方向。一名救护人员将手放入受害者的腋下，插入受害者两臂上方，并抓住受害者的前臂，做法同两臂、拖拉法中一样。另一名救护人员抓住受害者膝盖后部，然后由两名救护人员一起抬着走，先把受害者抬到安全地区。当救护人员戴着呼吸器时，这种方法可以采用，需要抓住中毒者膝关节的救护人员面向另一名救护人员，这样就很容易地抬起受害者的头部，也不会碰到救护人员的呼吸器上，如图 7-12 所示。

5) 硫化氢中毒医疗效护程序

(1) 一旦发生人员中毒事故，目击者应立即赶赴报警点，发出急救信号，戴上呼吸器，抢救中毒者。

(2) 医生和应急小组接到报警信号后. 立即赶赴现场，救护车司机发动车辆做好护送准备。

(3) 现场医生检查受伤情况并采取必要的救护，同时决定采取何种应急救护措施。填

图 7-12 两人抬四肢法

写好应急救护报告，由代表将病情通报外方现场监督和总部应急小组。

(4) 用电台、电话、对讲机与医院联系，通报伤者情况及出事地点、时间，并让医院做好急救准备。

(5) 救护车运送伤员途中要与急救小组时刻保持联系，随时报告伤者的病情和具体位置，急救小组也要及时向承包代表和外方监督汇报，同时应急小组还要向高一级医院联系，以便在当地医院无法处理时接收处理。

6) 心肺复苏术

心肺复苏(cardio-pulmonary resuscitation，CPR)是自 20 世纪 60 年代至今长达半个多世纪以来，全球广为推崇也是最为广泛的急救技术。心肺复苏是在生命垂危时采取的行之有效的急救措施。众所周知，人体内是没有氧气储备的。正常的呼吸将氧气送至奔流不息的血液，并循环到达全身各处。由于心跳、呼吸的突然停止，使得全身重要器官尤其是大脑发生缺氧。大脑一旦缺氧 4～6 min，脑组织即发生损伤，超过 10 min 即发生不可恢复的损害。因此，在停止心跳、呼吸 4～6 min 内，最好是在 4 min 内立即进行心肺复苏，复苏开始越早，存活率越高。大量实践表明，4 min 内进行复苏者可能有一半人被救活；4～6 min 开始进行复苏者，10%可以救活；超过 6 min 者，存活率仅为 4%，10 min 以上开始进行复苏者，存活可能性更小。心肺复苏应在畅通气道的前提下进行有效的人工呼吸、胸外心脏按压，使带有新鲜氧气的血液到达大脑和其他重要脏器。心肺复苏的意义不仅在于使心肺的功能得以恢复，更重要的是恢复大脑功能，避免和减少“植物状态”、“植物人”的发生。所以，CPR 必须争分夺秒，尽早实施。

心脏骤停的严重后果以秒计算：

10 s——意识丧失，突然倒地；

30 s——全身抽搐；

60 s——自主呼吸逐渐停止；

3 min——开始出现脑水肿；

6 min——开始出现脑细胞死亡；

8 min——脑死亡——“植物状态”。

CPR的步骤和技术如下：

(1) 判断与呼救。发现昏迷倒地的病人后，轻摇病人的肩部并高声喊叫："喂，你怎么了？"若无反应，立即掐压人中、合谷 5 s，若病人仍未苏醒，立即向周围呼救并打急救电话120。意识判断如图 7-13所示。

判定心跳：脉搏检查一直是判定心脏是否跳动的标准。判定心跳方法：患者仰头，急救人员一手按住前额，用另一手的食、中手指找到气管，两指下滑到气管与颈侧肌肉之间的沟内即可触及颈动脉，判定时间不要超过 10 s。判断位置如图 7-14 所示。

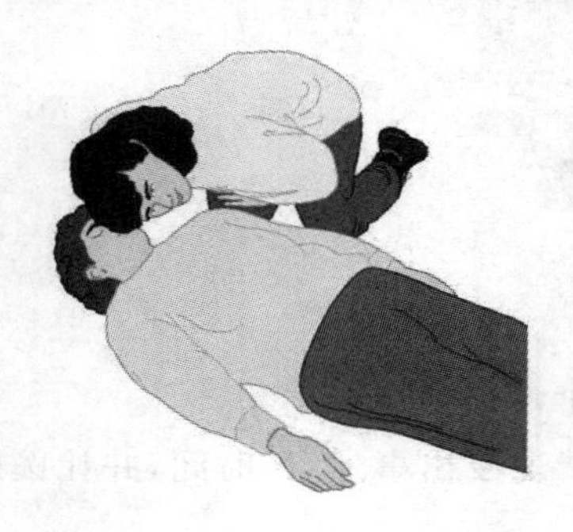

图 7-13　意识判断

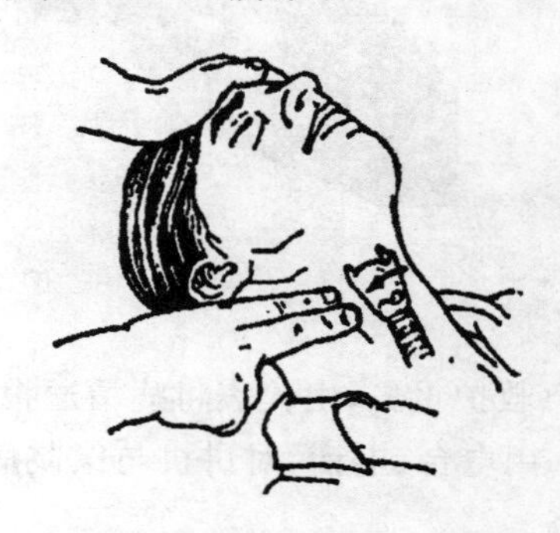

图 7-14　判断心跳

若患者无反应、呼吸和循环，或呼吸心跳均已停止(非专业急救者如不能确定，可立即实施胸外心脏按压)。应立即按照 30∶2 的比例进行胸外按压和人工呼吸。按压频率成人至少 100 次/min，吹气频率 10～12 次/min(每 5～6 s 一次人工呼吸)。

注：硫化氢中毒不能施行口对口人工呼吸，防止吸入患者的呼出气或衣服内逸出的硫化氢造成二次中毒事故。这里介绍口对口人工呼吸，主要针对其他可以实施口对口人工呼吸的场合。

(2) 胸外心脏按压。胸外按压法，是一种抢救心跳已经停止的伤员的有效方法。如果发现伤员已经停止呼吸，同时心跳也不规则或已停止，就要立即进行心脏按压。绝对不能为了反复寻找原因或惊慌失措而耽误时间。具体操作方法如下：

① 患者体位：患者仰卧于硬板床或地上，如为软床，身下应放一木板，以保证按压有效，但不要为了找木板而延误抢救时间。

抢救者应紧靠患者胸部一侧，为保证按压时力量垂直作用于胸骨，抢救者可根据患者所处位置的高低采用跪式或用脚凳等不同体位，如图 7-15 所示。

② 按压部位：正确的按压部位是胸骨中、下 1/3 处，如图 7-16 所示。定位方法：抢救者食指和中指沿肋弓向中间滑移至两侧肋弓交点处，即胸骨下切迹，然后将食指和中指横放在胸骨下切迹的上方，将一只手的手掌根贴在胸骨下部(胸骨下切迹上两横指)，另一手掌叠放在这一只手手背上，十指相扣，手指翘起脱离胸壁。

快速定位方法：双乳连线法，如图 7-17 所示。

③ 按压手势：按压在胸骨上的手不动，将定位的手抬起，用掌根重叠放在另一手的掌背上，手指交叉扣抓住下面手的手掌，下面手的手指伸直，手指指尖弯曲向上离开胸壁，这样只使掌根紧压在胸骨上，如图 7-18 所示。

④ 按压姿势：抢救者双壁伸直，肘关节固定不能弯曲，双肩部位于病人胸部正上方，垂

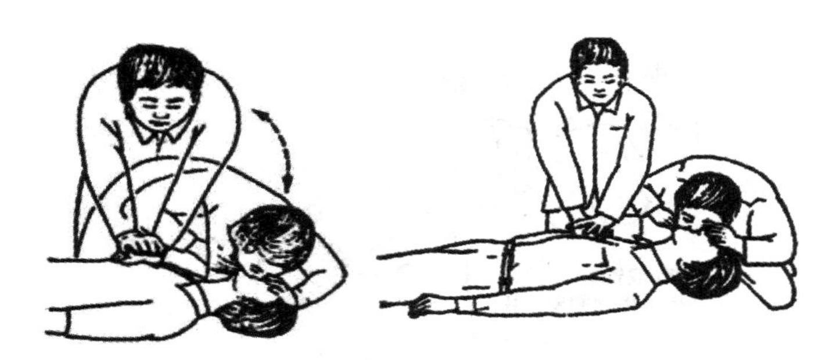

图 7-15　胸外心脏按压患者体位及抢救者所处姿势

直下压胸骨。按压时肘部弯曲或两手掌交叉放置均是错误的，如图 7-19 所示。

⑤ 按压频率：应平稳有规律，成人至少 100 次/min，按压与放松间隔比为 50%时，可产生有效的脑和冠状动脉灌注压。最有效的心脏按压也只有心脏自主搏动搏血量的 1/3 左右。每次按压后，放松使胸骨恢复到按压前的位置，血液在此期间可回流到胸腔，放松时双手不要离开胸壁。

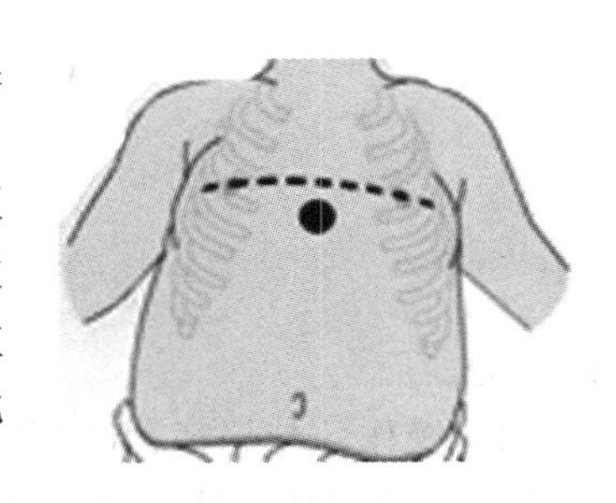

图 7-16　按压部位

⑥ 按压幅度：成人应使胸骨下陷至少 5 mm，不能冲击式猛压，用力太大造成肋骨骨折，用力太小达不到有效作用。

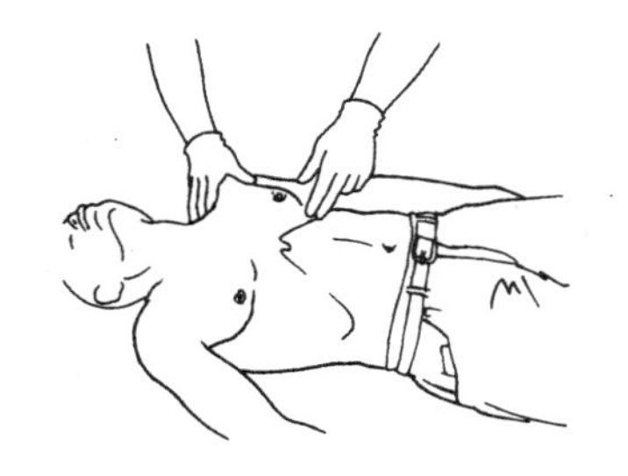
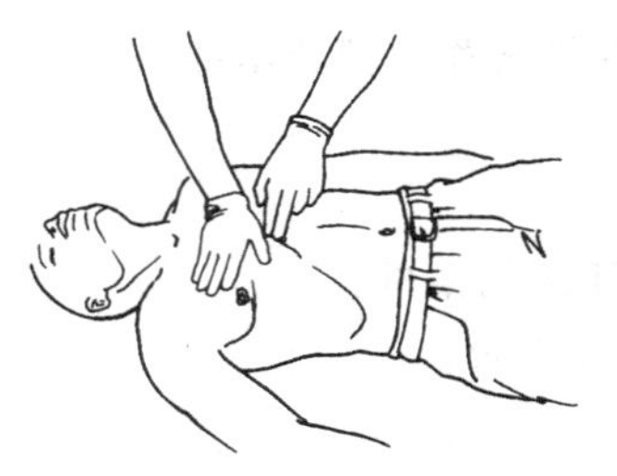
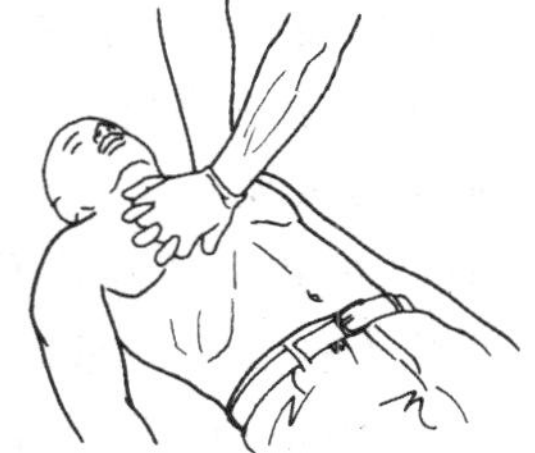

图 7-17　双乳连线快速定位方法

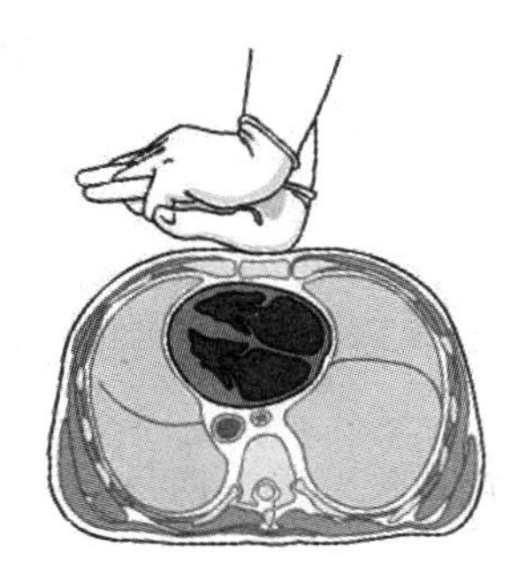
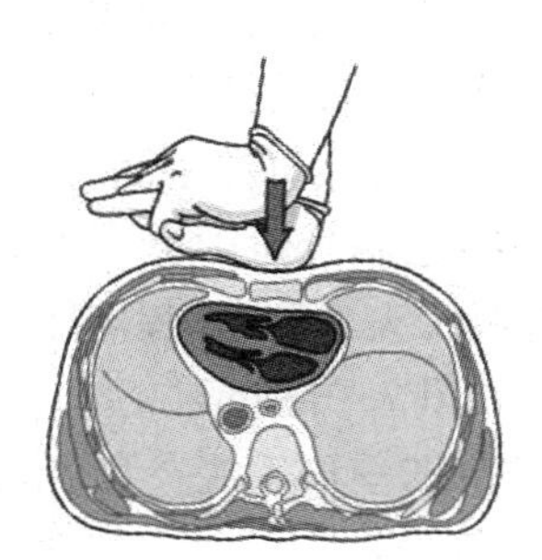

图 7-18　按压手势

⑦ 按压方式：垂直下压不能左右摇摆，下压时间与向上放松时间相等，下压至最低点应有明显停顿。放松时，手掌根部不要离开胸骨按压区皮肤，但应尽量放松，勿使胸骨不受任

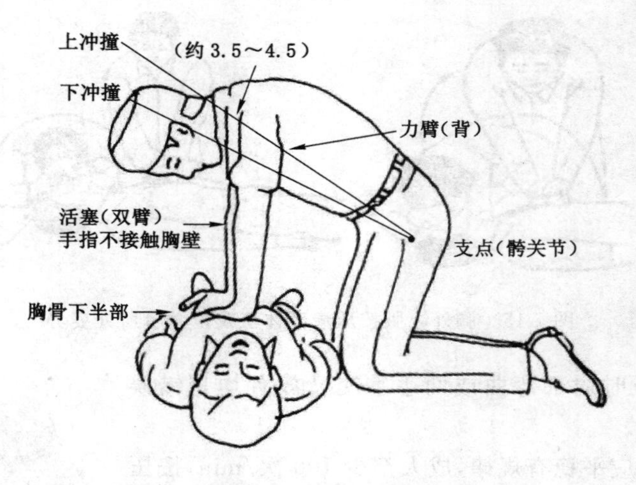

图 7-19　按压姿势

何压力。

⑧ 操作的禁忌征：凡有胸壁开放性损伤、胸廓畸形、肋骨骨折或心包填塞等均应列为胸外心脏按压的禁忌征，中毒者出现以上情况不能进行胸外心脏按压。

a. CPR 有效指标：

· 面色或者口唇由紫变得红润；

· 神志恢复，由眼球的活动或者手脚开始活动；

· 出现自主的呼吸；

· 瞳孔由大变小。

b. 现场抢救人员停止 CPR 的条件：

· 威胁人员安全的危险迫在眉睫；

· 呼吸和循环已得到有效恢复；

· 已由医师接受开始急救；

· 医师判断中毒者死亡。

(3) 放开气道。患者无反应或无意识时，其肌张力下降，舌体和会厌可能把咽喉部阻塞，舌是造成呼吸道阻塞最常见原因。如若口中有异物，应及时清除患者口中异物和呕吐物，用指套或指缠纱布清除口腔中的液体分泌物。

① 仰头抬颈法：抢救者跪于患者头部的一侧，一手放在患者的颈后将颈部托起，另一手置于前额，压住前额使头后仰，其程度要求下颌角与耳垂边线和地面垂直，动作要轻，用力过猛可能损伤颈椎，如图 7-20 所示。

② 仰头抬颌法：把一只手放在患者前额，用手掌把额头用力向后推，使头部向后仰；另一只手指放在下颌骨处，向上抬颌，如图 7-21 所示。

勿用力压迫下颌部软组织，否则有可能造成气道梗阻，避免用拇指抬下颌。

(4) 口对口人工呼吸法(又称为吹气呼吸法)：

① 将病人置于仰卧位、身体平直无卷曲，抢救者跪于病人一侧，一手托起病人下颌尽量使其头后仰，打开呼吸道。

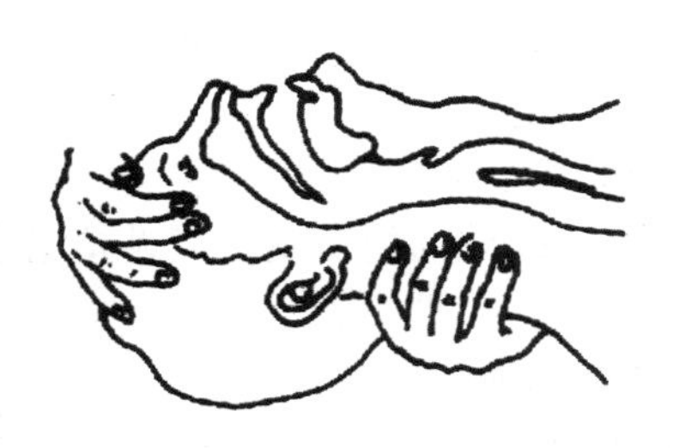

图 7-20 仰头抬颈法

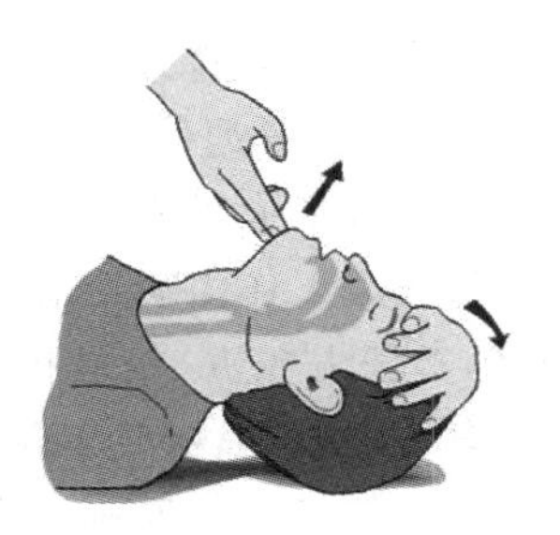

图 7-21 仰头抬颌法

② 用托下颌的大拇指张开病人的口，以利吹气，如图 7-22 所示。

③ 用一两层纱布或手绢覆盖在病人的嘴上，用另一只空着的手捏紧病人的鼻孔，以免漏气。

④ 抢救者将口紧贴于病人口上用力吹气，直至病人胸廓扩张为止。吹气时间 1 s 以上，气量以 1 000 mL 左右为宜(成人)。

⑤ 吹气完毕后，抢救者稍抬头面侧转，同时松开捏鼻孔的手，使胸廓及肺弹性回缩。

⑥ 如此反复进行，吹气 10～12 次/min。

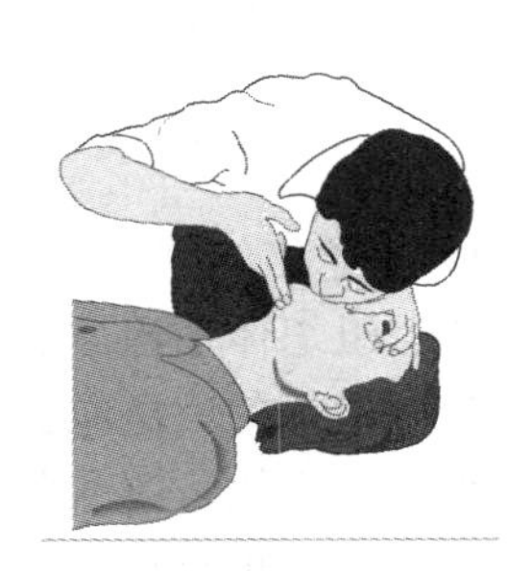

图 7-22 口对口人工呼吸

7.3 硫化氢中毒应急预案

由于硫化氢气体具有剧毒性等特点，所以在进入含硫化氢地区作业前做好应急管理工作，制定一个切实可行、有效的应急预案，是保证作业安全进行的前提。一旦作业区内硫化氢气体超标，应急预案将能够控制事故的扩大，降低事故后果的严重程度，保证相关人员的生命安全。

为贯彻落实“安全第一、预防为主、综合治理”安全生产方针，降低事故所造成的人员伤亡和财产损失，提高煤矿工人在应对各类突发事件时，能迅速、有序地开展处置救援工作，应根据有关规定，制定预防硫化氢中毒事故应急救援预案。

7.3.1 编制依据

本预案依据国家法律法规、地方政府规章，以及煤炭行业相关管理规定，国家和行业技术规范和标准及本单位的事故经验等编制。

7.3.2 硫化氢中毒应急处置基本原则

按照国家、行业标准、规范制定的硫化氢泄漏应急方案，在实施过程中，坚持“以人为本”的指导思想，坚持统一指挥的原则。事故应急救援工作必须在现场抢险救灾指挥部的指挥下和公司救援指挥部的领导下进行。坚持自救互救的原则，在事故发生初期，要按照应急救援预案积极组织抢救，并迅速组织遇险人员按避灾路线撤离，防止事故蔓延扩大。同时，应符合以下要求：

(1) 以人为本。遇险人员和应急救援人员的安全优先，在保证应急救援人员安全的前提下，最大限度地救援遇险人员。

(2) 防止事故扩大优先。先救命后治伤，先救治重伤后救治轻伤。

(3) 应急救援工作由矿应急救援指挥部统一指挥，分级分部门负责。规范应急救援工作流程，明确责任人职责、权限和义务。

(4) 预案一经启动，必须要反应迅速，措施果断，注重实效。

(5) 坚持通信畅通的原则。在救援过程中通信电话必须可靠的与地面密切联系，确保救灾指令畅通。

(6) 危害信息告知。宣传硫化氢的危害信息和应急预防措施。

7.3.3 组织机构及职责

1) 应急组织体系

应急组织体系由应急救援指挥部、应急救援办公室和应急救援行动小组组成。成立以矿长为总指挥的应急救援指挥部，下设应急救援办公室，并成立应急救援行动小组，由救援行动小组负责执行落实救灾方案。

矿应急救援指挥部由总指挥、副总指挥及各部门组成，下设应急救援指挥办公室，办公室设在调度室，办公室成员包括各部门负责人和矿兼职救护小队。根据各自职能，将救援力量分成 9 个应急救援小组。

2) 指挥机构及职责

(1) 根据抢险救灾工作的实际情况，成立救灾应急救援指挥部，由指挥部统一指挥协调救灾工作。

总指挥：矿长(姓名、电话)。

副总指挥：总工程师、生产副矿长、机电副矿长、安全副矿长、矿长助理。

成员：调度、安监部、生技部、机运部、通风部、地测部、监控室、财务部、矿兼职救护小队、综合部以及矿保安、工会负责人、项目部、医院负责人(含各负责人姓名、电话)。

(2) 指挥部职责：

① 负责组织制定、修订《煤矿井下硫化氢事故应急救援预案》(以下简称《预案》)。

② 负责组织应急救援预案的评审与发布。

③ 负责预案的宣传、教育和培训。

④ 负责组织预案的演练，对演练中暴露的问题及时组织修订、补充和完善。

⑤ 负责应急资源的定期检查评估，并组织落实。

⑥ 负责制定、落实事故应急救援方案。

⑦ 负责按照《预案》程序，组织、指挥、协调各应急反应组织进行应急救援行动。

⑧ 负责选定井下应急救援基地，任命井下基地指挥。

⑨ 负责清点井下被困人员数量和姓名。

⑩ 负责签发下井许可证。

⑪ 负责指导事故善后处理工作。

⑫ 负责组织事故调查。

⑬ 宣布应急恢复、应急结束。

(3) 指挥部成员及单位职责

① 矿长是处理灾害事故的全权指挥者，全面负责应急救援工作，并负责组织应急救援方案的实施。

② 总工程师负责组织制定事故应急救援方案，并根据指挥部命令完成相应工作。

③ 安全副矿长与安监部负责人负责根据批准的应急救援方案对救护工作人员和入井人员进行控制，并组织对应急救援全过程实行有效的安全监督。

④ 生产副矿长在处理硫化氢中毒事故时，在指挥部协助矿长工作，并负责所分管范围的事故应急救援工作及人员调配等。

⑤ 机电副矿长在处理事故时，在指挥部协助矿长工作，并负责事故应急救援时调集救灾所需的设备材料及机电、方面的相关工作，负责保证矿井井下、地面供电、供水，提供分管范围内所需的救援材料。

⑥ 综合部处理事故时，组织伤员的转院治疗等后勤工作。负责组织现场医疗急救组的工作，并为抢险救援人员及遇险员工家属提供生活保障。

⑦ 矿兼职救护小队处理事故时，负责完成对灾区遇险人员的救援和事故现场的侦察及处理。

⑧ 通风部长根据矿长的命令负责调整矿井通风系统，监测主要通风机的运行状况，组织完成必要的通风工程，并执行有关的其他措施。

⑨ 矿值班领导和调度负责立即将事故情况按照通知程序报告矿长和其他领导，及时传达指挥部的命令，通知并召集有关人员到调度待命。并根据矿长的命令，及时向上级部门有关部门上报事故情况。

⑩ 矿灯房负责人与监控室根据考勤系统和矿灯发出情况，提供井下人员数量及其姓名，并迅速报告矿调度。其他人员未经矿长许可不准入井，停止发给矿灯。

⑪ 综合部及时准备好必要的抢险器材和车辆，并根据矿长的命令，迅速发放。

⑫ 机运部部长根据矿长的命令，改变矿井主要通风机运行方式，并负责矿井的停电工作，负责井下各种管路的连接，保证畅通无阻，完成其他有关的任务。

⑬ 生产技术部、地测部、通风部、机运部、负责准备好必需的图纸和资料，并根据矿长的命令完成其他工作。

⑭ 综合部保证遇险人员家属的妥善安置，保证救灾人员生活供给。

⑮ 通风部负责矿井各种气体浓度、温度、硫化氢含量和风速、风量的检查，完成对通风设施破坏后的完善。

⑯ 项目部负责人立即召集项目部所有人员集中待命，等待总指挥命令，根据总指挥命令积极完成各项抢险任务。

⑰ 安监部对各地点实行监督把关，保证救灾工作的进行。

(4) 应急救援指挥部下设办公室，办公室设在矿调度。

主任：调度指挥中心主任(姓名、电话)。

成员：调度、安监部、地测部、机运部、生产技术部、通风部、监控室、矿兼职救护小队、综合部及矿保安、项目部及相关人员(含各负责人姓名、电话)。

办公室职责：

① 在接到报警信号时，迅速、准确地向报警人员询问事故现场的有关信息。

② 接到报警后立即召集指挥部成员和各专业行动组成员。

③ 及时传达指挥部的命令。

④ 随时掌握现场救援情况，并向指挥部报告。

3）救援行动组

根据其相应职责范围，成立如下救援行动组，各组相应职责为：

(1) 抢险救灾行动组

组长：生产副矿长(姓名、电话)。

副组长：总工程师、安全副矿长、机电副矿长、矿长助理(含各负责人姓名、电话)。

成员：事故涉及单位行政正职、调度、安监部、地测部、生产技术部、机运部、通风部、矿兼职救护小队、综合部、项目部等部门相关人员及矿山救护大队全体队员(含各负责人姓名、电话)。

职责：

① 保养并维护好各类装备、仪器。

② 经常组织煤矿人员搞好岗位练兵和事故应急救援的演练工作，做到：招之即来，来之能战，战之能胜。

③ 坚持 24 h 昼夜值班制度，坚守工作岗位，提高警惕，随时准备应对突发事件。

④ 根据救灾指挥部命令，组织实施应急处理和抢险救灾方案。

⑤ 组织、指导遇险人员开展自救和互救工作。

⑥ 统一调集、指挥现场施救队伍，实施现场抢险救灾。

⑦ 完成现场抢险救灾指挥部交办的其他工作。

(2) 医疗急救行动组

组长：综合部部长(姓名、电话)。

成员：公司职工医院、综合部等相关部门人员组成(含各负责人姓名、电话)。

职责：

① 备足抢险救灾过程中所需的各类药品、医疗器械。

② 建立与上级及外部医疗机构的联系与协调。

③ 指定医疗指挥官，建立现场急救和医疗服务的统一指挥、协调系统。

④ 建立现场急救站，设置明显标志，保证现场急救站的安全以及空间、水、电等基本条件保障。

⑤ 建立对受伤人员进行分类急救、运送和转院的标准操作程序，建立受伤人员治疗跟踪卡，保证受伤人员都能得到及时的救治。

⑥ 保障现场急救和医疗人员的人身安全。

(3) 治安保卫行动组

组长：安全副矿长(姓名、电话)。

成员：综合部及矿保安全体成员(含各负责人姓名、电话)。

职责：

① 根据事故现场情况，设置警戒区，实施交通管制，对危害区外围的交通路口实施定向、定时封锁，严格控制进出事故现场的人员及车辆，避免出现意外的人员伤亡或引起现场的混乱。

② 组织营救遇险人员，组织疏散、撤离或者采取措施保护危险区域内的其他人员。

③ 负责事故现场的安全保卫，预防和制止各种破坏活动，维护社会治安，严防不法分子乘机破坏。

④ 必要时承担抢险救灾工作。

⑤ 搞好灾变期间，易燃、易爆、危险化学品、水源、监控的管理工作。

⑥ 完成现场抢险救灾指挥部安排的其他工作。

(4) 物资供应

组长：综合部部长（姓名、电话）。

成员：机运部、财务科、综合部等部门相关人员（含各负责人姓名、电话）。

职责：

① 准备好相应的救灾物资，确保抢险救灾物资的充足供应。

② 按规定及时为抢险救灾人员配齐救援装备，提高救援队伍的技术装备水平。

③ 组织人员和车辆，运送救灾物资，保证救援物资快速、及时供应到位。

(5) 后勤生活服务组

组长：综合部部长（姓名、电话）。

成员：机运部、综合部、工会负责人（含各负责人姓名、电话）。

职责：

① 负责维护正常的生活秩序和保证通信畅通。

② 妥善安排好受灾群众的生活和升井后受伤人员的及时抢救、转移工作。

③ 做好抢险救灾的后勤保障工作。

④ 负责安排增援人员的饮食和休息。

(6) 宣传教育行动组

组长：综合部部长（姓名、电话）。

成员：综合部等部门负责人（含各负责人姓名、电话）。

职责：

① 负责及时收集、掌握准确完整的事故信息。

② 向新闻媒体、应急人员及其他相关机构和组织发布事故的有关信息。

③ 负责谣言控制，澄清不实传言。

④ 做好灾区的思想政治工作，稳定灾民情绪，坚定信念，鼓舞士气。

⑤ 发动群众，战胜困难。

(7) 技术保障组

组长：总工程师（姓名、电话）。

成员：地测部、生产技术部、通风部、机运部、调度中心、监控室，安全部、矿兼职救护小队、项目部技术负责人（含各负责人姓名、电话）。

职责：

① 及时提供相关技术资料、图纸，收集现场有关资料、记录事故处理情况。

② 认真分析研究事故现场情况，确定事故性质，综合分析各种数据，为制定抢险方案提供准确的参考信息。

③ 了解掌握事故的发展动向，监视、跟踪事故的发展情况并及时向指挥部汇报。

④ 负责抢险救灾过程中及恢复阶段的技术保障及安全措施的制定，完成现场抢险救灾

指挥部交办的其他工作。

(8) 善后处理行动组

组长:工会负责人(姓名、电话)。

成员:安全部、综合部、财务部、矿工会、项目部工会负责人。

职责:

① 组织对伤亡人员的处置和身份确认。

② 督促、指导事故单位及时通知伤亡人员家属。

③ 落实用于接待伤亡人员家属的车辆和住宿,做好相应的接待和安抚解释工作,并及时向指挥中心报告善后处理的动态。

(9) 通信保障组

组长:机电副矿长(姓名、电话)。

成员:监控室、综合部、调度等相关人员(含各负责人姓名、电话)。

职责:

① 负责保持公司井下直拨电话、内部联系电话、外部联系电话畅通。

② 负责井下三大监控系统的正常运行,并根据指挥部的命令及时抢修通信、监控设备,保证信息的及时传递。

③ 保证应急救援中信息的及时传递。

7.3.4 预防与预警

1) 危险源监控

(1) 对危险源的监测监控方式、方法:

① 完善井下硫化氢监测监控系统,并及时维护。

② 瓦检员实行手拉手交接班全天 24 h 对各工作面的硫化氢进行检测监控。

(2) 事故预防措施。要考虑合理的通风系统,断面要符合通风要求。保证工作面有足够的风量,防止硫化氢积聚。在掘进过程中,杜绝无效进尺,不留盲巷,保证风筒到位。发现硫化氢异常涌出或局部积聚,通风部要及时查明原因并处理。在对临时停工、停电地点的气体检查及处理局部硫化氢集聚时,要制定措施,并严格按措施执行。加强局部通风管理,必须采用双风机、双电源供电,并有自动切换装置。各井筒工作面必须实行独立通风,严禁一巷多头作业、一台局部通风机同时给两个正在作业的掘进工作面供风和串联通风,消除不合理的通风系统。完善监控系统,实现井下各地点 24 h 不间断硫化氢监测。同时加强井下监控系统的管理,保证设备完好,数据准确。同时要加强仪器、仪表的检测力度,不合格的不准入井。要及时抽排回风巷的积水,防止因积水影响正常的通风系统。要定期对回风巷的顶板进行检查,存在隐患时,及时进行支护,防止因漏顶影响正常通风。可能积聚硫化氢的硐室、巷道和特殊地点(如高顶区)要根据实际情况及时增设硫化氢检查点,要做到能够全面掌握各地点的硫化氢情况。井筒掘进过程中因故暂时停工的巷道一律不得停风,如果停风要立即断电撤人,并在巷口处打栅栏设警示标志,派专人把守巷口,任何人不得进入。停风时间超过 24 h 必须及时进行封闭。

对硫化氢涌出量高的工作面,瓦检员配备高硫化氢检测仪检查采煤机下风侧硫化氢气体浓度并填写牌板、检查手册和汇报通风科调度指挥中心。加强个体防护,使用防毒面罩。

矿调度要24 h有专人值班，随时掌握井下通风和硫化氢情况，一经发现异常情况，立即采取相应措施并汇报相关领导。瓦斯检查员要严格执行交接班制度和汇报制度。交接班时要交接硫化氢变化情况，认真准确填写记录本。坚持职工通风安全培训制度，每人每年脱产培训不少于8 d。培训要从时间、内容、形式上分工种、分层次，全面考虑。对特殊工种的作业人员要重点搞好培训。严格培训，未经"一通三防"知识培训或不合格者一律不准上岗。

2）预警

(1) 预警的级别。预警级别一般分为四级：按照事故的严重性和紧急程度可分为：一般（Ⅳ级）、较大（Ⅲ级）、重大（Ⅱ级）、特大（Ⅰ）四级预警，并依次用蓝色、黄色、橙色、和红色表示，矿值长根据事故的实际情况确定预警级别并且发布。

(2) 预警的条件。所有自动监测监控设备达到报警值时启动蓝色预警；达到报警值的2倍时启动黄色预警；达到报警值的3倍时启动橙色预警；达到报警值的4倍时启动红色预警；所有危险源失控均启动橙色预警。

当发生影响一个事故时启动蓝色预警；影响两个事故时启动黄色预警；发生影响三个事故时启动橙色预警；发生影响全矿井的事故时启动红色预警。

预警的方式、方法、程序监控室接到井下监测仪器报警后立即通知矿调度，矿调度必须在5 min内将相关信息报告当日值长，由当日值长根据本预案的相关规定及所掌握的报警信息，确定预警级别，并在10 min之内发布预警命令。调度接到值长的命令后，在10 min之内使用井下直拨电话向井下发出预警，并拉响警报器的方式向相关人员发布预警信息。

3）预警解除

相关二级单位应急终止，应急指挥中心根据应急指挥中心的命令宣布预警解除。

7.3.5 信息报告程序

1）报警系统

电话报警：井下—项目部、调度—值班室—当日值长—总指挥。

2）报警程序

(1) 报警方式。井下直拨电话报警、井下定位紧急呼叫装置内线报警电话。接警人员在接到报警后，必须迅速、准确地向报警人员了解事故的性质和规模等初始信息，并记录在案。具体了解、记录内容见表7-9。

表7-9 接警记录内容

事故汇报人姓名		汇报时间	
事故性质		事故发生时间	
事故发生地点		人员伤亡情况	
事故地点通风情况		事故可能波及的区域	
事故的简要经过（包括硫化氢浓度、人员中毒和救治情况）			
已采取的应急措施			
是否伴生其他灾害			
事故区域有何异常现象备注			

(2) 报警内容。井下发生重大硫化氢灾害事故后，在事故地点及附近的人员应利用电话，按下人员定位系统紧急呼救装置等方法报警，并尽可能利用电话在 10 min 内将事故发生的时间、地点以及事故现场情况、事故的简要经过、已经造成或者可能造成的伤亡人数(包括下落不明的人数)已经采取的措施等情况向调度室汇报。井下其他区域的人员，在发现异常现象后，也应及时向调度汇报。调度必须在 5 min 内将相关情况汇报当日值长、总指挥，并根据总指挥作出的决定、当日值长的预警命令，立即发出预警，调度、值班值长通过电话手机等通信方式迅速通知应急救援指挥部相关人员，应急指挥部相关人员在接到预警命令后 10 min 内在指定地点等待。综合部立即派车辆去总公司指定地点接急救援指挥部相关人员。

汇报人要根据事故的性质和蔓延趋势，以最迅速有效的方式，向可能受事故波及区域的人员发出警报通知。

3) 通知

上报程序及向外求援方式在矿井积极组织事故救援的同时，在 5 min 内，调度要将事故发生的时间、地点以及事故现场情况、事故的简要经过、已经造成或者可能造成的伤亡人数(包括下落不明的人数)已经采取的措施等情况根据事故的严重性依次及时向上属集团公司、地方煤监局、市国资委等有关部门进行汇报必要时向预备矿山救护大队等社会应急救援组织发出救援请求。

7.3.6 应急处置

1) 响应分级

针对硫化氢涌出事故的危害程度、影响范围、单位控制事态的能力，同时结合煤矿的预警的级别，相应的响应级别分为：Ⅰ级、Ⅱ级、Ⅲ级、Ⅳ级，共四级响应。应急救援领导组根据事故的实际情况确定并宣布启动。应急响应启动Ⅳ级响应由项目部跟班对班组长现场组织本班员工，矿值班领导召集本矿人员配合项目部进行现场处置；Ⅲ级响应项目部负责人亲自到现场，并调集项目部全部力量及矿值班领导及值班值长配合项目部进行现场处置；Ⅱ级响应立即通知矿长，矿值班领导项目部负责人召集项目部及本矿所有人员，亲自到现场组织人员进行处置；Ⅰ级响应，由本矿成立现场应急救援指挥部，由任命的现场总指挥调集公司的所有力量进行现场处置。并立即通知所属集团公司、地方安监局、市煤管局、市国资委等单位。

2) 响应程序

(1) 硫化氢灾害事故应急响应流程，硫化氢灾害事故应急响应流程如图 7-23 所示。

(2) 应急救援行动启动程序指挥部一旦接到发生硫化氢事故的报警后，应根据事故级别，立即按如下程序启动应急救援系统，用最快的速度、最短的时间调动各方人力和物力，对所发生的事故进行控制和紧急救援。

① 矿兼职救护小队立即赶赴事故区域进行救援。

② 指挥邻近队组人员对事故现场进行紧急控制，避免事态扩大或波及范围扩大。

③ 医疗行动组：一是赶赴现场抢救；二是按医疗系统应急救援预案做好对伤员的抢救准备工作。

④ 物资供应行动组，提供一切抢险、救护所需的材料设备。

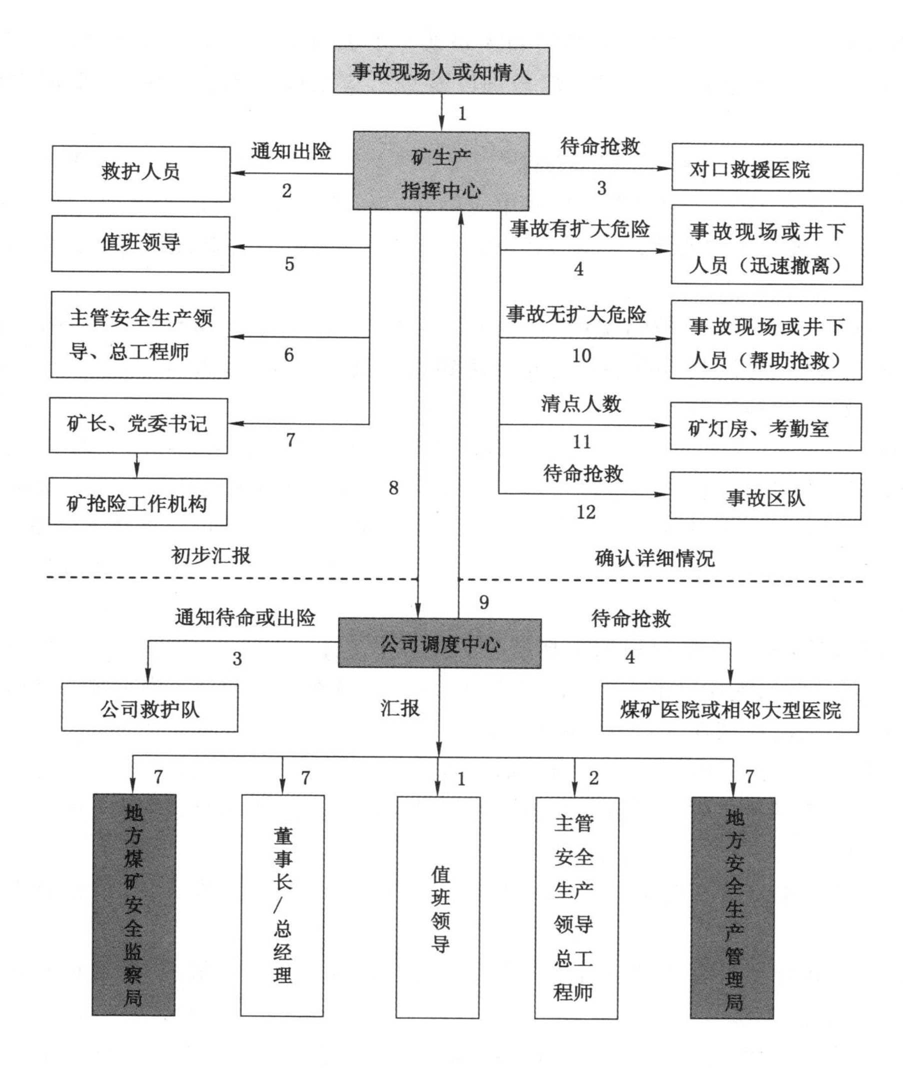

图 7-23　硫化氢事故应急响应流程

⑤ 控制事态有困难，应向总公司、上级应急办以及领邻近单位请求增援。

（3）现场救援指挥与控制程序

① 立即召集救灾指挥部所有成员，首先听取矿当班值班领导的灾情汇报以及已经下达的命令情况汇报。

② 指挥部组织所有成员听取侦察情况汇报后，结合灾情实际，尽快提出事故处理方案，并将成员明确分工，限定时间完成救灾准备工作，并派人员检查核实。

③ 通知各救灾行动组准备救灾材料，总公司职工医院准备急救伤员。

④ 明确基地指挥只起“上传下达”作用，不得自行发号命令，以免形成多头指挥。落实井下救护基地所需的通信设备、救灾器材等，选定安全岗哨位置及其人员，明确其任务。

⑤ 命令矿兼职救护小队进入灾区营救遇险人员；将伤员救护至井下救护基地或其他安全地点进行现场急救后，送到地面。

⑥ 事故处理结束后，指定有关部门和人员收集整理事故调查报告，并进行全面分析。对事故发生、抢救处理过程、重要的经验教训以及今后应采取的预防措施等，形成文件后上报并存档。

(4) 向上级主管、相关部门报告程序。当井下发生硫化氢事故时，在矿井积极组织事故救援的同时，要根据事故的情况将事故发生时间、地点、受灾情况及时向所属集团公司汇报。并向上级应急救援指挥中心及地方应急管理局、市安监局、市国资委、市煤炭局、等部门进行汇报。

(5) 本矿内部职工的事故情况的告知程序。由本矿抢险指挥部启动该程序；应由本矿指派专人通过会议、媒体及时将事故情况传达到每个员工、家属，以稳定员工、家属情绪，确保事故抢险及时、顺利进行。

(6) 医疗救护响应程序。总公司医院医疗急救行动组成员在接到本矿应急救援指挥部召请后要迅速赶到我矿应急救援指挥部，听取灾害事故，简单情况介绍。研究部署应急医疗救援工作，统一指挥和调遣各医疗队伍及医疗资源的动用，决定是否向上级医疗机构救援。分院应急救援现场急救小分队、伤员运送小分队、临床医疗小分队。各小分队成员立即整装待命，做好救治准备工作。

① 现场救护:现场人员要根据现场受伤人员受伤原因和受伤情况，立即进行救治。先将伤员抢救到新鲜风流中，如遇重伤者，如呼吸心搏骤停者立即给予胸外心脏按压，给予氧气吸入，直到病人清醒或医院、医疗组接手为止。

② 现场矿兼职救护小队在接到指令后要立即下井，组织进行现场急救，伤员运送矿兼职救护小队、要携带抢救器件奔赴现场或指定地点，运送和急救伤员，临床医疗小分队做好伤员的准备工作。

③ 临床急救小分队在医院内组织好接收伤员工作，对接收的收员，按检伤分类实施临床救治。

④ 医疗急救行动组要及时向指挥部和上级医疗机构汇报救治情况，并根据具体情况向上级医疗机构请求增援。

⑤ 医院救治:医院要将出井伤员分类组织救治，必要时将伤重人员送到其他上级医院救治。

(7) 警戒保卫程序。为保障现场应急救援工作的顺利开展，在事故现场周围建立警戒区域，实施交通管制。警戒保卫组要根据事故现场情况，在井下受灾区及井口工业广场各路口设置警戒区，实施交通管制，对危害区外围的交通路口实施定向、定时封锁，严格控制进出事故现场的人员及车辆，避免出现意外的人员伤亡或引起现场的混乱。

(8) 需要外部支援的请求及联系程序。当事故灾情重大，本矿兼职救护小队不能独立完成时，应及时请求预备矿山救护大队及其他相关部门支援。

(9) 媒体信息沟通及公众信息告知程序。

① 对需要发布的信息进行审核和批准，保证发布信息的统一性，避免出现矛盾信息。

② 指定新闻发布人，适时举行新闻发布会，准确发布事故信息，澄清事故传言。

③ 为公众了解事故信息、防护措施以及查找亲人下落等有关咨询提供服务安排。

④ 接待、安抚死者及受伤人员的家属。

3) 处置措施

(1) 当发现硫化氢气体，现场人员立即撤到安全点，并及时利用附近电话向调度指挥中心汇报。

(2) 发生硫化氢中毒事故后，事故现场相邻的作业点、面有关人员要立即停止作业，迅速撤离到安全地点。

(3) 发现有人中毒时，事故现场人员要在班长或现场管理人员统一指挥下，佩戴氧气呼吸器等救护设备(至少 2 人)，或借助安在新鲜风流中的局部通风机接着风筒进入，将中毒人员运到新鲜风流中，严禁盲目进入造成事故扩大化。

(4) 中毒者被运送到安全地点后，应立即查看中毒者情况。如呼吸停止，要迅速将中毒者口、鼻内的黏液、假牙、血块、泥沙、煤粉等抠出，进行心肺复苏。如有呼吸，则迅速升井送往医院。

7.3.7 急救物资与装备保障

1) 预案执行保障

(1) 矿应急救援指挥部成员及矿所属各部门都必须认真学习贯彻矿应急救援预案。

(2) 各井筒作业场所地点都必须装有通往调度的电话，并且要保证畅通无阻。

(3) 调度值班人员在接到事故报告后，要立即向值班领导和矿长报告，矿长在接到重特大火灾事故报告后，要迅速下令立即启动矿事故应急救援预案，同时向所属集团公司报告。

(4) 矿启动事故预案后，矿长要立即召集本矿有关人员，对事故情况进行认真的分析研究，制定抢救方案和安全措施。按照矿应急救援方案和安全措施积极行动，以防事态扩大。

2) 通信保障

(1) 监控室要制定矿应急通信支持保障措施，保证通信畅通，信息传递及时。

(2) 矿应急救援指挥部成员要配备完好的通信工具，并始终保持工作状态，在接到通知后，要立即赶赴指定地点。

(3) 矿应急救援指挥部要公布应急汇报电话号码，任何人员发生变动时及时更新，同时将电话号码报矿调度。

3) 物资装备保障

(1) 综合部要制定应急物资装备保障预案，保证矿井在重特大事故应急救援时有充足的材料和设备(包括能调用的硫化氢防护器材，做好能随时送往现场的准备，通信装备、运输工具、照明装置、防护装备及各种专用设备等)。

(2) 矿井的抢救物资、设备要按规定配齐配足，加强日常检查和管理，按规定进行更新，不得随意挪用。

(3) 矿所属各部门在接到援救电话后，要迅速召集本单位有关人员，按矿应急救援指挥部要求将所需的物资、设备等，按规定时间运送到指定地点。

4) 人力资源保障

(1) 矿兼职救护小队要加强应急训练和演习，保证在应急情况下能够及时赶到事故现场，组织抢救。

(2) 综合部要加强保安训练，保证矿井在发生重特大事故时有足够的队伍维持治安秩序。

(3) 总公司医院要制订应急医疗保障预案,保证矿井在发生重特大硫化氢事故时,能及时有效地救治中毒人员。

(4) 安监部对硫化氢事故应急救援过程进行监督,把好安全关。

(5) 矿所属各部门必须无条件地服从矿应急救援指挥部的命令,所有参加抢险人员必须积极主动,服从指挥,遵守纪律,不得推诿,对抢险中出现失误的部门或不服从指挥、推诿扯皮、临阵脱逃的人员要坚决给予严肃处理。

(6) 各部门相关人员如有变动,由接替人履行职责。

5) 应急经费保障

财务部必须保证矿井在发生重特大事故时有足够的应急救援资金,必须保证矿井配备有必要和足够的应急救援物资和装备。

6) 应急救援技术资料

① 井上、下对照图;

② 采掘工程平面图;

③ 通风系统图;

④ 安全监测装备布置图;

⑤ 井上、下配电系统图和井下电气设备布置图(高、低压开关参数要指标);

⑥ 井下避灾线路图。

7) 外部资源

××救护队、××医院、××专家,等等。

7.3.8 应急终止

经应急处置后,现场应急指挥部确认下列条件同时满足时,向应急指挥中心报告,应急指挥中心可下达应急终止指令:

(1) 当地政府有关部门应急处置已经终止。

(2) 事件已得到有效控制。

(3) 中毒受伤人员得到妥善救治。

(4) 社会影响减到最小。

本章参考文献

[1] 邓奇根,高建良,魏建平,等. 安全工程专业实验教程[M]. 徐州:中国矿业大学出版社,2018.

[2] 国家安全生产监督管理总局. 隔绝式负压氧气呼吸器:AQ 1053—2008[S]. 北京:煤炭工业出版社,2009.

[3] 国家安全生产监督管理总局. 隔绝式压缩氧气自救器:AQ 1054—2008[S]. 北京:煤炭工业出版社,2009.

[4] 国家安全生产监督管理总局. 化学氧自救器初期生氧器:AQ 1057—2008[S]. 北京:煤炭工业出版社,2009.

[5] 国家安全生产监督管理总局. 煤矿职业安全卫生个体防护用品配备标准:AQ 1051—2008[S]. 北京:煤炭工业出版社,2009.
[6] 国家安全生产监督管理总局. 矿山救护队质量标准化考核规范:AQ 1009—2007[S]. 北京:煤炭工业出版社,2008.
[7] 国家安全生产监督管理总局. 矿山救护规程:AQ 1008—2007[S]. 北京:煤炭工业出版社,2008.
[8] 国家卫生和计划生育委员会. 硫化氢职业危害防护导则:GBZ/T 259—2014[S]. 北京:中国标准出版社,2015.